普通高等教育"十二五"规划教材

数控技术实验原理及实践指南

主　编　徐学武
副主编　姜歌东
参　编　孙挪刚　李　晶　马振群　张东升
　　　　邹　创　申建广　赵伟刚
主　审　王爱玲

机 械 工 业 出 版 社

本教材是高等工科院校本科生数控技术课程的实验教材，主要内容分为两部分：基础实验和创新实验。基础实验部分安排8个实验，采用实验指导书的形式，包括实验目的、实验原理、实验仪器操作方法、实验步骤、实验观察与思考、实验报告要求等。创新实验部分安排3个实验，是课程实验的补充及提高，供学有余力及对数控技术有浓厚兴趣的学生选做。创新实验教材采取实验介绍的方式，提供同学必需的知识扩充及各项目目前已有的实验基础，启发学生在此基础上提高、改进实验或凝练成新的实验课题。创新实验部分包括知识扩充、实验介绍及思考提示等。

本教材可供四年制机械工程及自动化和车辆工程专业本科生选用，也可以作为研究生实验和数控技术培训实验教材。本教材可供相关专业教师和研究生参考，亦可作为高级数控加工技工的自修教材。

图书在版编目（CIP）数据

数控技术实验原理及实践指南/徐学武主编：—北京：机械工业出版社，2013.12

普通高等教育“十二五”规划教材

ISBN 978-7-111-44491-6

Ⅰ.①数…　Ⅱ.①徐…　Ⅲ.①数控机床－高等学校－教学参考资料　Ⅳ.①TG659

中国版本图书馆CIP数据核字（2013）第249228号

机械工业出版社（北京市百万庄大街22号　邮政编码100037）
策划编辑：余　皞　责任编辑：余　皞　舒　恬
版式设计：霍永明　责任校对：张　媛
封面设计：张　静　责任印制：乔　宇
北京机工印刷厂印刷（三河市南杨庄国丰装订厂装订）
2014年1月第1版第1次印刷
184mm×260mm·10.75印张·264千字
标准书号：ISBN 978-7-111-44491-6
定价：25.00元

凡购本书，如有缺页、倒页、脱页，由本社发行部调换

电话服务	网络服务
社服务中心：（010）88361066	教 材 网：http：//www.cmpedu.com
销 售 一 部：（010）68326294	机工官网：http：//www.cmpbook.com
销 售 二 部：（010）88379649	机工官博：http：//weibo.com/cmp1952
读者购书热线：（010）88379203	**封面无防伪标均为盗版**

前　言

数控技术发展迅速，不断融合计算机技术、网络技术、自动控制技术和伺服驱动技术等，已成为机械制造业的关键技术。国内数控技术方面的教材很多，但有关数控技术实验方面的教材并不多见；而且大多数数控技术实验受限于学时及设备，以数控加工编程为主。根据作者多年的数控实验教学经验，目前国内急需涉及数控技术原理和系统开发应用方面的实验教材，这正是我们编写这本教材的动力。

本教材为西安交通大学本科“十二五”规划教材，西安交通大学“985”工程三期重点建设实验系列教材。

本教材是根据西安交通大学2010版教学计划，配合梅雪松教授主编的《机床数控技术》课程教材编写。教材突出2010版教学计划重实践的要求，以培养学生工程实践创新能力为目标，以实践创新能力的渐进式培养为特点，结合作者多年在数控加工、数控机床改造和数控技术应用实验方面的经验，在原有数控技术实验的基础上，增加CAD/CAM软件应用及自动编程、开放式数控系统构建及分析、主轴变频调速及伺服电动机参数优化、数控机床误差测量及补偿以及齿轮数控加工等基础实验，数控机床改造及系统调试、五轴联动加工技术、PID及磁悬浮控制等创新开放实验。实验教材基本涵盖了机床数控技术的主要实践内容，在内容和体系上都有一定的创新，是数控技术课程改革的一次尝试。

本教材在编写中以实验项目为主线，以指导实验设备应用为基础，以帮助学生理解实验原理为重点，以培养并提高学生数控技术实践能力为目标，力求结构新颖，原理清晰，讲解详细，步骤清楚，使读者能顺利将理论学习与实践技能融为一体。

为便于实验安排及教材编写，将实验分为基础实验及创新实验两部分。

基础实验部分注重于数控技术基本原理和基本理论的验证，要求学生必做，每个实验以2学时为单元，占用课内16学时。由于数控齿轮加工机床的特殊性，实验八亦可安排为选做。创新实验部分则重在开拓学生视野，扩展学生数控技术实践的空间，是课程实验的补充及提高，供学有余力及对数控技术有浓厚兴趣的学生选做。创新实验部分采用开放方式运行，学生自选实验，自行安排时间（一般每周课外安排2学时），自愿成组（4~6人），每个实验拟在32学时内完成为宜。亦可结合CDIO（Conceive、Design、Implement、Operate）工程教育模式进行安排。

本教材在梅雪松教授指导下，由多位教师及实验人员参与编写，并经过实际验证，进行了补充和修改。基础实验部分实验一、实验六、实验七由徐学武编写，实验二、实验三由孙挪刚编写，实验四由李晶编写，实验五由姜歌东编写，实验八由马振群编写。创新实验部分中，实验九、实验十由徐学武编写，实验十一由张东升、姜歌东编写，李晶参加了实验十的编写。本教材由徐学武任主编，姜歌东任副主编。此外，邹创、申建广、赵伟刚等也参加了部分编写工作。

中北大学王爱玲教授审阅了本书，并提出许多宝贵意见及建议，在此表示衷心的感谢。

由于编者水平所限及时间仓促，错漏之处恳请读者批评指正。

编　者

目　录

基础实验部分

实验一　典型数控机床的结构分析及操作

一、实验目的

1. 掌握数控机床的特点与运用。
2. 认识了解数控加工机床的组成与结构。
3. 掌握数控加工的工作原理。
4. 掌握数控机床一般的操作步骤。

二、实验原理

(一) 数控机床及其组成

现代数控机床都是 CNC 机床 (computer numerical control machine tools), 一般由数控操作系统和机床本体组成, 主要有如下几部分组成。

1. CNC 装置

CNC 装置 (即计算机数控装置) 是 CNC 系统的核心, 由微处理器 (CPU)、存储器、I/O接口及外围逻辑电路等构成, 如图 1-1 所示。

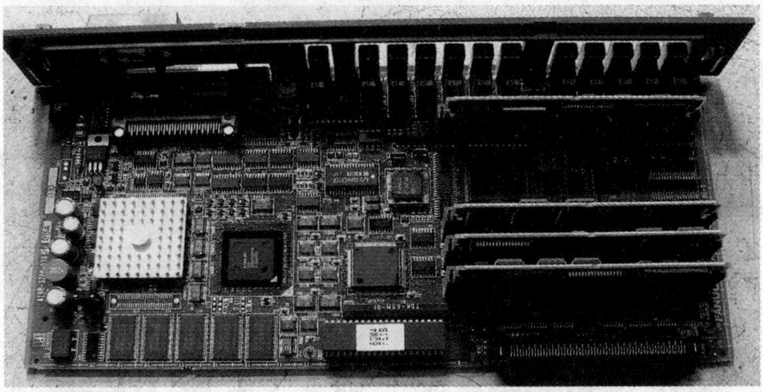

图 1-1　CNC 装置实物图

2. 数控面板

数控面板是数控系统的控制面板, 主要由显示器和键盘组成。键盘也称 MDI 面板, 通过 MDI 面板和显示器下面的软键, 实现系统管理和对数控程序及有关数据进行输入、编辑和修改。显示器及 MDI 面板如图 1-2 所示。

3. PLC 及 I/O 接口装置

PLC 是一种以微处理器为基础的通用型自动控制装置, 用于完成数控机床的各种逻辑运

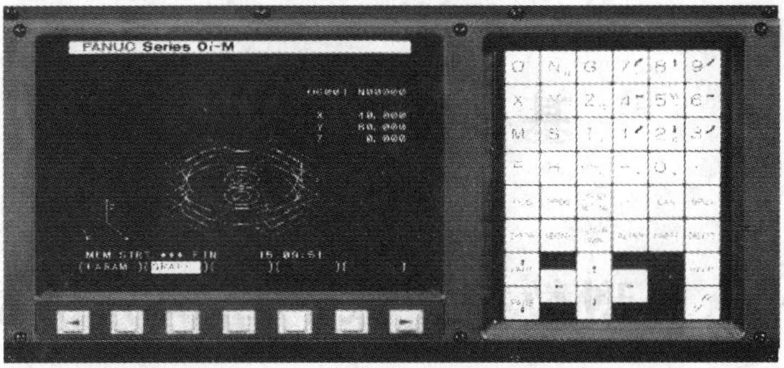

图 1-2　显示器及 MDI 面板

算和顺序控制。例如：主轴的起停、刀具的更换、切削液的开关等辅助动作。专用数控系统通常将 PLC 功能集成到 CNC 装置中，而通过接口模块和机床交换信号，图 1-3 所示为 FANUC 系统常用的几种 I/O 接口装置。

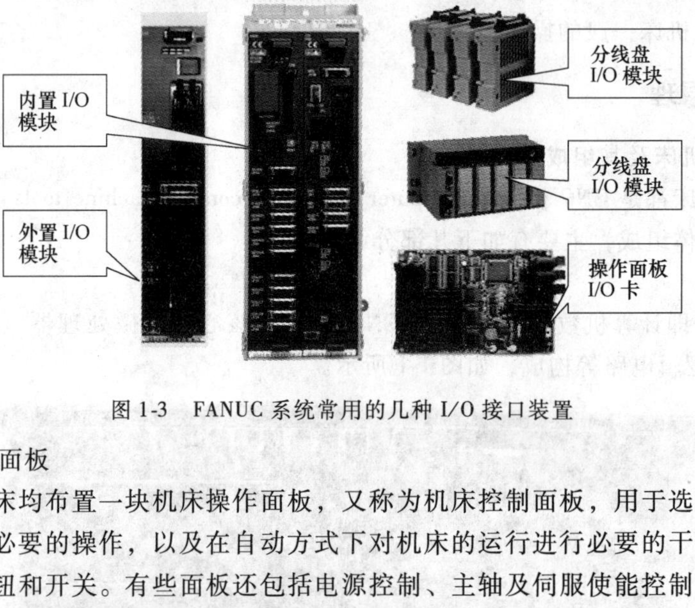

图 1-3　FANUC 系统常用的几种 I/O 接口装置

4. 机床操作面板

一般数控机床均布置一块机床操作面板，又称为机床控制面板，用于选择操作方式，并对机床进行一些必要的操作，以及在自动方式下对机床的运行进行必要的干预。面板上布置有各种所需的按钮和开关。有些面板还包括电源控制、主轴及伺服使能控制。机床操作面板如图 1-4 所示。

图 1-4　机床操作面板

5. 伺服系统

伺服系统分为进给伺服系统和主轴伺服系统，进给伺服系统主要有进给伺服单元和伺服进给电动机组成。用于完成刀架和工作台的各项运动。主轴伺服系统用于数控机床的主轴驱动，一般有恒转矩调速和恒功率调速。为满足某些加工要求，还要求主轴和进给驱动能同步控制。伺服系统如图 1-5 所示。

6. 机床本体

机床本体的设计与制造首先应满足数控加工的需要，具有刚度大、精度高、能适应自动运行等特点。现在的伺服电机一般均采用无级调速技术，机床进给运动和主传动的变速机构被大大简化甚至取消。为满足高精度的传动要求，机床进给系统广泛采用滚珠丝杆、滚动导轨等高精度传动件。为提高生产率和满足自动加工的要求，机床还配有自动刀架以及能自动更换工件的自动夹具等，如图 1-6 所示。

图 1-5　FANUC 系统伺服单元

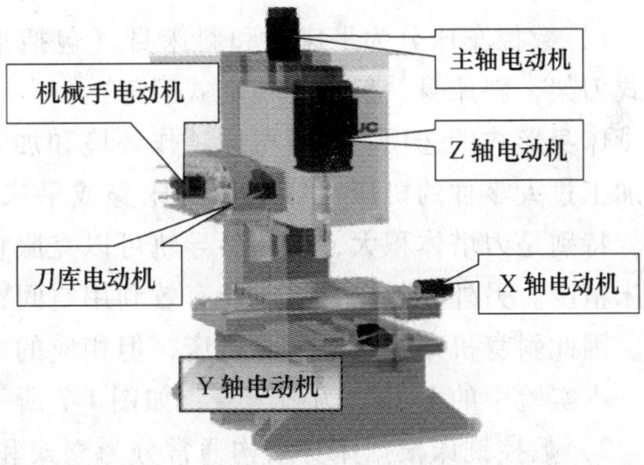

图 1-6　数控机床本体

（二）数控机床的分类及结构

1. 数控机床的分类

随着数控技术的不断发展，数控机床的类型越来越多，其加工用途、功能特点多种多样，据不完全统计，目前数控机床的品种已达 500 多种。按其实际使用情况主要有两种分类方法：根据加工用途分类和根据控制轨迹分类。

（1）按加工用途分类　根据加工用途数控机床主要可分如下三类。

1）切削类数控机床。包括数控车床、数控铣床、数控钻床、数控磨床以及数控加工中心等数控机床。

2）成型类数控机床。包括数控冲床、数控折弯机、数控旋压机等。

3）特种加工类数控机床。包括数控激光加工机、数控电火花切割机、数控电火花成型机、数控火焰切割机等。

（2）按控制轨迹分类　根据数控机床刀具与被加工工件之间的相对运动轨迹，可以把数控机床分为点控制、线控制和轮廓控制三类。

1）点控制类机床。主要有数控钻床、数控镗床、数控冲床等，其特点是移动定位时不加工，要求以最快速度从一点运动到另一点，进行准确快速定位，一般来说各坐标轴之间没有严格的相对运动要求。

2）线控制类机床。线控制类机床是在点控制类基础上，对单个移动坐标轴进行运动速度控制，主要包括用于简单台阶形或矩形零件加工的数控车床、数控铣床和数控磨床等。

3）轮廓控制类机床。轮廓控制类数控机床也称为连续轨迹控制类数控机床，其特点是对两个或两个以上运动轴的位移和速度，同时进行连续控制，使刀具与工件间的相对运动符合工件表面加工轮廓的要求。目前大多数金属切削机床的数控系统，均是轮廓控制系统。根据其控制坐标轴的数目，可分为二轴联动、二轴半联动、三轴联动、四轴联动或五轴联动。

2. 普通数控机床的结构

数控技术课程实验主要针对普通数控机床，在基础实验中，主要介绍数控车床和数控铣床，也涉及滚齿机床。

1）数控车床分为平床身和斜床身（包括平床身斜导轨），平床身一般使用四方刀架或排式刀架，斜床身一般使用转塔式刀架。

床身形式的选用主要由机床工作环境和加工范围决定。小型数控车床一般采用平床身，而加工过大零件的机床一般采用斜床身或平床身斜导轨。由于大中型机床的各部件体积很大，特别是刀塔体积大，采用斜导轨可以克服重力，增加机床在恶劣环境中的稳定性，提高机床精度。另外，斜床身机床能有效利用空间，大大减小机床的平面占地位置，也有利于排屑。因此斜身机床优越于平身机床，但相应的由于其制造困难，价格相应也较高。

本实验中的 FTC20 为斜床身，如图 1-7 所示。

2）数控铣床根据床身结构通常分为立式和卧式两类，立式机床可做钻床使用，又称钻铣床。卧式机床可做镗床使用，故又称镗铣床。如图 1-8 所示为数控万能工具铣床，既可作卧铣，也可作立铣。立铣适用范围较广，可使用立铣刀、机夹刀盘、钻头等。

图 1-7 FTC-20 数控车床

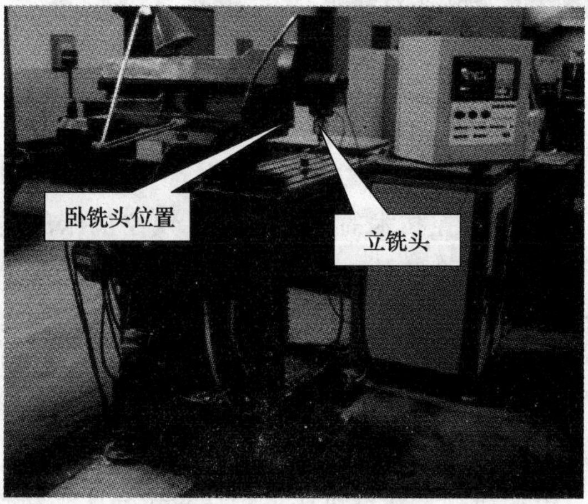

图 1-8 万能工具铣床

三、实验用数控机床及数控系统

（一）ZJK7532 数控钻铣床

ZJK7532 数控钻铣床，是三轴联动的经济型机床，该机床既可实现钻削、铣削、镗孔、铰孔，又可进行各种复杂曲面零件（如凸轮、样板、冲模、弧形槽等）的自动加工。由于机床具有较高的定位基准和重复定位精度，加工时不需要模具，就能保证加工精度，提高了生产率，具有较高的性能价格比。该机床原系统为华中 1 型数控系统，随着数控技术的不断更新换代，为了让学生紧跟数控技术发展的步伐，已用华中 8 型数控系统改造了原机床，改造后的铣床如图 1-9 所示。

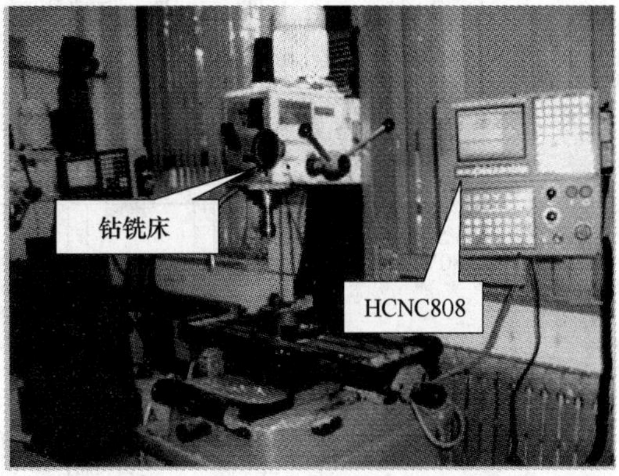

图 1-9　配备华中 8 型系统的数控钻铣床

机床规格及参数见表 1-1。

表 1-1　机床规格及技术参数

名称	单位	参数	名称	单位	参数
工作台面宽度×长度	mm	300×1000	主轴转速级数		6 级
最大钻孔直径	mm	32	主轴转速范围	r/min	85～1600
最大平铣刀直径	mm	63	X、Y、Z 轴交流伺服电动机	kW	1.5
最大立铣刀直径	mm	28	主轴电动机功率	kW	0.85
主轴锥孔		NO.3	主轴电动机转速	r/min	1420 或 2800
工作台 X 轴行程	mm	600	冷却泵电动机	W	1420 或 2800
工作台 Y 轴行程	mm	300	机床外形尺寸	mm	1252×1382×2090
工作台 Z 轴行程	mm	500	机床净重	kg	1600

机床控制用电气原理图如图 1-10 所示。

（二）华中 8 型数控系统简介

华中 8 型数控系统构成如图 1-11 所示。

该系列产品是全数字总线式高档数控装置，采用模块化、开放式体系结构，基于具有自主知识产权的 NCUC 工业现场总线技术。支持总线式全数字伺服驱动单元和伺服电动机，支持总线式远程 I/O 单元，集成手持单元接口，采用电子盘程序存储方式，支持 CF 卡、USB、以太网等程序扩展和数据交换功能。采用 8.4′LED 液晶显示屏，主要应用于数控车削中心、多轴联动数控机床。

产品特点。真彩图形界面设计，支持多轴多通道、梯形图在线监控和编辑、线框图的保存（界面任意切换，图形不丢失）等功能。

华中 8 系列继承了华中 21 系列强大的宏程序功能，并且有进一步的扩展，用户可以使用更多的变量、函数，同时增加了用户宏程序模态调用等一系列高级功能。

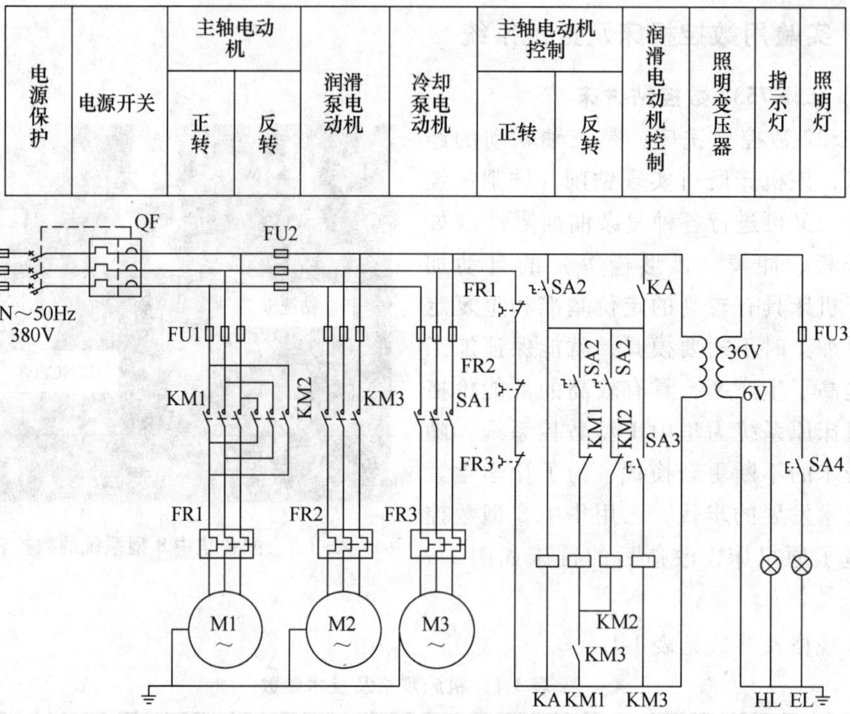

图 1-10　数控钻铣床电气控制原理图

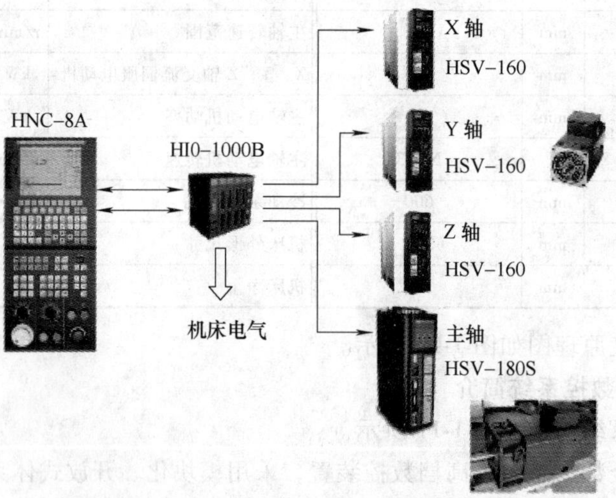

图 1-11　华中 8 型数控系统构成

支持龙门轴同步、动态轴释放/捕获、通道间同步等功能。

简化编程功能，能够实现镜像、缩放、旋转、直接图样尺寸编程等。

功能齐全，可实现各种内置循环。

和现有流行数控系统相比，华中 8 型高档数控系统具有以下三个创新点。

1）采用嵌入式一体化硬件结构，实现了 NC 与 PC 一体化，显著降低了系统功耗，提高了可靠性。

2）基于多 CPU 的数控装置硬件平台，实现了系统硬件可置换，软件可跨平台的功能。

3）模块化、层次化的开放式数控系统平台，强大的二次开发功能。

华中 8 型对机床厂和用户个性化产品开放，对特殊用户工艺集成开放，对大学的创新性技术开发研究开放，其有助于国产数控系统的共同研究、应用和推广。

四、华中 8 型数控系统及数控钻铣床操作

（一）上电、关机及急停

1. 上电

操作步骤：

1）检查机床状态是否正常。

2）检查电源电压是否符合要求，接线是否正确。

3）按下［急停］按钮。

4）机床上电。

5）数控上电。

6）检查面板上的指示灯是否正常。

接通数控装置电源后，系统自动运行系统软件。此时，工作方式为“急停”。

2. 复位

系统上电进入软件操作界面时，初始工作方式显示为“急停”，为运行控制系统，需右旋并拔起操作台右下角的［急停］按钮使系统复位，同时接通伺服电源。系统默认进入“回参考点”方式，软件操作界面的工作方式变为“回零”。

3. 返回机床零点

控制机床运动的前提是建立机床坐标系。为此，系统接通电源、复位后首先应进行机床各轴回参考点。

（1）回参考点操作

1）如果系统显示的当前工作方式不是回零方式，按一下控制面板上面的［回参考点］按键，确保系统处于“回零”方式。

2）通常应先进行 Z 轴回参考点，按一下［Z+］键（“回参考点方向”为“+”），Z 轴回到参考点后，［Z+］按键内的指示灯亮。

3）用同样的方法使用［X+］、［Y+］按键，使 X、Y 轴回参考点。所有轴回参考点后，即建立了机床坐标系。

（2）注意事项

1）在每次电源接通后，必须先完成各轴的返回参考点操作，然后再进入其他运行方式，以确保各轴坐标的正确性。

2）同时按下轴方向选择按键［X+，Y+，Z+］，可使轴（X，Y，Z）同时返回参考点。此时，应注意刀具和工件夹具的可能碰撞。

3）在回参考点前，应确保回零轴位于参考点的“回参考点方向”相反侧（例如：若 X 轴的回参考点方向为负，则回参考点前，应保证 X 轴当前位置在参考点的正向侧）；否则应手动移动该轴直到满足此条件。

4）在回参考点过程中，若出现超程，请按住控制面板上的［超程解除］按键，向相反

方向手动移动该轴使其退出超程状态。

5）系统各轴回参考点后，在运行过程中只要伺服驱动装置不出现报警，其他报警都不需要重新回零（包括按下急停按键）。

6）在回参考点过程中，如果在按下参考点开关之前按下［复位］键，则回零操作被取消。

7）在回参考点过程中，如果在按下参考点开关之后按下［复位］键，按此键无效，不能取消回零操作。

4. 急停

机床运行过程中，在危险或紧急情况下，按下［急停］按钮，数控系统即进入急停状态，伺服进给及主轴运转立即停止工作（控制柜内的进给驱动电源被切断）；松开［急停］按钮（右旋此按钮，自动跳起），系统进入复位状态。

解除急停前，应先确认故障原因是否已经排除，而急停解除后，应重新执行回参考点操作，以确保坐标位置的正确性。

注意：在上电和关机之前应按下［急停］按钮以减少设备电冲击。

5. 超程解除

在伺服轴行程的两端各有一个极限开关，作用是防止伺服碰撞而损坏。每当伺服碰到行程极限开关时，就会出现超程。当某轴出现超程（［超程解除］按键内指示灯亮）时，系统紧急停止，要退出超程状态时，可进行如下操作。

1）置工作方式为［手动］或［手摇］方式。

2）一直按压着［超程解除］按键（控制器会暂时忽略超程的紧急情况）。

3）在［手动］、［手摇］方式下，使该轴向相反方向退出超程状态。

4）松开［超程解除］按键。若显示屏上运行状态栏“运行正常”取代了“出错”，表示恢复正常，可以继续操作。

注意：在操作机床退出超程状态时，请务必注意移动方向及移动速率，以免发生撞机。

6. 关机

操作步骤：

1）按下控制面板上的［急停］按钮，断开伺服电源。

2）断开数控电源。

3）断开机床电源。

（二）机床手动操作

机床手动操作主要通过手持单元和机床控制面板实现。本实验要求的手动操作，主要包括以下内容。

1. 手动控制机床坐标轴

手动控制机床坐标轴即手动进给，其操作由手持单元和机床控制面板上的方式选择、轴手动、增量倍率、进给修调、快速修调等按键共同完成。

按［手动］按键（指示灯亮），系统处于手动运行方式，在手动方式下，可以实现机床坐标轴的点动移动、快速移动、修调和用手轮进给。

（1）点动坐标轴　以点动移动 X 轴为例。按下［X +］或［X -］按键（指示灯亮），X 轴将产生正向或负向连续移动；松开按键（指示灯灭），X 轴即减速停止。

用同样的操作方法，可使 Y、Z 轴产生正向或负向连续移动。

在手动运行方式下，同时按压 X、Y、Z 方向的轴手动按键，能同时手动控制 X、Y、Z 坐标轴连续移动。

(2) 手动快速移动　在手动进给时，若同时按压［快进］按键，则产生相应轴的正向或负向快速运动。

(3) 进给修调　在自动方式或 MDI 运行方式下，当 F 代码编程的进给速度偏高或偏低时，可手动旋转进给修调波段开关，修调程序中编制的进给速度。修调范围为 0 ~ 120%。在手动连续进给方式下，也可以修调进给速度，图 1-12 所示为手动调节进给速率的波段开关。

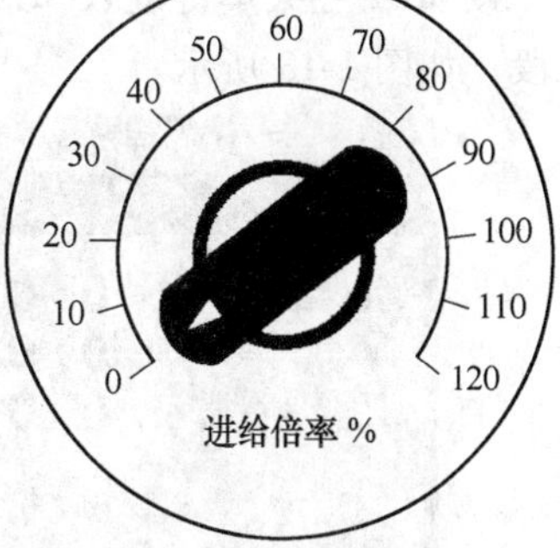

图 1-12　进给倍率开关

(4) 手轮进给　当手持单元的坐标轴选择波段开关置于［X］、［Y］、［Z］挡时，按控制面板上的［增量］按键（指示灯亮），系统处于手轮进给方式，可用手轮进给机床坐标轴。

以 X 轴手摇进给为例。先将手持单元的坐标轴选择波段开关置于［X］挡，然后顺时针/逆时针旋转手摇脉冲发生器一格，可控制 X 轴向正向或负向移动一个增量值。

用同样的操作方法使用手持单元，可以控制 Y/Z 轴向正向或负向移动一个增量值。

注意：手摇进给方式每次只能增量进给一个坐标轴。手摇进给的增量值（手摇脉冲发生器每转一格的移动量）由手持单元的增量倍率波段开关［×1］、［×10］、［×100］控制。

2. 手动控制主轴

手动主轴控制由机床控制面板上的主轴手动控制按键完成。在手动方式下，按［主轴正转］按键（指示灯亮），主轴电动机以机床参数设定的转速正转，直到按下［主轴停止］按键。按［主轴反转］按键（指示灯亮），主轴电动机以机床参数设定的转速反转，直到按下［主轴停止］按键（指示灯亮），主轴电动机停止运转。

注意：［主轴正转］、［主轴反转］、［主轴停止］这几个按键互锁，即按其中一个（指示灯亮），其余两个会失效（指示灯灭）。

3. 机床锁住

机床锁住禁止机床所有运动。

(1) 机床锁住　在手动运行方式下，按［机床锁住］按键（指示灯亮），此时再进行手动操作，显示屏上的坐标轴位置信息变化，但不输出伺服轴的移动指令，所以机床停止不动。

(2) Z 轴锁住　该功能用于禁止进刀。在只需要校验 XY 平面的机床运动轨迹时，可以使用“Z 轴锁住”功能。在手动方式下，按［Z 轴锁住］按键（指示灯亮），再切换到自动方式运行加工程序，Z 轴坐标位置信息变化，但 Z 轴不进行实际运动。

注意：［机床锁住］按键和［Z 轴锁住］按键在手动方式下有效，在自动方式下无效。

4. 其他手动操作

(1) 冷却起动与停止　在手动方式下，按［冷却］按键，切削液开（默认值为切削液关），再按一下为切削液关，如此循环。

（2）工作灯　在手动方式下，按［工作灯］按键，打开工作灯（默认值为关闭）；再按一下为关闭工作灯。

（3）自动断电　在手动方式下，按［自动断电］按键，当程序出现 M30 时，在定时器定时结束后机床自动断电。

5. 手动数据输入（MDI）运行

按 MDI 主菜单键进入 MDI 功能，用户可以从 NC 键盘输入并执行一行或多行 G 代码指令段，如图 1-13 所示。

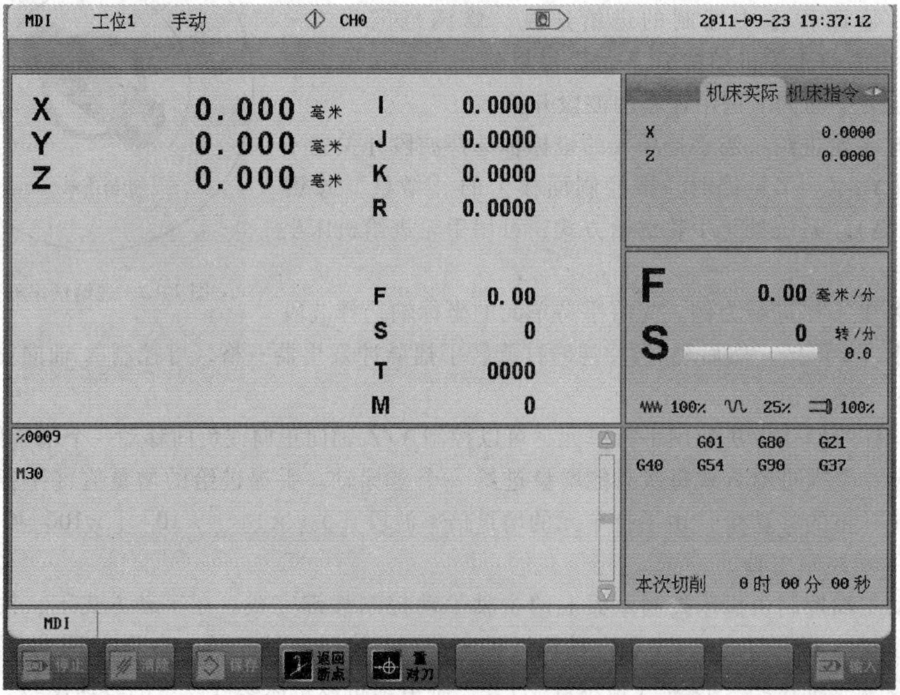

图 1-13　MDI 运行图

（1）输入 MDI 指令段　MDI 输入的最小单位是一个有效指令字。因此，输入一个 MDI 运行指令段可以有下述两种方法。

1）一次输入，即一次输入多个指令字的信息。

2）多次输入，即每次输入一个指令字信息。

例如，要输入“G00 X100 Z1000”MDI 运行指令段，直接输入“G00 X100 Z1000”，然后按“输入”键，则显示窗口内关键字 X、Z 的值将分别变为 100、1000。

在输入命令时，可以看见输入的内容，如果发现输入错误，可用［BS］、［▶］和［◀］键进行编辑；按“输入”键后，系统发现输入错误，会提示相应的错误信息，此时可按“清除”键将输入的数据清除。

（2）运行 MDI 指令段　操作步骤为：在输入完一个 MDI 指令段后，按一下操作面板上的“循环启动”键，系统即开始运行所输入的 MDI 指令。

如果输入的 MDI 指令信息不完整或存在语法错误，系统会提示相应的错误信息，此时不能运行 MDI 指令。

注意：

1）系统进入 MDI 状态后，标题栏出现“MDI 状态”图标。

2）从 MDI 切换到非程序界面时仍处于 MDI 状态。

3）自动运行过程中，不能进入 MDI 方式，可在进给保持后进入。

4）MDI 状态下，按“复位”键，系统则停止并清除 MDI 程序。

（三）程序编辑、管理及运行

本实验主要练习在程序主菜单下对零件程序进行编辑、存储及运行等操作。

1. 程序选择

（1）选择文件　程序类型（来源）分为内存程序与交换区程序。内存程序是一次性载入内存中的程序，选中执行时直接从内存中读取；交换区程序是选中执行时载入交换区的程序，主要支持超大程序的运行。

内存程序最大行数为 120 000 行，超过该行数限制的程序将被识别为交换区程序。如果程序内存已满，则即使程序总行数小于 120 000 行也将被识别为交换区程序。如果程序内存已满，则不允许前台新建程序，后台新建程序将被识别为交换区程序。

注意：

1）由于系统交换区只有 1 个，因此在多通道系统中同一时刻只允许运行一个交换区程序。

2）交换区程序不允许进行前台编辑。

3）U 盘程序类型只能是交换区程序。

在程序主菜单下按“选择”对应功能键，将出现如图 1-14 所示的界面。

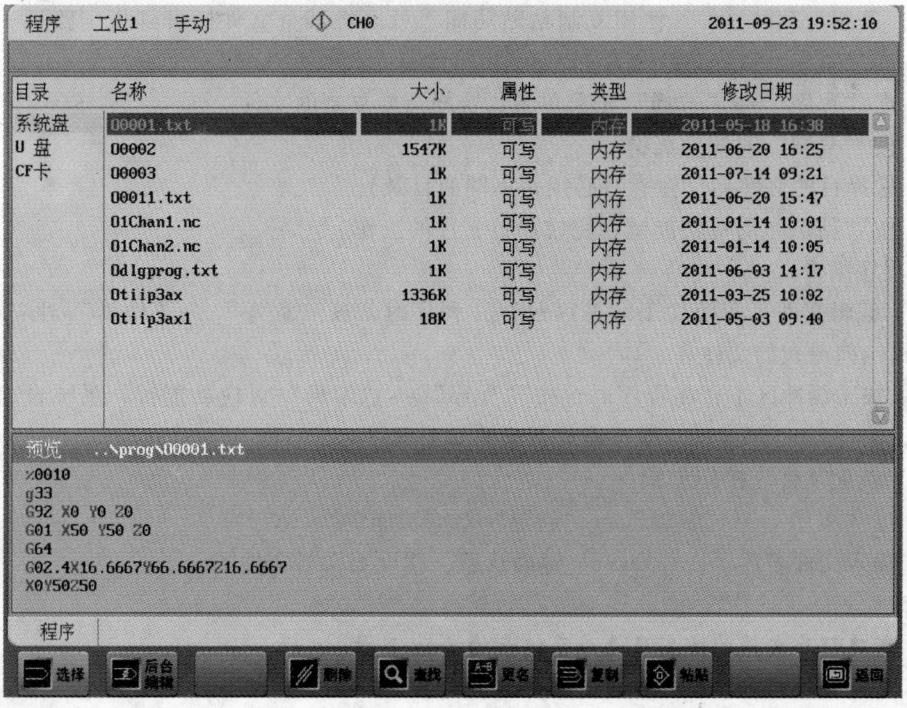

图 1-14　程序选择界面

选择文件的操作步骤如下。

1）如图1-14所示，用［▲］和［▼］选择存储器类型（系统盘、U盘、CF卡），也可用［Enter］键查看所选存储器的子目录。

2）用光标键［▶］切换至程序文件列表。

3）用［▲］和［▼］选择程序文件。

4）按［Enter］键，即可将该程序文件选中并调入加工缓冲区。

如果被选程序文件是只读G代码文件，则有［R］标识。

注意：

1）如果没有选择程序文件，系统指向上次存放在加工缓冲区的一个加工程序。

2）程序文件名一般是由字母“O”开头，后跟四个（或多个）数字或字母组成，系统缺省认为程序文件名是由O开头的。

3）HNC-808、HNC-818系统支持的文件名长度为8+3格式：文件名由1~8个字母或数字组成，再加上扩展名（0~3个字母或数字组成），如“MyPart.001”、“O1234”等。

4）HNC-848系统支持的文件名长度为32+3格式。

（2）后台编辑　后台编辑就是在系统进行加工操作的同时，对其他程序文件进行编辑工作。按“后台编辑”键，则进入编辑状态。

（3）后台新建　后台新建就是在加工的同时，创建新的文件。操作步骤为：

1）按“程序”→“选择”→“后台编辑”→“后台新建”键。

2）输入文件名。

3）按［Enter］键后，即可编辑文件。

（4）复制与粘贴文件　使用复制粘贴功能，可以将某个文件拷贝到指定路径。操作步骤为：

1）在“程序”→“选择”子菜单下，选择需要复制的文件。

2）按“复制”对应功能键。

3）选择目的文件夹（注意：必须是不同的目录）。

4）按“粘贴”对应功能键，完成拷贝文件的工作。

2. 程序编辑

（1）编辑文件　系统加工缓冲区已存在程序时，按“程序”→“编辑”对应功能键，即可编辑当前载入的文件。

系统加工缓冲区不存在程序时，按“程序”→“编辑”对应功能键，系统自动新建一个文件，按［Enter］键后，即可编写新建的加工程序。

（2）新建文件　操作步骤：

1）按“程序”→“编辑”→“新建”对应功能键。

2）输入文件名后，按［Enter］键确认后，就可编辑新文件了。

注意：

1）新建程序文件的缺省目录为系统盘的prog目录。

2）新建文件名不能和已存在的文件名相同。

（3）保存文件　按“程序”→“编辑”→“保存”对应功能键，系统则完成保存文件的工作。

注意：程序为只读文件时，按“保存”键后，系统会提示“保存文件失败”，此时只能使用“另存为”功能。

（4）另存文件　操作步骤：

1）按“程序”→“编辑”→“另存为”对应功能键。

2）使用光标键选择存放的目标文件夹。

3）按［▶］键，切换到输入框，输入文件名。

4）按［Enter］键，用户则可继续进行编辑文件的操作。

3. 程序运行及停止

（1）任意行

1）指定行号。操作步骤：a）按机床控制面板上的［进给保持］按键（指示灯亮），系统处于进给保持状态；b）按“程序”→“任意行”→“指定行号”对应功能键，系统给出如下图所示的编辑框，输入开始运行的行号；c）按［Enter］键确认操作；d）按机床控制面板上［循环启动］键，程序从指定行号开始运行。

2）蓝色行。操作步骤：a）按机床控制面板上的［进给保持］按键（指示灯亮），系统处于进给保持状态；b）按“程序”→“任意行”→“蓝色行”对应功能键；c）按机床控制面板上［循环启动］键，程序从当前行开始运行。

3）红色行。操作步骤：a）按机床控制面板上的［进给保持］按键（指示灯亮），系统处于进给保持状态；b）用［▲］、［▼］、［PgUp］和［PgDn］键移动光标（红色）到要开始的运行行；c）按“程序”→“任意行”→“红色行”对应功能键；d）按机床控制面板上［循环启动］键，程序从红色行开始运行。

注意：对于上述的任意行操作，操作者不能将光标指定在子程序部分，否则可能造成事故。

（2）停止运行　在程序运行的过程中，如果需要暂停运行，则执行以下步骤：

1）按“程序”→“停止”对应功能键，系统提示“已暂停加工，取消当前运行程序（Y/N）?”。

2）如果按“N”键则暂停程序运行，并保留当前运行程序的模态信息（暂停运行后，可按循环启动键从暂停处重新启动运行）。

3）如果按“Y”键则停止程序运行，并卸载当前运行程序的模态信息（停止运行后，只有选择程序，才能重新启动运行）。

（3）重运行　在中止当前加工程序后，如果希望程序重新开始运行，则执行以下步骤：

1）按“程序”→“重运行”对应功能键，系统提示“是否重新开始执行（Y/N）?”。

2）如果按“N”键则取消重新运行。

3）如果按“Y”键则光标将返回到程序头，再按机床控制面板上的［循环启动］按键，从程序首行开始重新运行。

4. 运行控制

（1）启动、暂停、中止

1）启动运行。系统调入零件加工程序，经校验无误后，可正式启动运行。启动运行操作步骤：①按机床控制面板上的［自动］按键（指示灯亮），进入程序运行方式；②按机床控制面板上的［循环启动］按键（指示灯亮），机床开始自动运行调入的零件加工程序。

2）暂停运行。在程序运行的过程中，需要暂停运行，可按下述步骤操作：

① 在程序运行的任何位置，按机床控制面板上的［进给保持］按键（指示灯亮），系统处于进给保持状态。

② 再按机床控制面板上的［循环启动］按键（指示灯亮），机床又开始自动运行载入的零件加工程序。

3）中止运行。在程序运行的过程中，需要中止运行，可按下述步骤操作：

① 在程序运行的任何位置，按机床控制面板上的［进给保持］按键（指示灯亮），系统处于进给保持状态。

② 按下机床控制面板上的［手动］键，将机床的 M、S 功能关掉。

③ 此时如要退出系统，可按下机床控制面板上的［急停］键，中止程序的运行。

④ 此时如要中止当前程序的运行，又不退出系统，可按下“程序”→“重运行”对应功能键，重新装入程序。

（2）空运行 在自动方式下，按机床控制面板上的［空运行］按键（指示灯亮），CNC 处于空运行状态。程序中编制的进给速率被忽略，坐标轴以最大快移速度移动。空运行不做实际切削，目的在于确认切削路径及程序。在实际切削时，应关闭此功能，否则可能会造成危险。

注意：此功能对螺纹切削无效。

（3）程序跳段 如果在程序中使用了跳段符号“/”，当按下［程序跳段］键后，程序运行到跳段符号标定的程序段后，即跳过不执行该段程序；解除该键，则跳段功能无效。

（4）选择停 如果程序中使用了 M01 辅助指令，按下［选择停］键后，程序运行到 M01 指令即停止，再按［循环启动］键，程序段继续运行，解除该键，则 M01 辅助指令功能无效。

（5）单段运行 按机床控制面板上的［单段］按键（指示灯亮），系统处于单段自动运行方式，程序控制将逐段执行：

1）按一下［循环启动］按键，运行一程序段，机床运动轴减速停止，刀具停止运行。

2）再按一下［循环启动］按键，又执行下一程序段，执行完了后又再次停止。

（6）运行时干预

1）进给速度修调。在自动方式或 MDI 运行方式下，当 F 代码编程的进给速度偏高或偏低时，可旋转进给修调波段开关，修调程序中编制的进给速度，修调范围为 0～120%。

2）快移速度修调。根据不同的控制面板，有两种快移修调方式：

① 在自动方式或 MDI 运行方式下，旋转快移修调波段开关，修调程序中编制的快移速度。修调范围为 0～100%。在手动连续进给方式下，此波段开关可调节手动快移速度。

② 在自动方式或 MDI 运行方式下，按下相应的快移修调倍率按钮。

（7）机床锁住 禁止机床坐标轴动作。在手动方式下按［机床锁住］按键（指示灯亮），此时在自动方式下运行程序，可模拟程序运行，显示屏上的坐标轴位置信息变化，但不输出伺服轴的移动指令，所以机床停止不动。这个功能用于校验程序。

注意：

1）即便是 G28、G29 功能，刀具也不运动到参考点。

2）在自动运行过程中，按［机床锁住］按键，机床锁住无效。

3）在自动运行过程中，只在运行结束时，方可解除机床锁住。

4）每次执行此功能后，须再次进行回参考点操作。

五、实验内容

1. 静态观察 FTC-20 数控车床的各个组成部分，认识转塔刀架，排屑器。指出各刀位上刀具的名称及用途。

2. 动态观察 FTC-20 数控车床的仪表数值。液压卡盘的夹紧、松开过程，液压尾架的前进、后退过程，转塔刀架的手动控制及自动控制。

3. 用右手定则判定 ZJK7532 数控钻铣床各轴及方向，观察返回参考点的过程，明确返回参考点的原理。

4. 观察华中 8 型数控系统的各个组成部分，熟悉其操作界面。

5. 进行 ZJK7532 数控钻铣床的返回参考点、点动、手轮进给、MDI 运行及自动执行程序操作。

六、实验报告要求

1. 回答下述思考题

（1）简述回参考点的意义？

（2）利用手轮可进行哪些操作？

（3）Z 轴电动机和 X/Y 轴电动机有何区别？

2. 描述实验用数控机床的结构和性能。

3. 总结数控铣床的开/关机及操作过程。

实验二　数控铣床手工编程及加工

一、实验目的

1. 了解铣削加工的工艺参数。
2. 掌握常用数控铣削编程指令。
3. 熟悉数控铣削手工编程方法。
4. 学会数控铣床实际操作加工。

二、实验原理

（一）数控铣削编程基础

1. 机床坐标系与工件坐标系

为编程方便，在描述刀具与工件的相对运动时，一律规定：工件静止，刀具相对工件运动。这样编程人员就可以在不考虑机床上工件与刀具具体运动的情况下，直接依据零件图样，确定机床的加工过程。

数控机床上由数控装置来控制机床动作，为了确定数控机床的成形运动和辅助运动，需要通过坐标系来表现机床运动的位移和运动的方向，这个坐标系被称之为机床坐标系。

机床坐标系中描述直线运动的坐标系是一个标准的笛卡儿坐标系，各坐标轴及其正方向满足右手定则。如图 2-1 所示，拇指代表 X 轴、食指代表 Y 轴、中指为 Z 轴，指尖所指的方向为各坐标轴的正方向。

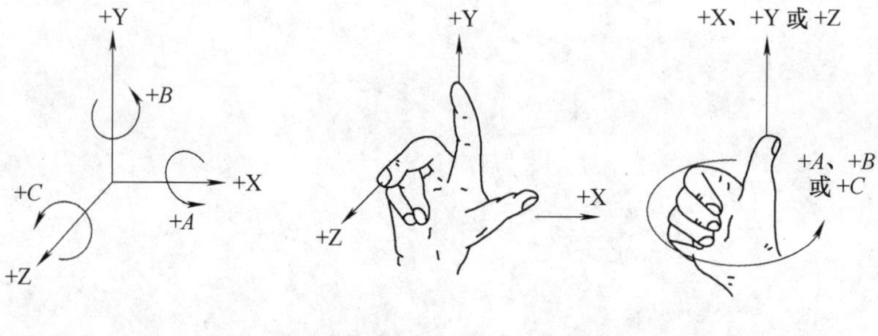

图 2-1　直角坐标系

围绕 X、Y、Z 轴旋转的旋转轴分别用 A、B、C 表示，根据右手螺旋定则，大拇指的指向为 X、Y、Z 坐标中任一轴的正向，则其余四指的旋转方向即为旋转坐标 A、B、C 轴的正向。

各直线轴运动方向规定，刀具远离工件的方向即为各坐标轴的正方向。

机床原点为机床上的一个固定点，也称机床零点或机床零位，是机床制造厂家设置在机床上的一个物理位置，是数控机床运动坐标的起始点。机床原点是其他所有坐标系，如工件坐标系、编程坐标系以及机床坐标系的基准点。机床原点在机床装配、调试时就已确定下来，不能随意改变，是数控机床进行加工运动的基准参考点。机床坐标系是以机床原点为坐标原点的机床上固有的坐标系。

机床坐标系和原点在机床说明书中均有规定，一般利用机床机械结构的基准线来确定。数控铣床的原点一般取在 X、Y、Z 坐标的正方向极限位置上。

工件坐标系又称编程坐标系，是为了编程需要根据零件图样及加工工艺等而建立的坐标系，在确定工件坐标系时不必考虑工件在机床上的实际装夹位置。编程原点是根据加工零件图样及加工工艺要求选定的编程坐标系的原点。编程原点应尽量选择在零件的设计基准或工艺基准上，编程坐标系应与机床坐标系平行或重合，即编程坐标系中各轴的方向应该与所使用的数控机床相应的坐标轴方向一致。

2. 与坐标相关的 G 指令

（1）绝对坐标编程和相对坐标编程指令 G90 与 G91　G90 指令用于设置绝对坐标编程方式，是模态指令。一般数控系统坐标编程方式的默认状态是 G90，即绝对坐标编程状态。

相对坐标又称为增量坐标，用 G91 指令指定。G91 也是模态指令，在使用 G91 的程序段及其后续程序段中，编程尺寸均按相对坐标给定，即每一程序段坐标运动的终点坐标是相对该程序段起点的坐标增量，或者说是相对于上一程序段终点坐标或程序开始刀具起点坐标的增量。

（2）工件坐标系设定的预置寄存指令 G92　在编制程序时，使用的是工件坐标系。当用绝对值编程时，必须先将刀具的起刀点位置及工件坐标系原点（也称编程原点）告知数控系统。G92 指令用于实现此功能，通过该指令可设置工件坐标系原点在机床坐标系中的位置。

G92 指令的编程格式：G92 X_ Y_ Z_ LF

其功能是存储 G92 后的尺寸字，将其作为刀具起刀点在工件坐标系中的坐标值，由此建立工件坐标系。G92 指令也可以看作是在加工坐标系中，确定刀具起始点的坐标值。程序段 G92 X30 Y25 Z28 LF 定义刀具起点在工件坐标系中的位置，如图 2-2 所示。

（3）工件坐标系零点偏置指令 G53 ~ G59　一般数控机床可以用 G54 ~ G59 指令预先设定 6 个工件坐标系，这些坐标系的坐标原点在机床坐标系中的位置可用手动数据输入方式输入，并存储在机床存储器内。在程序中一旦指定了 G54 ~ G59 之一，则该工件坐标系原点即作为当前程序原点，后续程序段中的工件坐标均以该工件坐标系作为基准。G53 用于取消 G54 ~ G59 指令功能而恢复到机床坐标系，如图 2-3 所示。

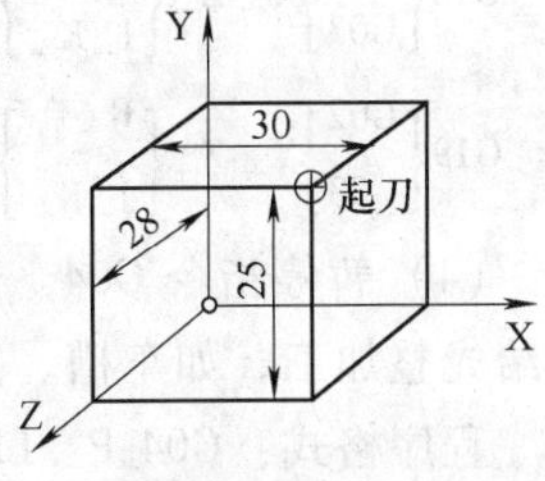

图 2-2　工件坐标系

（4）插补坐标平面选择指令 G17、G18 和 G19　对于三坐标以上的数控机床，需要用 G17、G18 或 G19 指令分别设定插补的 XY、ZX 或 YZ 坐标平面，如图 2-4 所示。

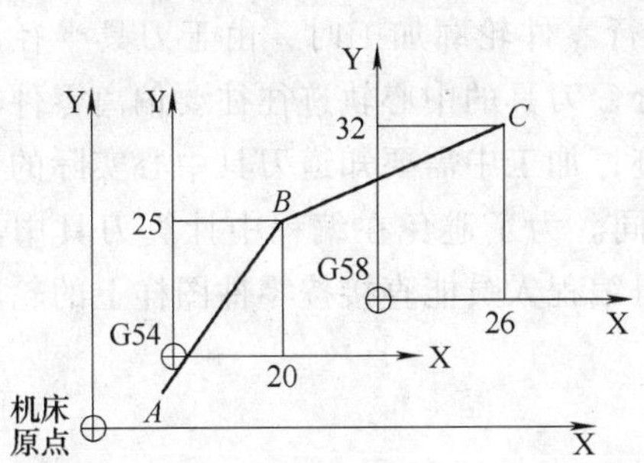

图 2-3　工件坐标系零点偏置指令应用

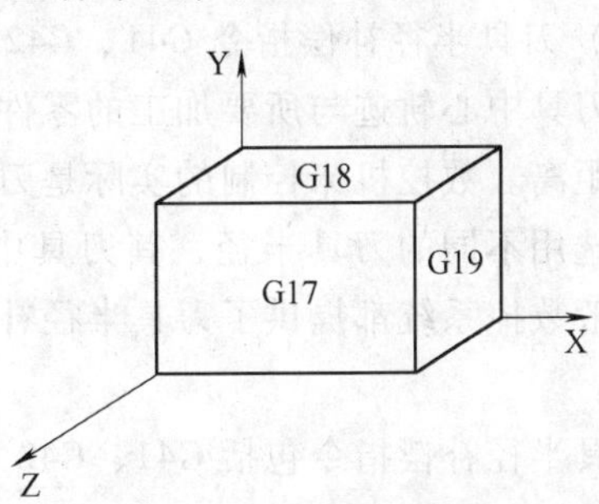

图 2-4　插补平面选择指令

3. 常用 G 功能指令

（1）快速点定位指令 G00　快速点定位指令 G00 使刀具在点位控制的方式下以系统给定的速度快速移动到目标位置。指令执行开始后，刀具沿着各个坐标方向按参数设定的速度移动，最后减速到达终点。

程序格式：G00 X_ Y_ Z_ LF

（2）直线插补指令 G01　直线插补指令 G01 用于使系统从当前位置按指定的进给速度 F 沿直线运动到目标位置。直线插补指令不仅控制运动轨迹，还控制运动过程中各点速度。

程序格式：G01 X_ Y_ Z_ F_ LF

其中 X、Y、Z 后的数值是直线插补的终点坐标值，F 是给定的进给速度。图 2-5 中，从 A 点到 B 点直线插补运动的程序段如下。

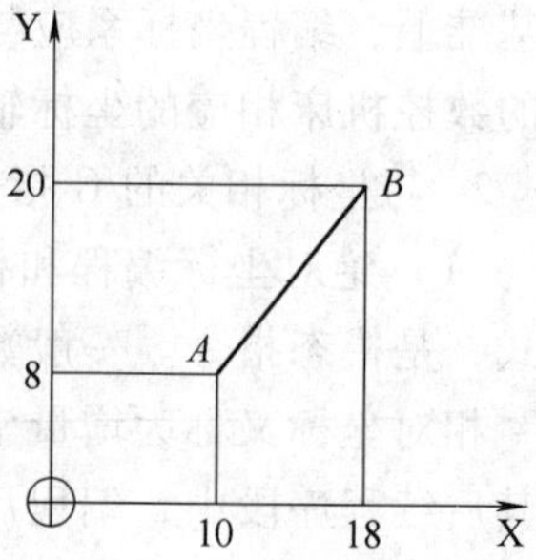

图 2-5　直线插补运动

绝对方式编程：G90 G01 X18 Y20 F150 LF

增量方式编程：G91 G01 X8 Y12 F150 LF

（3）圆弧插补指令 G02 和 G03　G02 为以程序指定的进给速度顺时针圆弧插补，G03 为以指定的进给速度逆时针圆弧插补。圆弧顺逆方向的判别方法：沿着垂直于圆弧所在平面的坐标轴，从正方向向负方向看。

程序格式：

$$G17\left\{\begin{matrix}G02\\G03\end{matrix}\right\}X\_\ Y\_\left\{\begin{matrix}R\_\\I\_J\_\end{matrix}\right\}F\_LF$$

$$G18\left\{\begin{matrix}G02\\G03\end{matrix}\right\}X\_\ Z\_\left\{\begin{matrix}R\_\\I\_K\_\end{matrix}\right\}F\_LF$$

$$G19\left\{\begin{matrix}G02\\G03\end{matrix}\right\}Y\_\ Z\_\left\{\begin{matrix}R\_\\J\_K\_\end{matrix}\right\}F\_LF$$

（4）暂停指令 G04　暂停指令 G04 的功能是使刀具短时间的停留（或延时），可用于无进给光整加工，如车槽、镗孔、钻孔等。

程序格式：G04 P_ LF

其中 P 为暂停时间，单位为 s 或 ms，具体由所采用的数控系统决定。该指令在上一程序段运动结束后开始执行。该指令为非模态指令，仅在本程序段有效。

如：N50 G04 P2000 LF　　//暂停 2s

（5）刀具半径补偿指令 G41、G42、G40　当进行零件轮廓加工时，由于刀具半径尺寸影响，刀具中心轨迹与所要加工的零件轮廓并不重合，刀具的中心轨迹往往要偏离零件轮廓一定的距离。数控机床控制的实际是刀具的中心轨迹，加工中需要知道刀具中心实际的走刀轨迹，选用不同的刀具半径，其刀具中心轨迹也不同。为了避免在编程中计算刀具中心轨迹，一般数控系统都提供了刀具半径补偿功能，使得编程人员能直接按零件图样上的轮廓尺寸编程。

刀具半径补偿指令包括 G41、G42 和 G40。

G41 为左刀具半径补偿指令，G42 为右刀具半径补偿指令，G40 为撤销刀补指令。

刀具补偿功能程序格式：

$$\left\{\begin{matrix}G00\\G01\end{matrix}\right\}\left\{\begin{matrix}G41\\G42\end{matrix}\right\}X\_\ Y\_\ H\_\ LF$$ //建立刀具半径补偿程序段

$$\left.\begin{matrix}\cdots\cdots\\\cdots\cdots\end{matrix}\right\}$$ //轮廓加工程序段

$$\left\{\begin{matrix}G00\\G01\end{matrix}\right\}\ G40\ X\_\ Y\_\ LF$$ //撤销刀具半径补偿程序段

其中，G41/G42 程序段中的地址符 X、Y 后的数值是建立刀具补偿直线段的终点坐标值。G40 程序段中的地址符 X、Y 后的数值是撤销补偿直线段的终点坐标。H 为刀具半径补偿代号地址字，有的数控系统用 D 作为刀具半径补偿地址字，后面一般用两位数字表示代号，代号与存储刀具半径补偿值的寄存器号相对应。

（6）进给功能字 F　进给功能也称 F 功能，由地址符 F 及其后续的数值组成，用于指定刀具的进给速度。

（7）主轴转速功能字 S　主轴转速功能字的地址符是 S，又称为 S 功能或 S 指令，用于指定主轴转速。一般直接用 S 后边的数字表示，单位为 r/min。

4. 常用 M 功能指令

M00：程序停止。在完成编有 M00 指令的程序段功能后，主轴停转，进给停止，切削液关断，程序暂停。该指令可用于加工过程中的停机检查、尺寸检测或手工换刀等功能。可利用机床操作面板上的"循环启动"按钮再次启动运转，并执行下一个程序段。

M01：计划停止。该指令与 M00 相似，所不同的是必须在机床操作面板上的"计划停止"按钮被按下时，M01 指令功能才有效。它用于工件关键尺寸的停机抽样检查等有关功能。

M02：程序结束。表示结束程序执行并使数控系统处于复位状态，命令主轴停转，进给停止，切削液关闭，系统复位。M02 指令通常写在最后一个程序段中，是非模态 M 指令。

M30：过去用于表示纸带结束并倒带至纸带起始处，现在表示程序结束并返回。在完成程序所有指令后，主轴停转，进给停止，切削液关闭，并将程序指针返回到第一个程序段。

M03：主轴顺时针方向转动。启动主轴按左旋螺纹进入工件的方向。

M04：主轴逆时针方向转动。启动主轴按右旋螺纹进入工件的方向。

M05：主轴停止。

M06：换刀指令。手动或自动换刀指令，要换上的刀具用 T 指令指定。该指令同时使切削液自动关闭和使主轴停转。

M07：2#切削液开。例如雾状切削液开。

M08：1#切削液开。例如液状切削液开。

M09：切削液关。关闭开启的切削液。

（二）加工程序的一般格式

1. 程序开始符、结束符

程序开始符、结束符是同一个字符，ISO 代码中是%，EIA 代码中是 EP，书写时要单列一行。

2. 程序名

程序名有两种形式：一种是英文字母 O 或 P 后加 1 ~ 4 位正整数组成；另一种是由英文

字母开头，字母数字混合组成的，一般要求单列一行。

3. 程序主体

程序主体是由若干个程序段组成的。每个程序段一般占一行。

4. 程序结束指令

程序结束指令可以用 M02 或 M30。

华中 8 型数控系统加工程序的一般格式举例：

```
% 1234                                   // 开始符
O1000                                    // 程序名
N10 G00 G90 X50 Y30 M03 S1000 LF       ⎫
N20 G01 X60.5 Y50.2 F250 T01 M08 LF    ⎪
N30 X90 LF                              ⎬ // 程序主体
……                                      ⎪
N200 M30 LF                             ⎭
%                                        // 结束符
```

程序段的格式：

N_	G_	X_ Y_ Z_	F_	S_	T_	M_	LF
顺序号	准备功能	尺寸字	进给功能	主轴转速	刀具	辅助功能	程序段结束符

程序段格式举例：

N30 G01 X50 Y30 F200 S1000 T02 LF

N40 X100 LF

三、对刀原理及方法

对刀是数控加工中的主要操作和重要技能，对刀的准确性决定了零件的加工精度，同时，对刀效率还直接影响加工效率。在操作和编程中弄清楚基本坐标系和对刀原理是两个非常重要的环节。

1. 对刀原理

加工中通常使用两个坐标系，一个是机床坐标系，另一个是工件坐标系，对刀的目的就是为了建立两个坐标系的联系。首先确定工件坐标系与机床坐标系之间的空间位置关系，再确定对刀点相对于工件坐标原点的空间位置关系，最后将对刀数据输入到相应的工件坐标系存储单元。

2. 对刀方法

对刀操作分为 X 向、Y 向和 Z 向对刀。目前常用的对刀方法分为简易对刀法和对刀仪自动对刀。简易对刀法又包括试切法对刀和寻边器、Z 轴定向器对刀。可根据现有条件和加工精度选择。

现简述简易对刀法中的试切法对刀过程（寻边器、Z 轴定向器对刀在实验四中介绍）。数控铣床的对刀内容包括基准刀具的对刀和各个刀具相对偏差的测定两部分。由于实验用机床只装一把刀，因此只要将该刀具作为基准刀具进行对刀操作即可。下面仅对此操作过程进行说明。

1）装夹好工件以及基准刀具（或对刀工具）。

2）将原 G54 中的数值清零。

3）将方式开关置于“回参考点”位置，分别按 +X、+Y、+Z 方向按键令机床进行回参考点操作，此时机床原点与参考点重合，则坐标显示为（0，0，0）。

4）以待加工工件孔或外形的对称中心为 X、Y 轴的对刀位置点，用手轮操作，使刀具侧刃接触（刀具应旋转）待加工工件孔或外形的两侧，用中分法确定 X、Y 的中心点坐标，如（-156.437，-86.999），将此值输入 G54 的 X、Y 坐标中。

5）以工件上表面为 Z 方向对刀位置点，用手轮操作，使刀具端面（或刀心）接触（刀具应旋转）待加工工件上表面，将此值输入 G54 的 Z 坐标中。

3. 华中 808 型数控系统的对刀过程

实验用机床为用华中 808 型数控系统改造的数控钻铣床，其操作已在实验一中介绍。现以本实验加工扳手为例，其对刀过程如下：

1）如图 2-6 所示，将有机玻璃毛坯装夹在机床工作台面。毛坯为 210mm ×60mm ×5mm 的板料，利用板料已加工好的两个直径为 10mm 的孔，用 T 型螺栓固定。

图 2-6 毛坯装夹图

2）在手动模式下，移动刀具，使刀具在 X 轴的正方向与毛坯相切（刀具旋转），按设置按钮，出现如图 2-7 所示界面。按［记录Ⅰ］软键，抬刀后再使刀具移动到 X 轴的负方向与毛坯相切，然后按［记录Ⅱ］软键，再按［分中］软键，则系统自动计算中心坐标，并将其写入 G54。

3）用光标移动键使蓝条移至 Y 坐标行，以同样的方法对 Y 轴预置中心坐标。

4）用光标移动键使蓝条移至 Z 坐标行，在对刀部位用油粘贴一薄纸片，移动刀具使刀具接近毛坯上表面，在增量模式下，用手轮使其旋转的刀具接触纸片，当带动纸片一同转动时，按［当前位置］软键，则毛坯上表面 Z 坐标预置到 G54 中，如图 2-8 所示。

四、编程及加工实例

编写如图 2-9 所示平面轮廓零件的加工程序。该零件的毛坯为 210mm ×60mm ×5mm 板料，板料已加工好两个直径为 10mm 的孔，一次粗加工和一次精加工铣削成图 2-9 中粗实线所示的外形，精加工余量为 1mm。

1. 工艺分析

根据所给毛坯尺寸，对已加工完成的两个直径为 10mm 的孔进行装夹，采用 T 型螺栓及压板将工件压紧在工作台平面。如图 2-10 所示，以工件中心点 O 为原点建立工件坐标系，Z 方向对刀点为毛坯上平面，对刀点 O 在工件坐标系中的位置为 N（0，0，0）。轮廓加工选用 ϕ10mm 立铣刀，刀具从 A 点切入，加工中安全高度为 40mm，走刀路线为：$O \rightarrow N \rightarrow A \rightarrow B$

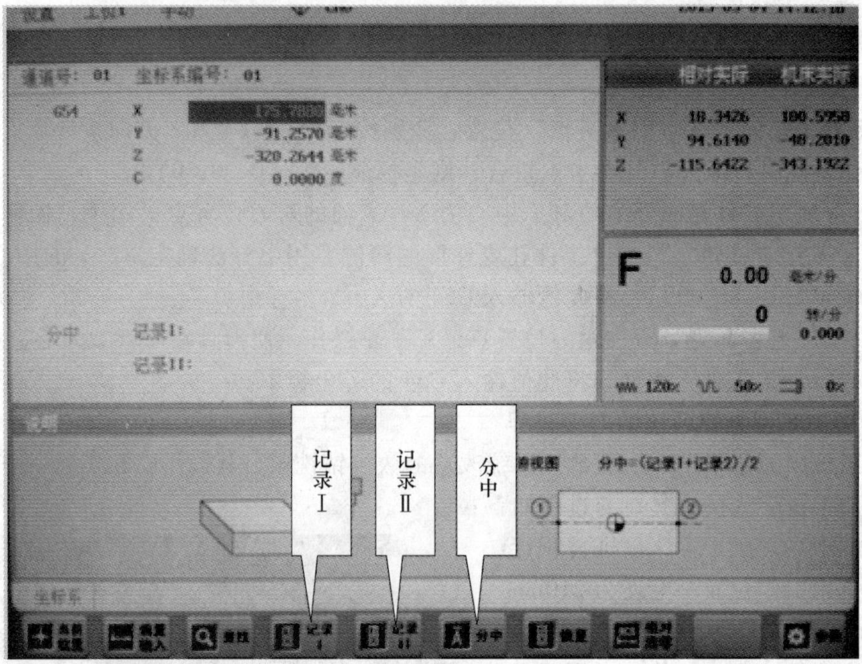

图 2-7 G54 设置界面

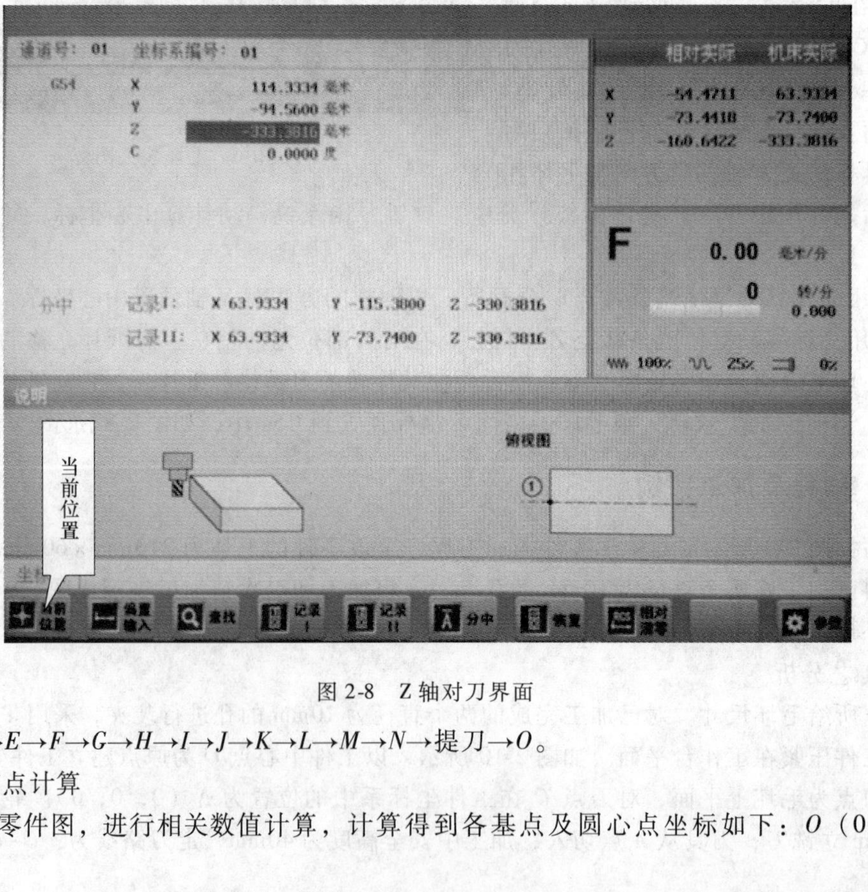

图 2-8 Z 轴对刀界面

→*C*→*D*→*E*→*F*→*G*→*H*→*I*→*J*→*K*→*L*→*M*→*N*→提刀→*O*。

2. 节点计算

分析零件图，进行相关数值计算，计算得到各基点及圆心点坐标如下：*O*（0，0），*A*

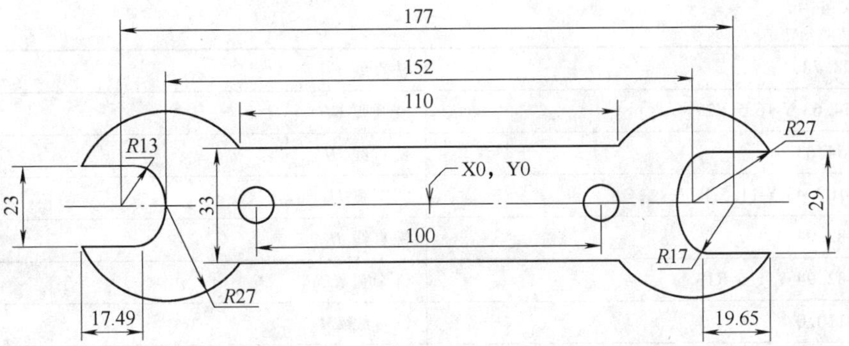

图 2-9　平面轮廓零件

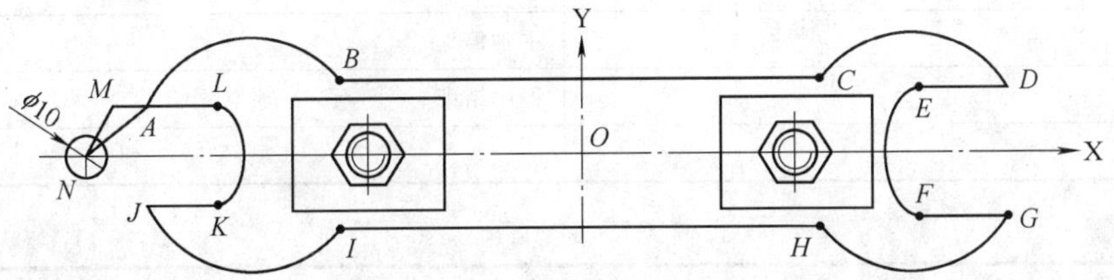

图 2-10　平面轮廓零件加工走刀路线

(－100.43，11.5)，*B*（－54.63，16.5)，*C*（54.63，16.5)，*D*（98.78，14.5)，*E*（79.13，14.5)，*F*（79.13，－14.5)，*G*（98.78，－14.5)，*H*（54.63，－16.5)，*I*（－54.63，－16.5)，*J*（－100.43，－11.5)，*K*（－82.94，－11.5)，*L*（－82.94，11.5)，*M*（－110.0，11.5)，*N*（－115.0，0)。

3. 设置刀补值

编程中利用刀具半径补偿功能，通过改变刀偏量，用同样一个程序实现粗、精加工。对于粗加工 D02＝6 mm，对于精加工 D02＝5 mm。刀具半径补偿的设置方法是：在控制面板上按“刀补键”，出现如图 2-11 所示刀补表界面，以 2 号刀具半径补偿为例，用移动键使光标蓝条到 2 号刀位置，再移动光标蓝条到半径位置，输入 5，按确认键。

4. 编程

1）按绝对坐标编程，其参考程序如下：

% 1234	程序头
O1000	程序名
N10 G90 G00 G54 X0 YO Z40 M03 S1600	绝对坐标编程，G54 工件坐标系，刀具抬高 40mm
N15 X-115.0	刀具快速移至 *N* 点
N20 G01 Z-5.0 F100	刀具以下刀速率下降
N25 G41 X-100.43 Y11.5 F150 D02	左刀补将刀具移动到进刀点
N30 G02 X-54.63 Y16.5 R27	铣圆弧 *AB*
N35 G01 X54.63	铣直线 *BC*
N40 G02 X98.78 Y14.5 R27	铣圆弧 *CD*
N45 G01 X79.13	铣直线 *DE*
N50 G03 X79.13 Y-14.5 R17	铣圆弧 *EF*

（续）

N55 G01 X98.78	铣直线 *FG*
N60 G02 X54.63 Y-16.5 R27	铣圆弧 *GH*
N65 G01 X-54.63	铣直线 *HI*
N70 G02 X-100.43 Y-11.5 R27	铣圆弧 *IJ*
N75 G01 X-82.94	铣直线 *JK*
N80 G03 X-82.94 Y11.5 R13	铣圆弧 *KL*
N85 G01 X-110.0	铣直线 *LM*
N90 G40 G00 X-115.0 Y0	撤销刀补，返回 *N* 点
N95 Z40.0	提刀到安全位置
N100 M05	主轴停
N105 M30	程序结束
%	

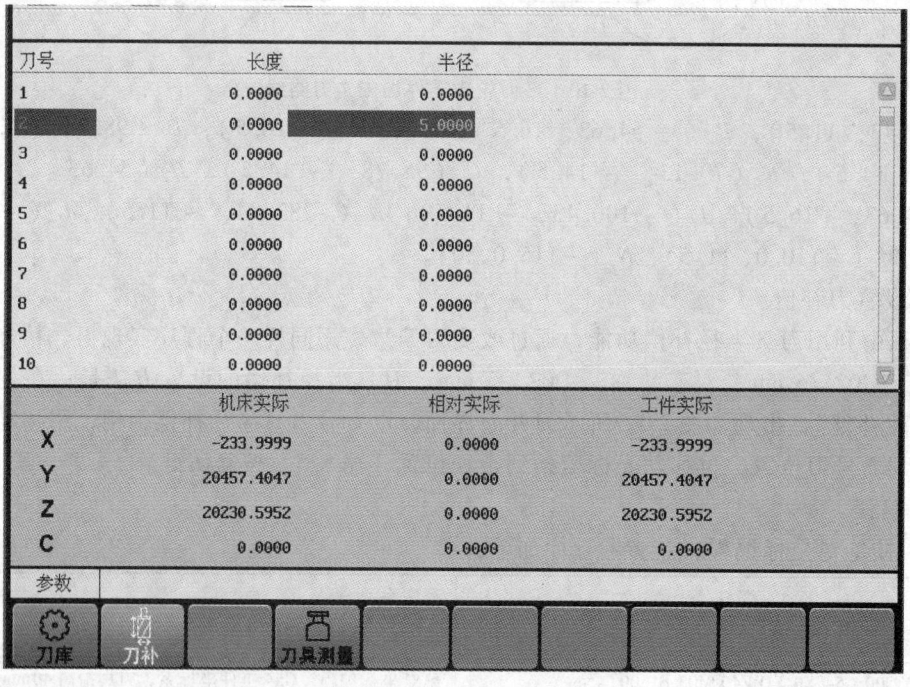

图 2-11　刀补表界面

2）按相对坐标编程，程序留给同学们自行完成。

5. 程序试运行

将编好的程序手工输入系统内存区，按“程序→编辑→新建”对应功能键，输入文件名“banshou”，按［Enter］键确认后，就可编辑新文件，将代码逐行输入，并保存。

为了验证程序，确保安全，以高于毛坯上表面 40 mm 处为 Z 坐标对刀点，用单段方式运行程序，并将画面切换至图形显示画面。方法是：按［位置］键，再按［图形］软键，通过［1］、［2］、［3］、［4］、［5］、［6］数字键，分别控制显示面，通过［PageUp］、

[PageDown] 翻页键控制图形显示比例。试运行的图形显示画面如图 2-12 所示。

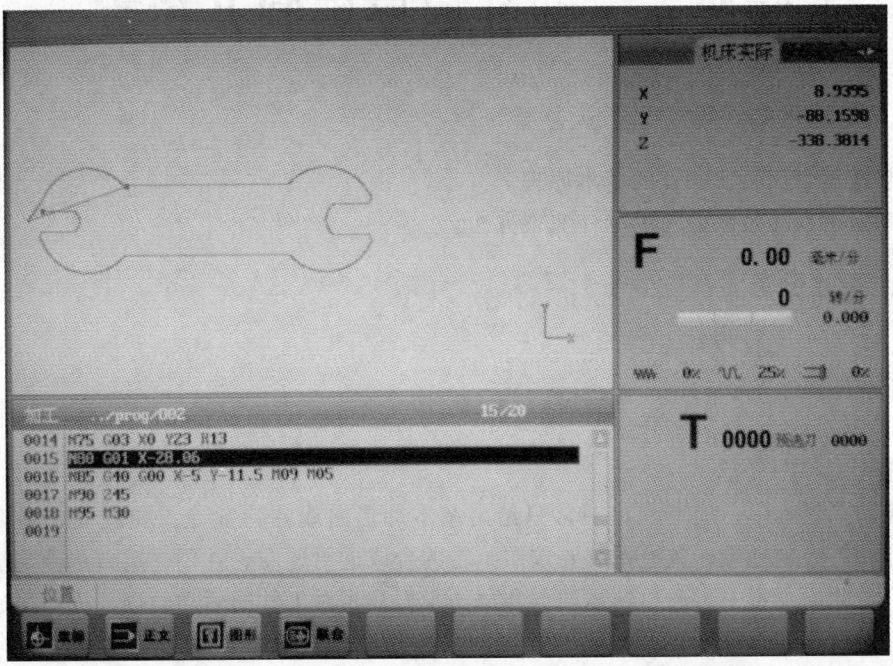

图 2-12　试运行的图形显示画面

五、实验内容及步骤

1. 每小组领取一块规格为 210mm × 60mm × 5mm，材料为有机玻璃的板材及压板一套，进行毛坯定位装夹。

2. 用相对坐标编程方法编制加工程序，并将编好的程序输入数控系统。

3. 对程序进行校验及模拟加工。

4. 以毛坯对称中心为工件坐标系原点，采用试切法对刀。

5. 手动将刀具移动到距毛坯上表面 40mm 处，Z 轴锁住，调出图形显示画面，并选取合适比例。

6. 运行程序，观察刀具轨迹。发现错误进行修改，直至正常。

7. 解除 Z 轴锁住，进行实际加工。

六、实验报告及要求

1. 简述扳手零件加工过程。

2. 给出扳手零件相对坐标编程数控加工程序，并对程序进行注释。

3. 提供加工时的图形显示画面及加工实物照片。

4. 回答观察思考题。

（1）除在加工程序中控制进给速度外，还可如何控制进给速度？

（2）分析加工中出现振动的原因，如何避免？

实验三　插补程序编制及仿真

一、实验目的

1. 掌握逐点比较法插补的基本原理。
2. 掌握逐点比较法插补的软件实现方法。

二、实验设备

1. 计算机及其操作系统。
2. C 语言软件。

三、实验原理

数控加工过程中，加工程序通常只给出基本廓形曲线的特征点，如直线、圆弧等的起点、终点和圆心坐标等，数控系统要按照给定的合成进给速度、并用一定方法确定廓形曲线中间点，由此确定每一步进给轴运动量和每一步刀具相对工件的运动轨迹，进而生成基本廓形曲线，该过程即为插补过程。“插补”的实质是数控系统根据零件轮廓线型的有限信息（如直线的起点、终点，圆弧的起点、终点和圆心等），在轮廓的已知点之间确定一些中间点，完成所谓的“数据密化”工作。

本实验主要掌握逐点比较法插补基本原理、过程及实现方法。如图 3-1 所示，逐点比较法的插补包括四个工作节拍：偏差判别、坐标进给、偏差计算和终点判别。

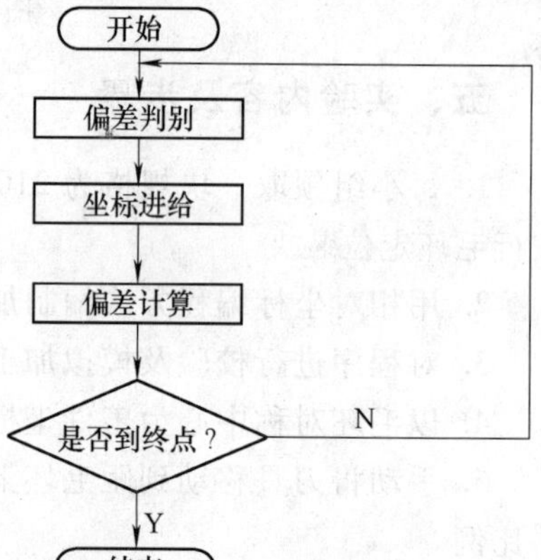

图 3-1　逐点比较法插补直线流程图

（一）直线插补原理

对于第一象限直线 OA，其起点为坐标原点 O（0，0），终点坐标为 A（X_e，Y_e），P（X_i，Y_i）为当前加工点。设偏差函数为

$$F_i = X_e Y_i - Y_e X_i$$

P 与直线 OA 的位置关系如图 3-2 所示，有三种情况：

P 在直线 OA 上，$F_i = 0$；P 在直线 OA 上方区域，如图 P''点 $F_i > 0$；P 在直线 OA 下方区域，如图 P'点 $F_i < 0$。

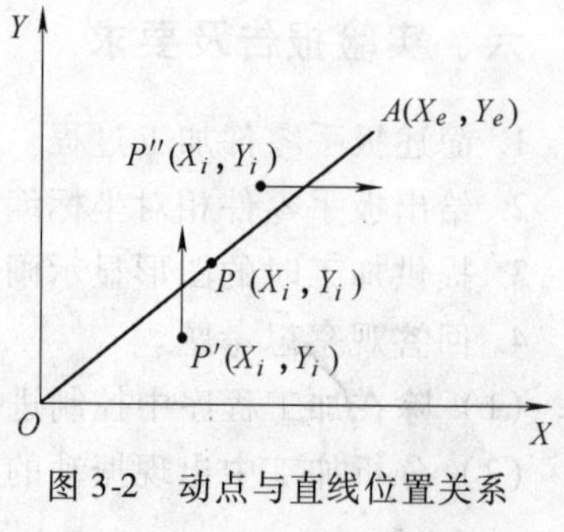

图 3-2　动点与直线位置关系

坐标进给及新偏差计算：

当 $F_i \geqslant 0$ 时，向 X 正方向进给，新的偏差判别公式为 $F_{i+1} = F_i - Y_e$；当 $F_i < 0$ 时，向 Y 正方向进给，新的偏差判别公式为 $F_{i+1} = F_i + X_e$。

终点判别：

1. 加法计数

确定完成整个插补需要的总步数 $N = X_e + Y_e$，设置插补计数器初值为 0，无论 X 轴或 Y 轴，每插补进给一步，插补计数器加 1，判断当前累加的插补步数是否等于设定的总步数 N，若是则已插补到终点，插补结束。

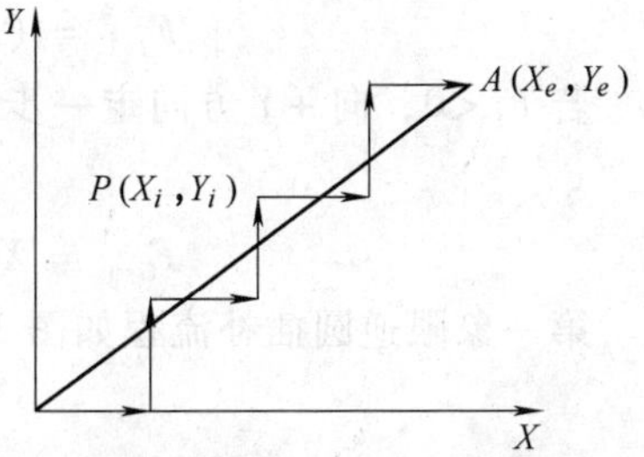

图 3-3　第一象限直线插补轨迹

2. 减法计数

确定完成整个插补需要的总步数 $N = X_e + Y_e$，设置插补计数器初值为 N，无论 X 轴或 Y 轴，每插补进给一步，插补计数器减 1，判断当前累加的插补步数是否为 0，若是则已插补到终点，插补结束。

3. 分别计数

给 X 轴、Y 轴分别设置插补计数器 N_x 和 N_y，设初值 $N_x = X_e$，$N_y = Y_e$，X 轴每进给一步，N_x 减 1，Y 轴每进给一步，N_y 减 1，直到 N_x、N_y 均为 0，插补结束。如图 3-3 所示。

第一象限直线插补工作流程如图 3-4 所示。

（二）四象限直线插补

四个象限直线的偏差符号和插补进给方向如图 3-5 所示，用 $L1$、$L2$、$L3$、$L4$ 分别表示第Ⅰ、Ⅱ、Ⅲ、Ⅳ象限的直线。为适用于四个象限直线插补，插补运算时用 $|X|$，$|Y|$ 代替 X，Y，偏差符号确定可将其转化到第一象限，动点与直线的位置关系按第一象限判别方式进行判别。四个象限直线插补工作流程如图 3-6 所示。

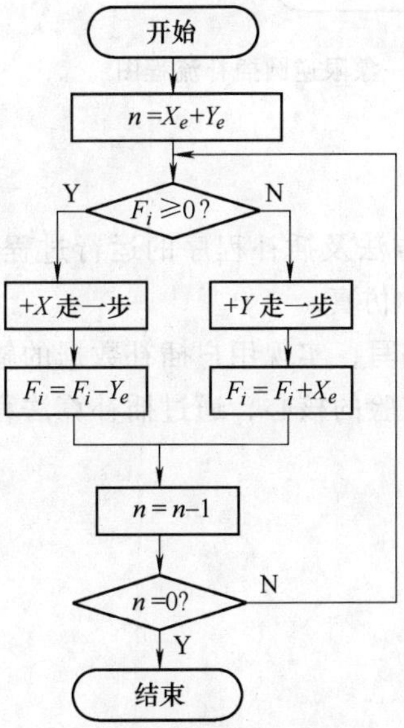

图 3-4　第一象限直线插补流程

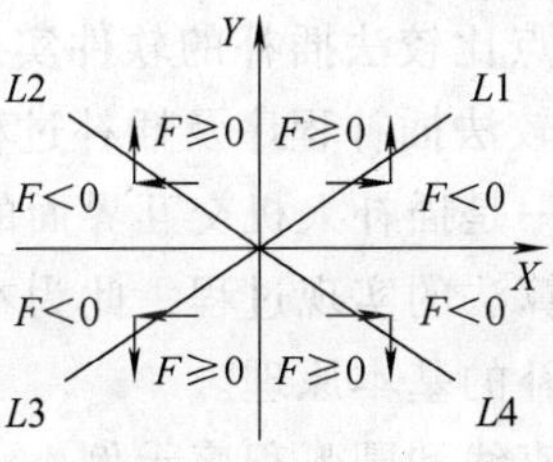

图 3-5　四象限直线的偏差符号和插补进给方向

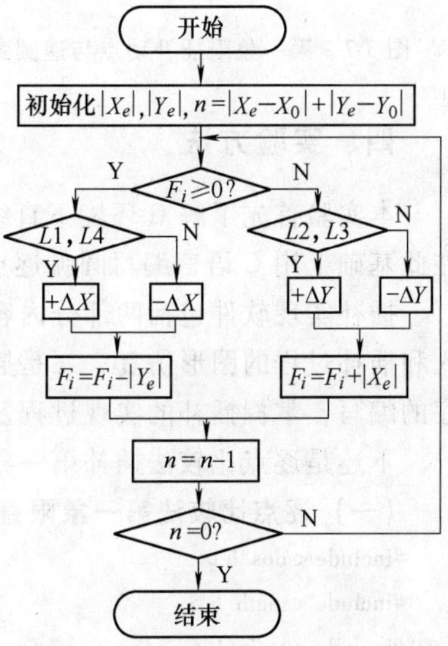

图 3-6　四象限直线插补流程图

（三）圆弧插补原理

对于第一象限动点 P（X_i，Y_i）与逆圆弧 AB 的位置关系如图 3-7 所示：

若 $F_i \geqslant 0$，向 $-X$ 方向走一步，则有

$$X_{i+1} = X_i - 1$$

$$F_{i+1}=(X_i-1)^2+Y_i^2-R^2=F_i-2X_i+1$$

若 $F_i<0$，向 $+Y$ 方向走一步，则有

$$Y_{i+1}=Y_i+1$$

$$F_{i+1}=X_i^2+(Y_i+1)^2-R^2=F_i+2Y_i+1$$

第一象限逆圆插补流程如图 3-8 所示。

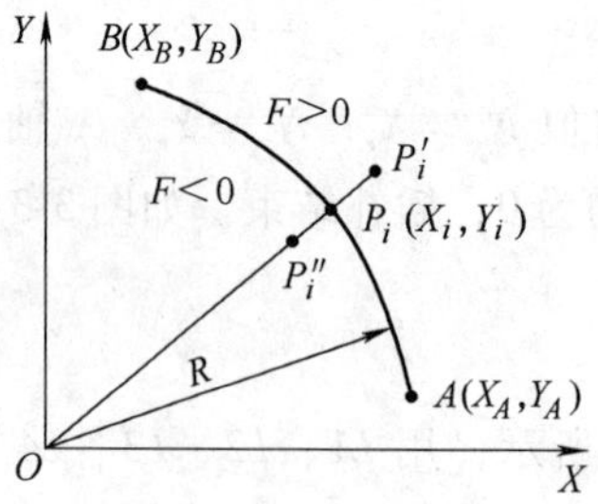

图 3-7　第一象限插补动点与逆圆弧位置关系

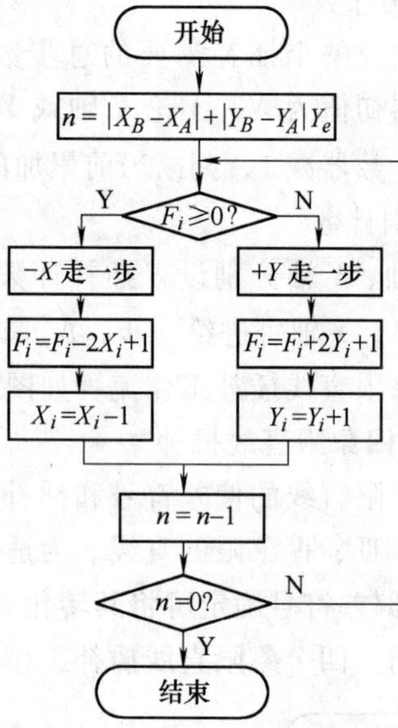

图 3-8　第一象限逆圆插补流程图

四、实验方法

本实验首先了解 C 环境下直线逐点比较法插补的软件实现方法及插补程序的运行过程，在此基础上用 C 语言编写圆弧逐点比较法插补程序及插补过程的仿真。

插补实现软件包括两部分内容，一是插补人机交互界面的编写，实现用户插补数据的输入和插补过程的图形仿真；二是插补算法的实现过程，此为本实验的核心，通过插补算法程序的编写，掌握插补的实现过程及插补的基本原理。

下述是逐点比较法插补第一象限直线和圆弧程序示例。

（一）逐点比较法第一象限直线插补程序

```
#include < dos. h >
#include < math. h >
#include < stdio. h >
#include < conio. h >
#include < stdlib. h >
#include < graphics. h >

void init_ graph ( ) ;
void close_ graph ( ) ;
void acrroods ( ) ;
```

```
static float x0, y0;                                                    /* 屏幕中心坐标 */
void line_interpolation (), draw_line (), draw_line_interpolation ();

void init_graph ()                                                      /* 图形系统初始化 */
{
  int graphdrive, graphmode, grapherror;

  detectgraph (&graphdrive, &graphmode);
  if (graphdrive <0)
     {
     printf ("No graphics hardware detected! \n");
     exit (1);
     }

/* Initialize the graphics */
  initgraph (&graphdrive, &graphmode, "h: \\ tc30 \\ bgi");   /* 具体根据 TC30 安装的目录而变 */
  grapherror = graphresult ();
  if (grapherror <0)
   {
  printf ("Initgraph error:%s \n", grapherrormsg (grapherror));
  exit (1);
  }
}

void    acrroods ()                                                     /* 屏幕中心坐标 */
{
  x0 = getmaxx () /2;
  y0 = getmaxy () /2;}

void draw_line (int Xe, int Ye)                                         /* 画直线 */
{
  line (x0 - Xe, y0, x0 + Xe, y0); outtextxy (x0 + Xe + 20, y0, "X");   /* 画 X 轴坐标/
  line (x0, y0 - Ye, x0, y0 + Ye); outtextxy (x0 + 10, y0 + Ye, "Y");   /* 画 Y 轴坐标/
  line (x0, y0, Xe + x0, Ye + y0);                                      /* 画直线/
  textcolor (YELLOW);
  directvideo = 0;
  gotoxy (45, 5); cprintf ("Line from: ");
  gotoxy (45, 6); cprintf ("Line to: ");
  gotoxy (45, 7); cprintf ("Units: Pixel");
  gotoxy (45, 8); cprintf ("Line now: ");
}
void close_graph ()                                                     /* 关图形系统 */
{
```

```
    closegraph ();
}
void draw_line_interpolation (int Xe, int Ye, float step)                /*直线插补函数*/
{
    float Fm, Xm = x0, Ym = y0;
    int n;
    n = (Xe + Ye) /step;
    Fm = 0;
    setcolor (RED);
    moveto (Xm, Ym);
    while (n > 0)
      {
         if (Fm >= 0)
            {Xm = Xm + step;
         Fm = Fm - Ye * step;
      }}
    else
         {Ym = Ym + step;
       Fm = Fm + Xe * step;}
    lineto (Xm, Ym);
    delay (1100);
    n = n-1;
    }
}

void main ()
{
    int Xe, Ye;
    intstep;
    printf ("please input end point, Xe:, Ye: /n",);
    scanf ("%d,%d", &Xe, &Ye);
    printf ("the step is /n");
    scanf ("%f", &step);
    draw_line (Xe, Ye);
    draw_line_interpolation (Xe, Ye, step);
    getch ();
    close_graph ();
}
```

(二) 逐点比较法第一象限逆圆弧插补程序

```
#include < dos. h >
#include < math. h >
#include < stdio. h >
#include < conio. h >
```

```
#include <stdlib. h>
#include <graphics. h>
#define pi 3. 1415926
void init_ graph ( );
void close_ graph ( );
void acrroods ( );
static float x0, y0;                                   /* 屏幕中心坐标 */
void draw_ arc ( ), draw_ arc_ interpolation ( );

void init_ graph ( )                                   /* 图形系统初始化 */
{
  int graphdrive, graphmode, grapherror;

  detectgraph (&graphdrive, &graphmode);
  if (graphdrive < 0)
    {
      printf ("No graphics hardware detected! \ n");
      exit (1);
    }

/* Initialize the graphics */
initgraph (&graphdrive, &graphmode, "h: \\ tc30 \\ bgi");
grapherror = graphresult ( );
if (grapherror < 0)
   {
     printf ("Initgraph error:% s \ n", grapherrormsg (grapherror));
     exit (1);
   }
}

void acrroods ( )                                      /* 屏幕中心坐标 */
{
  x0 = getmaxx ( ) /2;
  y0 = getmaxy ( ) /2;
}

void draw   _arc (int Xs, int Ys, int Xe, int Ye, int R)     /* 画圆弧及写参数 */
{
  int start_ angle, end_ angle;
  line (x0 - Xe, y0, x0 + Xe, y0); outtextxy (x0 + Xe + 20, y0, "X");
  line (x0, y0 - Ye, x0, y0 + Ye); outtextxy (x0 + 10, y0 + Ye, "Y");
  outtextxy (x0 - 10, y0 + 10, "O");
  start_ angle = acos (Xs/R) * 180/pi;
```

```
  end_angle = acos (Xe/R) * 180/pi;
  arc (x0, y0, start_angle, end_angle, R);
  circle (x0, y0, R);
  textcolor (YELLOW);
  directvideo = 0;
  gotoxy (46, 2); cprintf ("Arc start: X0 Y0");
  gotoxy (46, 3); cprintf ("arc end: Xe Ye");
  gotoxy (46, 4); cprintf ("Units: Pixel");
  gotoxy (46, 5); cprintf ("Arc now: ");
}
void close_graph ()                                          /*关图形系统*/
{
  closegraph ();
}

void draw_arc_interpolation (int Xs, int Ys, int Xe, int Ye, float step)/*关键的圆弧插补函数*/
{
  float Fm, Xm = x0 + Xs, Ym = y0 + Ys;
  int n;
  n = (abs (Xe - Xs) + abs (Ye - Ys)) /step;
  Fm = 0;
  moveto (Xm, Ym);
  setcolor (RED);
  while (n > 0) {
            if (Fm >= 0)
               {Fm = Fm - 2 * (Xm - x0) * step + step * step;
              Xm = Xm - step;
              }
           else
               {Fm = Fm + 2 * (Ym-y0) * step + step * step;
              Ym = Ym + step;
           }
        lineto (Xm, Ym);
              n = n - 1;
              gotoxy (58, 5); printf ("X%3.0f Y%3.0f     ", Xm - x0, Ym - y0);
              delay (800);
           }
}

void main ()
{
  intXs, Ys, Xe, Ye, R;
  float step;
```

```
    printf ("please input the start point, Xs:, Ys: /n",);
    scanf ("%d,%d", &Xs, &Ys);
    printf ("please input the end point, Xe:, Ye: /n",);
    scanf ("%d,%d", &Xe, &Ye);
    printf ("the radis is/n");
    scanf ("%d", &R);
    printf ("the step is/n");
    scanf ("%f", &step);
    draw_arc (Xs, Ys, Xe, Ye, R);
    draw_arc_interpolation (Xs, Ys, Xe, Ye, step);
    getch ();
    close_graph ();
}
```

五、实验内容

1. 依据逐点比较法原理，编写表 3-1、表 3-2 所列轮廓轨迹插补程序，并在计算机上编辑运行该程序，实现插补及运动仿真。

表 3-1　直线轨迹

	起点	终点
直线	(10, -5)	(25, -35)
	(-10, 50)	(-50, 30)
	(-10, -20)	(-50, -40)

表 3-2　圆弧轨迹

	起点	终点	半径	顺逆
圆弧	(-10, 5)	(-5, 20)	20	顺
	(-10, 50)	(-50, 30)	100	逆
	(-10, -20)	(-500, -200)	500	逆

2. 依据数据采样法原理，编写上述轮廓轨迹插补程序，并在计算机上编辑运行该程序，实现插补及运动仿真。

3. 对比上述方法的优劣。

六、实验报告要求

1. 给出用 C 语言实现的逐点比较法插补程序清单。
2. 给出用 C 语言实现的数据采样法插补程序清单。
3. 逐点比较法与数据采样法的插补思路有何不同？

实验四　基于运动控制器的开放式数控系统构建及分析

一、实验目的

1. 使学生了解开放式数控系统的体系结构。
2. 了解开放式数控系统软硬件构成特点及NC功能模块的划分。
3. 熟悉基于运动控制卡开放式数控系统的开发流程。
4. 通过对开放式数控系统的功能验证，提高学生分析问题能力。

二、实验原理

1. 了解MX-3开放式数控系统的基本配置、技术规格、操作台构成及软件操作界面。
2. 学会机床电气简单电路图绘制。
3. 理解数控系统与伺服驱动及电动机的连接。
4. 熟悉开放式数控系统的开发过程。

三、实验原理

（一）开放式数控系统介绍

具有下列特性的系统可称为开放系统：符合系统规范的应用可运行在多个销售商的不同平台上，可与其他系统的应用互操作，并且具有风格统一的用户交互界面。一般认为开放式数控系统应该具有下列特征。

1）开放用户界面。系统能够提供一个一致的操作界面，使操作简化、方便。同时，用户可以根据自己的需要及喜好进行界面设计。

2）开放功能模块。用户可以根据自己的实际需求选择或设计系统的功能模块。例如，选择或自行添加手动脉冲控制模块、主轴控制模块、曲线插补模块等，以适应特定的加工需求。

3）开放控制功能。作为一个开放式的数控系统，其所控制的机床应不受具体加工工艺类型的限制，可以通过方便的重组与搭配，以满足各种加工类型，如车削、铣削、磨削等，甚至是专用加工设备，如快速成型、齿轮加工测量等。

4）开放网络模块。开放式数控系统对于另外一个同级别或更高层的系统是开放的，可以通过网络连接进行互操作。例如，可以由一台主机来监控网络中的若干台数控机床，从而实现统一的生产规划与调度。

5）硬件平台无关性和可移植性。所开发的开放式数控系统可以在大多数的计算机硬件平台上运行，而不需要或只需做很少的设置与修改。

要实现数控系统的开放性，必须将其进行功能分解，形成独立的、可完成不同功能的模块，并且对各模块进行标准接口制定，使各模块之间仅通过标准接口通讯，协同完成数控功能。

（二）开放式数控系统的体系结构

开放式数控系统从传统的数控系统发展而来，是针对传统数控系统弊端的改进，传统数控系统体系结构可以用图 4-1 所示的层次结构来表示。

传统数控系统专用性强、通用性差，各数控厂家生产的数控系统没有共同性和标准化的接口，更没有一个标准、有效的体系结构予以支撑，因此无法形成持久的控制软件开发能力、高可靠性的软件扩展能力和满足用户方便地进行二次开发的能力。

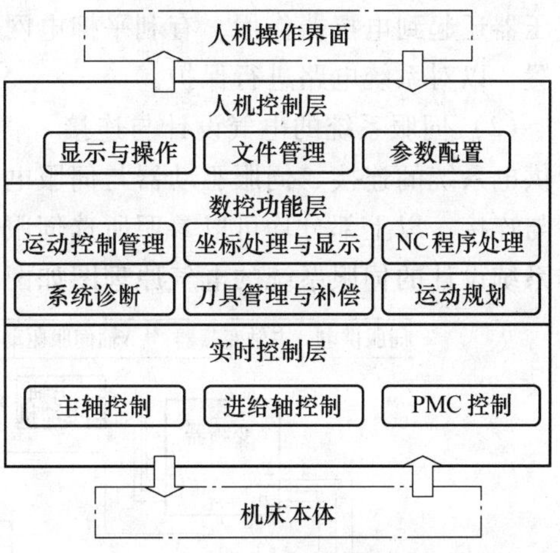

图 4-1　传统数控系统体系结构

PC 技术发展至今，PC 机已具有强大的计算处理能力和较高的可靠性，其硬件资源也已经完全标准化，软件资源又极其丰富，且具备很高的性价比，因此，大多数的开放式数控系统的体系搭建都以 PC 机为平台。目前国内通过 PC 来构造开放式数控系统的方式有三种：PC 嵌入 NC 型、NC 嵌入 PC 型、全软件 NC 型。

上述三种开放式数控系统的组建形式中，NC 嵌入 PC 型的结构紧凑、开放程度较高、易于实现，因此本系统采用此类型开放式数控系统，其系统结构如图 4-2 所示。

硬件系统平台包括 PC 功能硬件、NC 功能硬件和伺服驱动硬件三部分。PC 硬件和 NC 硬件构成了开放式数控系统的数控装置，其中 NC 资源完成插补运算、伺服控制、逻辑控制等实时性较强的任务，而 PC 资源完成非实时性和实时性要求较低的任务。伺服驱动硬件构成了开放式数控系统的伺服驱动装置，直接驱动数控机床各轴的运动。这些硬件可由开发者根据实际需要有针对性地进行选择。

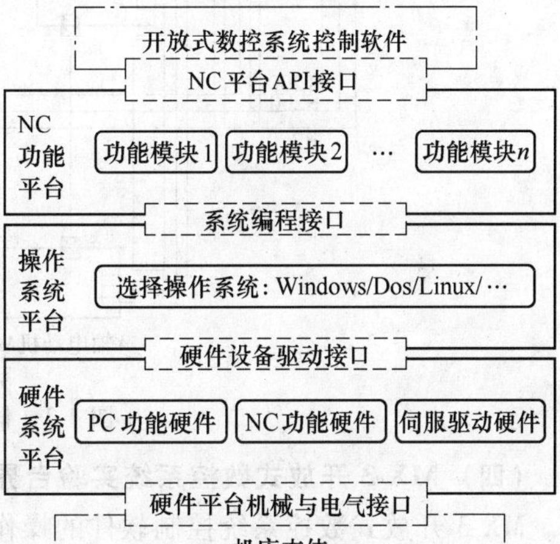

图 4-2　开放式数控系统体系结构

操作系统平台由操作系统和驱动程序构成。操作系统平台作为中间平台，向上为控制程序提供运行与操作的环境，完成如内存管理、文件管理、设备管理、网络通讯、任务调度等基础服务功能，向下为硬件设备提供驱动接口，实现整个系统软件与硬件的连接。操作系统安装在 PC 机上，故操作系统的类型可由开发者根据实际的使用要求进行选择。

NC 功能平台包含一个可以实现特定控制功能的数控功能库，该库由若干数控功能模块组成。数控功能库是开放的，开发者可以根据特定的需要，自由的开发与组建；另外，NC 平台对外是开放的，开发者可以通过其提供的应用程序编程接口，组织与调用功能模块库中的模块，以完成开放式数控系统控制软件的开发。

（三）MX-3 开放式数控系统硬件平台电气设计与连接

（1）供电系统的设计与连接　硬件平台供电系统是整个开放式数控系统的电气基础，

供电电路的设计关系到整个系统的安全与稳定。系统供电电路的设计主要考虑通电顺序、变压、交/直流变换、电路保护等几个方面。本系统中用继电器接触器来控制系统的通电顺序；采用三相变压器将380V交流电变成三相200V交流电，以便和伺服驱动模块相匹配，同时变压器还起到电抗器作用，有利平抑电网干扰。另外在电路中设置熔断器、空气开关等保护装置，以对系统电路进行保护。

（2）伺服系统的电气设计与连接　伺服系统的电气设计与连接包括：伺服驱动器与平台供电系统的连接、伺服驱动器与伺服电动机的连接、伺服驱动器与数控装置接口电路的设计与连接。以上部分均可以参照所选伺服系统产品提供的用户手册来进行电气设计与连线，本系统设计的伺服系统的电气原理图如图4-3所示。

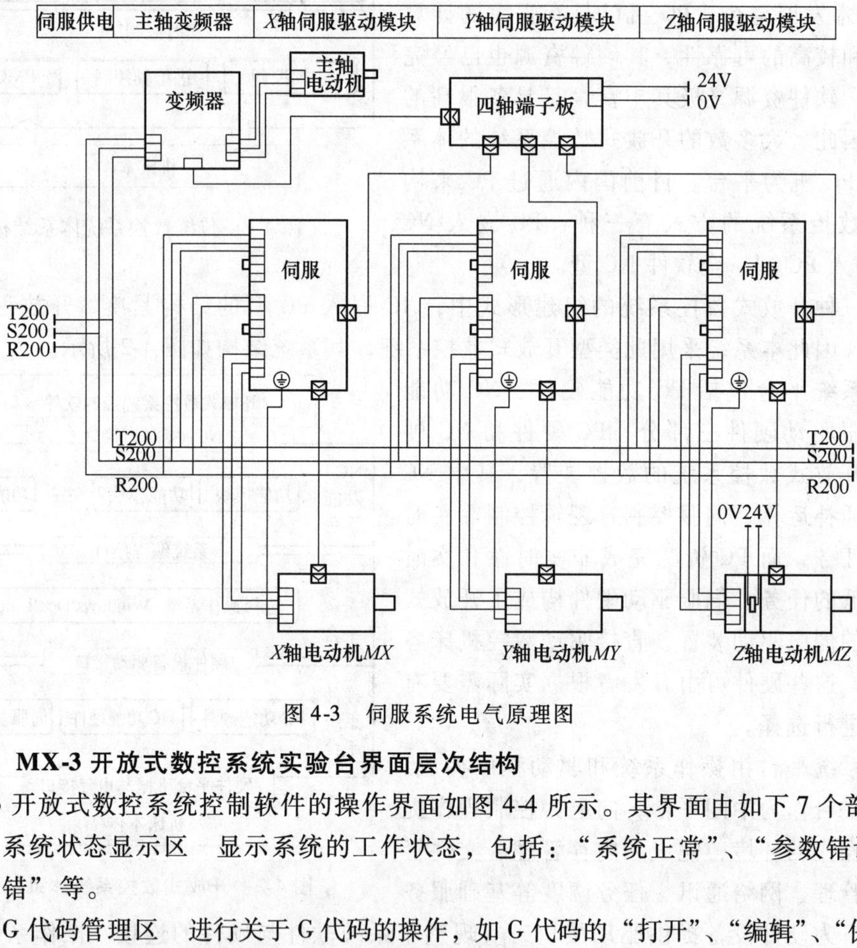

图4-3　伺服系统电气原理图

（四）MX-3开放式数控系统实验台界面层次结构

MX-3开放式数控系统控制软件的操作界面如图4-4所示。其界面由如下7个部分组成。

（1）系统状态显示区　显示系统的工作状态，包括："系统正常"、"参数错误"、"超程"、"出错"等。

（2）G代码管理区　进行关于G代码的操作，如G代码的"打开"、"编辑"、"保存"等。

（3）直接指令操作区　直接指令的输入与执行。

（4）坐标显示区　显示系统运行过程中的规划位置（G代码描述位置）和实际位置（编码器反馈位置）。

（5）辅助系统状态显示区　实现系统内部的运行状态，包括控制器指令缓冲区状态、I/O状态等。

（6）辅助操作区　完成一些辅助的面板操作功能，包括主轴调速、超程处理、运动恢复等。

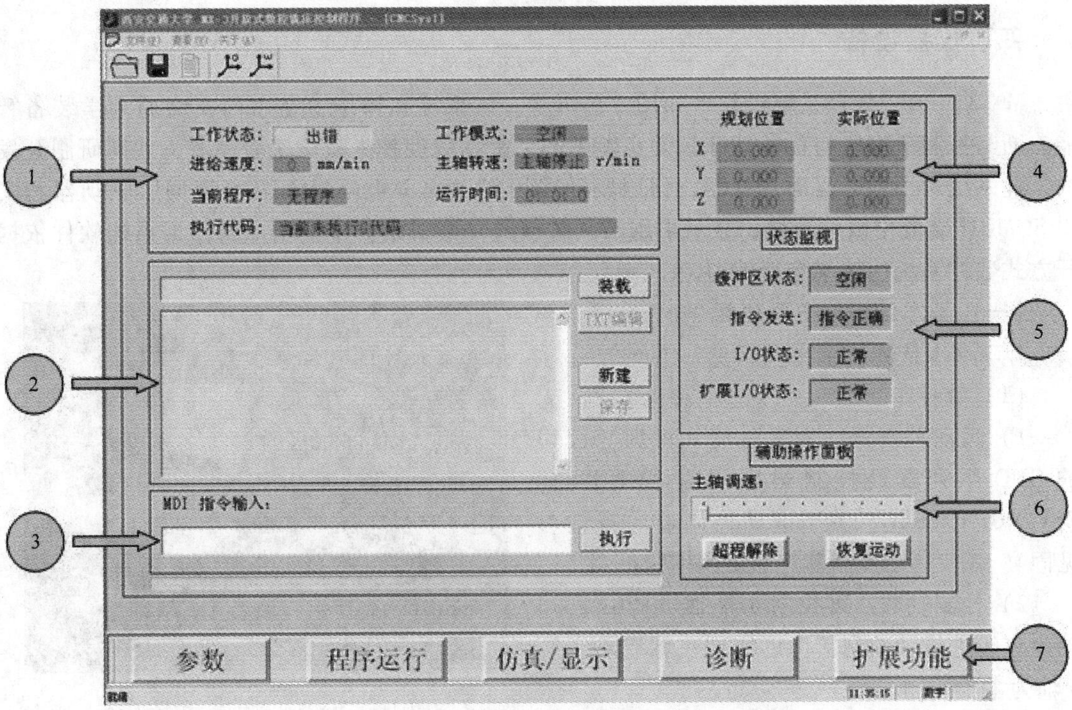

图 4-4　MX-3 开放式数控系统控制软件操作界面

（7）菜单命令区　通过选择来切换系统的操作功能，包括参数设置功能，程序运行功能、仿真/显示功能、诊断功能和扩展功能。

操作界面中最重要的一块是“菜单命令区”。系统功能的操作主要通过菜单命令区的功能切换来完成。由于每个功能包括不同的操作，菜单采用层次结构，即在主菜单下选择一个菜单项后，软件会显示该功能下的子菜单项，用户可以根据该子菜单的内容选择所需要的操作。软件功能菜单结构如图 4-5 所示。

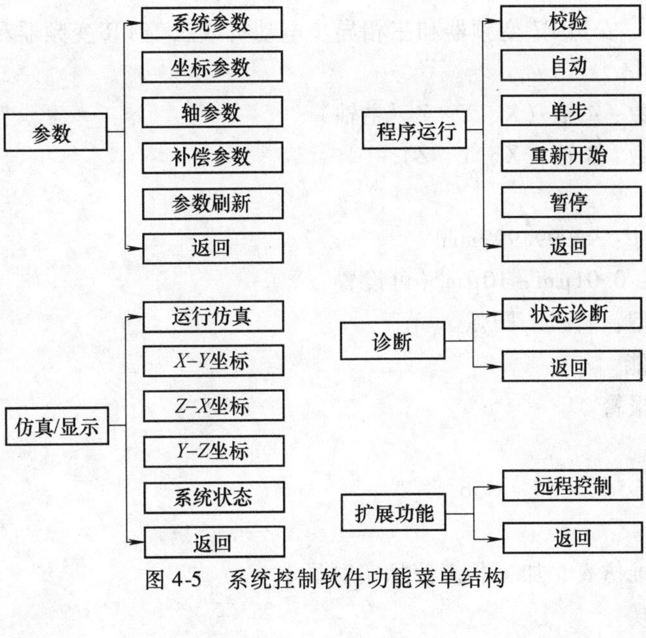

图 4-5　系统控制软件功能菜单结构

四、仪器设备

MX-3 开放式数控系统操作台如图 4-6 所示。该系统和操作台是由西安交通大学装备智能诊断与控制研究所与机械基础教学实验中心，根据数控技术教学实验需要，共同研制开发的。此系统采用固高运动控制器，伺服驱动采用安川 SGDM-15ADA 型交流伺服驱动器和安川 SGMGH 交流伺服电动机，显示采用液晶触摸屏，控制面板自主设计制作，系统软件依据开方式数控系统的构架自行编写。

（一）基本结构与主要功能

1. 基本配置

（1）数控单元

1）运动控制器。固高科技（深圳）公司的 GUC 系列运动控制器型号为：GUC-400-ESV-M01-L2/F4G。关于运动控制器的特性参见固高 GUC 运动控制器产品资料。

图 4-6　MX-3 开放式数控操作台

2）控制轴数。可控制 4 个轴。其中 1～3 轴为直线进给轴控制，可以实现三轴联动，第 4 轴为主轴控制。

3）开关量接口。输入 32 路（运动控制器自带 16 路以及 I/O 扩展模块 16 路）；输出 32 路（运动控制器自带 16 路以及 I/O 扩展模块 16 路）。

4）其他接口。手动脉冲发生器接口、辅助编码器接口、网络接口

5）控制面板。自制的三轴铣床专用控制面板。

6）软件。自行开发的 MX-3 开放式数控系统控制软件。

（2）进给系统　安川 SGDM 伺服驱动器和 SGMGH 伺服电动机或三菱 MR-E 伺服驱动器和 HF-SE 伺服电动机。

（3）主轴系统　安川 F7 变频器和三相异步电动机或三菱 FR 变频器和三相异步电动机。

2. 主要技术规格

- 最大控制轴数：4 轴（X、Y、Z、主轴）
- 最大联动轴数：3 轴（X、Y、Z）
- 主轴数：1
- 最大编程尺寸：99999.999mm
- 最小分辨率：0.01μm～10μm（可设置）
- 轨迹插补类型：直线、圆弧
- M、S、T 功能
- 故障诊断与报警
- 触摸屏操作
- 工件坐标系 G54、G55、G56
- 参考点返回
- 加工轨迹二维仿真、加工状态信息实时显示

●刀尖半径补偿，刀具长度补偿

●主轴转速及进给速度倍率控制

●网络功能：远程监控

●支持 ISO 标准 G 代码，零件程序容量：硬盘，最大可支持 64M

（二）操作装置

1. 操作台结构

MX-3 开放式数控系统操作台为标准固定结构，如图 4-6 所示。

2. 显示器

操作台的左上部为 15.1 寸彩色液晶触摸显示器（最佳分辩率 1024×768），用于软件界面操作、系统状态显示、加工轨迹的显示与仿真等。

3. 键盘与鼠标

PC 通用键盘（圆口），用于数据的输入及操作；PC 通用鼠标（USB 接口），主要用于程序界面的操作。

4. 机床控制面板

机床控制面板位于 MX-3 开放式数控系统操作台的右上方。控制面板的布局如图 4-7 所示。

5. 手持单元

MX-3 开放式数控系统手持单元由手动脉冲发生器、坐标轴选择开关和运动速率选择开关组成，用于手动方式增量进给坐标轴。MX-3 开放式数控系统手持单元如图 4-8 所示。

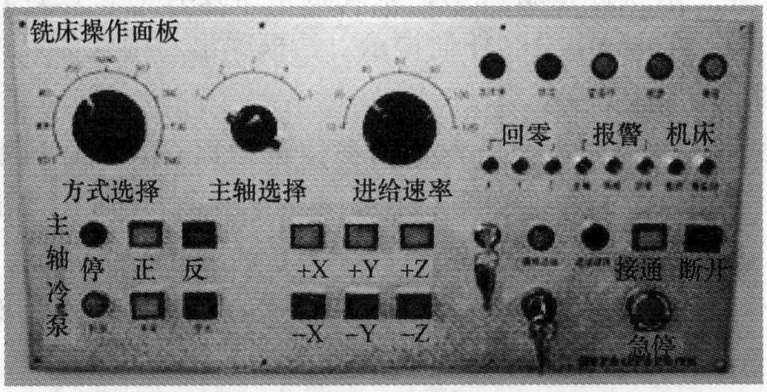

图 4-7　MX-3 开放式数控系统控制面板

图 4-8　手持单元盒

（三）主要操作及手动控制

1. 开机

1）连接电源。MX-3 控制柜电源与三相交流电相连。

2）打开控制柜开关。打开控制柜右侧的旋钮开关（旋转至［手动］位置），若通电正常，控制面板上的［电源］指示灯亮。

3）通交流电。旋转控制面板上的［开关］钥匙，若正常，则此时控制柜交流电源打开，伺服、变频器通电。

4）通直流电。按下控制面板上的［接通］开关，若正常，则此时控制柜直流电源打开，运动控制器通电、触摸显示屏点亮。

5）开机完成。待进入 Windows XP 操作系统后，系统开机完成。

注意：若开机时无法正常进入 Windows XP 系统，则检查运动控制器上是否安装了移动存储设备（U 盘、移动硬盘）；拔下移动存储设备，重启系统，一般可以解决问题。若仍然无法进入系统，则考虑是否 Windows XP 系统出问题。

2. 关机

1）关闭计算机。与通用计算机关机操作相同。

2）关闭直流电。按下控制面板上的“接通”按钮，若正常，则按钮弹起、按钮指示灯熄灭、系统直流电源断开。

3）关闭交流电。旋转控制面板上的［开关］钥匙，若正常，系统交流电随之断开。

4）关闭控制柜电源。将控制柜右侧的旋钮开关旋转到［停］的位置，此时控制面板上的［电源］指示灯熄灭。

5）断开电源连接。系统的通、断电顺序应为：先通交流后通直流、先断直流后断交流。系统关机时，若先关交流电，则直流电也随之断开。

3. 系统控制软件的使用

（1）软件的初次使用步骤

1）打开控制软件。双击桌面上的“MX-3 开发式数控系统控制软件”的快捷方式（软件弹出“必要的参数未设置…”的提示系统信息提示框），单击“确定”进入系统软件（此时系统不能正常工作，因为系统没有被初始化）。

2）参数设置。单击“参数设置”进入软件的参数设置界面（进入密码：cnc）。参数设置步骤为：参数查找→参数输入→参数保存。

参数设置并确定后，单击“参数刷新”则软件重新启动，系统根据所设置的参数进行系统初始化。若系统设置正确，软件在重启的过程中没有任何提示对话框弹出，则软件可以正常工作，此时控制面板上的［准备好指示灯］点亮。

3）参数保存。为下次使用系统的方便，可以将之前所设置的参数进行保存，并存成系统配置文件的形式。具体操作步骤如下：软件菜单栏单击“文件”→“导出”，然后在弹出的对话框中进行系统配置文件的保存。

注意：当参数被修改时，需要重新保存系统配置文件。这样，在下次启动软件时才能以修改过的参数来初始化系统。

（2）软件的正常使用步骤　初次完成对系统的参数设置，并保存生成系统配置文件后，再次使用系统时可以直接加载所保存的系统配置文件来初始化系统。

1）打开控制软件。与“软件的初次使用步骤”相同。

2）加载系统配置文件。单击软件菜单栏“文件”→“导入”，在弹出的对话框中，查找之前保存的 CNC 系统配置文件，选定系统配置文件单击“打开”按钮，即可完成系统的初始化工作。

系统初始化工作完成后界面显示如图 4-9 所示，用户可以根据系统软件界面的提示进行五大类操作，分别是：参数管理、程序运行、仿真与显示、系统诊断、扩展功能。系统的操作方式如图 4-10 所示。

4. 返回机床参考点及超程解除

控制机床运动的前提是建立机床坐标系。为此，系统开机完成后应首先进行机床各进给轴回参考点操作。MX-3 开放式数控系统操作台没有与实际机床连接，但该系统设计了返回

图 4-9　初始化界面

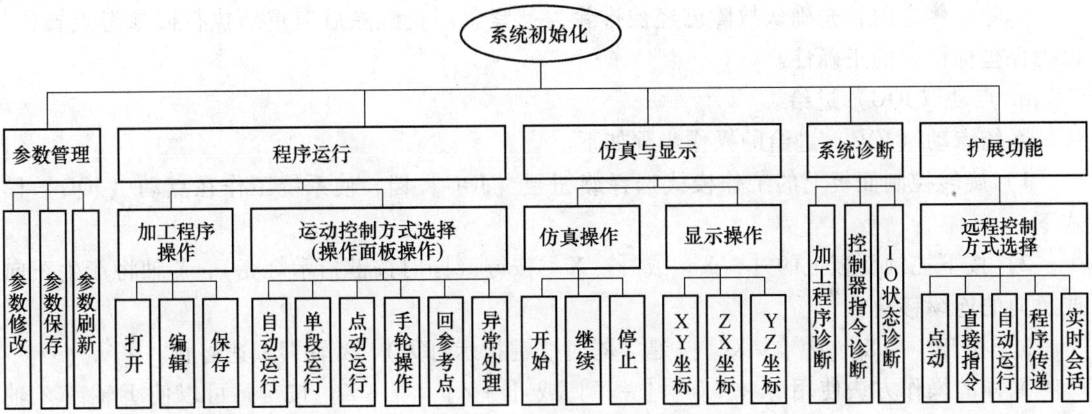

图 4-10　系统操作方式一览

参考点开关和限位开关，可以人为模拟回参考点和超程。如图 4-11 所示（图中注明返回参考点与正负限位按钮位置）。

返回参考点方法如下。

1）旋转控制面板上的工作模式选择旋钮至［REF］档。

2）按下控制面板上的［+X］按键，*X* 轴开始回参考点，当人为按下 *X* 轴的返回参考点开关，在松开时，*X* 轴返回参考点指示灯亮，表示 *X* 轴已返回参考点。

3）用同样的方法可以完成 *Y*、*Z* 轴的回参考点操作。所有轴回参考点完成后，即建立了机床坐标系。

超程解除方法如下：

在伺服轴运行中，手动按下任一轴行程限位开关时，就会出现超程报警，并且系统会自动地锁住进给轴向超程的方向运动。解除超程的步骤如下。

1）将系统至于［JOG］或［HAND］运行模式下。

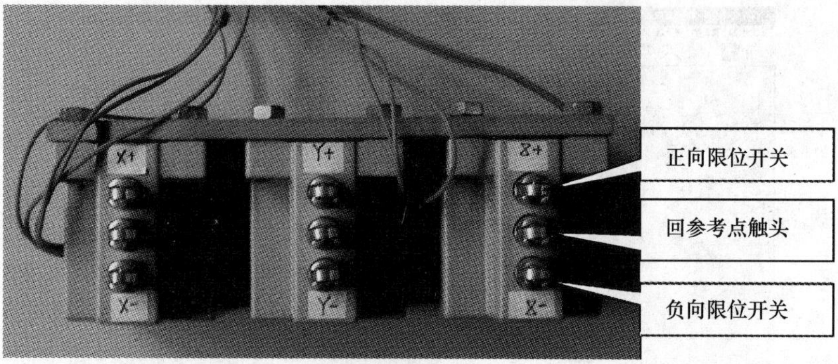

图 4-11 回参考点触头和限位开关

2）根据超程报警信息，向超程的相反方向手动运动发生超程的进给轴。

3）按下软件主界面上的“超程解除”按钮，以消除超程报警。

5. 急停

机床运行过程中，在危险状态下，按下［急停］按钮，CNC 即进入急停状态，伺服进给轴及主轴立即停止工作；松开［急停］按钮，CNC 恢复到准备运行状态。

解除急停之前，先确认故障已经被排除，且紧急停止解除后应重新执行回参考点操作，以确保坐标位置的正确性。

6. 点动（JOG）进给

系统点动（JOG）进给的操作步骤如下。

1）旋转控制面板上的工作模式选择旋钮至［JOG］档，使系统工作在点动（JOG）模式下。

2）按下控制面板上的［+X］或［-X］按键（同时按键指示灯亮），*X* 轴将产生正向或负向的连续移动。

3）松开［+X］或［-X］按键（同时按键指示灯灭），*X* 轴即减速停止。

同样的操作方法使用［+Y］/［-Y］或［+Z］/［-Z］按键，可以使 *Y* 轴或 *Z* 轴产生正向或负向的连续移动。

点动运动的速率可以通过控制面板上的［进给速率］旋钮来改变。

注意：系统每次只能使一个轴产生点动运动，即点动运动时，*X*、*Y*、*Z* 轴是互斥的，每次只能按下其中一个轴的正向或负向按键。

7. 手轮（HAND）进给

手轮（HAND）进给的操作步骤如下：

1）旋转控制面板上的工作模式选择旋钮至［HAND］档，使系统工作在手轮（HAND）模式下。

2）在手持单元上选择要控制的轴（*X*/*Y*/*Z*）。

3）在手持单元上选择手轮倍率（1/10/100）。

4）摇动手持单元上的脉冲发生器，则相应的轴产生进给运动。

注意：系统每次只能使一个轴处于手轮（HAND）进给的工作状态下。

8. 直接指令（MDI）执行

直接指令（MDI）执行的操作步骤如下：

1）旋转控制面板上的工作模式选择旋钮至［MDI］档，使系统工作在直接指令（MDI）模式下。

2）在软件主界面的直接指令操作区输入正确的G代码指令行。

3）单击软件主界面的直接指令操作区的“执行”按钮，则输入的G代码指令被执行。

注意：

1）直接指令（MDI）执行功能每次只能输入及执行一条G代码行。

2）G代码行的格式应符合系统标准输入格式，如G00 X30 Y30；S3000；G01 X40 Y40 F300等。

（四）程序运行

在图4-9所示的MX-3开放式数控系统的控制软件操作界面下，单击菜单命令区的“程序运行”按钮进入程序运行子菜单。程序运行的子菜单如图4-12所示。

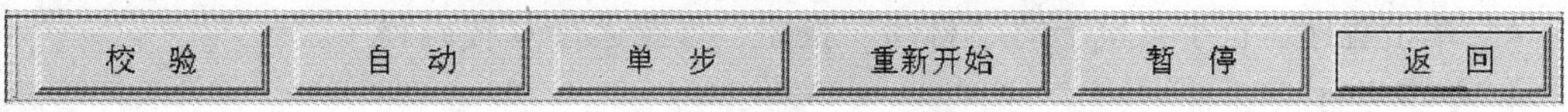

图4-12　程序运行子菜单

在程序运行子菜单下，可以校验、自动运行、单步运行、重新开始、暂停一个零件程序。

1. 装载程序

执行程序运行之前，首先要完成程序的装载工作。程序装载在软件主界面的G代码管理区完成，如图4-13所示。

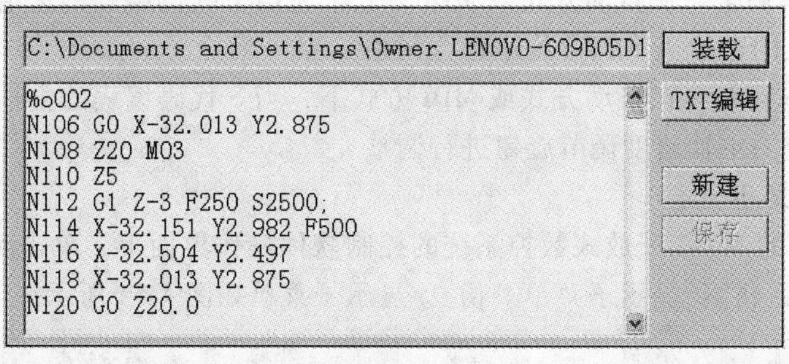

图4-13　程序装载界面

程序装载完成后，被装载的程序名显示在软件主界面的系统状态显示区。系统支持后缀名为“.NC”和“.TXT”的G程序文件。

2. 程序检验

程序装载完成后、程序运行之前，可以对当前装载的G代码进行校验处理。单击“程序校验”按钮之后，系统自动对当前的G代码进行校验工作，并显示校验结果及错误提示信息。

3. 启动、暂停、恢复、重新开始

旋转控制面板上的工作模式选择旋钮至［MEM］档，使系统工作在自动运行（MEM）模式下。

（1）启动　系统装载零件加工程序，经检验无误后，可以正式启动运行。启动自动运行的方式有两种：

1）单击程序运行子菜单上的“自动”按钮，系统开始自动运行当前载入的G代码程序。

2）按下控制面板上的［循环启动］按钮（按钮指示灯亮），系统开始自动运行当前载入的G代码程序。

（2）暂停　在G代码程序自动执行的过程中，可以随时单击程序运行子菜单上的“暂停”按钮来停止进给轴的运动。

（3）恢复　暂停的G代码程序可以被恢复。操作方法是单击软件主界面辅助操作区的“恢复运动”按钮。

（4）重新开始　在G代码自动运行的过程中可以重新开始G代码的执行。操作步骤为：

1）暂停正在自动执行的G代码程序。

2）单击程序运行子菜单上的“重新开始”按钮。

3）在重新开始提示对话框中单击“确定”按钮。

4）单击程序运行子菜单上的“自动”按钮，重新运行G代码程序。

4. 单步运行

G代码程序单步运行的操作步骤如下：

1）旋转控制面板上的工作模式选择旋钮至［SINGLE］档，使系统工作在单步运行（SINGLE）模式下。

2）单击程序运行子菜单上的“单步”按钮，系统自动运行一段程序后停止。

3）再单击“单步”按钮，又执行下一段程序，执行完后又再一次停止。

5. 运行时的干预

（1）进给速率调整　在自动方式或MDI方式下，当F代码编程的进给速度偏高或低时，可以用控制面板上的进给速率调节旋钮进行调整。

（2）主轴速率调整　在自动方式或MDI方式下，当S代码编程的主轴转速偏高或低时，可以用控制面板上的主轴速度调节旋钮进行调整。

（五）仿真与显示

在图4-9所示的MX-3开放式数控系统的控制软件操作界面下，单击菜单命令区的“仿真/显示”按钮进入仿真/显示子菜单。仿真/显示子菜单如图4-14所示。

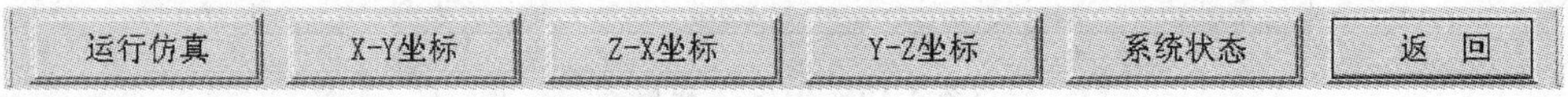

图4-14　仿真/显示子菜单

1. 仿真运行功能

单击仿真/显示子菜单的“运行仿真”按钮后，软件切换到程序仿真界面，如图4-15所示。

在该界面中，可以完成对当前装载G代码程序的仿真显示。

2. 系统显示功能

系统显示功能提供的对系统 *X*、*Y*、*Z* 坐标平面的轨迹显示功能。显示界面包括如下三个。

1）*XY* 平面图形显示。

2）*ZX* 平面图形显示。

3）*YZ* 平面图形显示。

各图形显示界面可以随时的进行切换。

图 4-15　软件程序仿真界面

五、实验步骤、内容和要求

1. 认真预习实验指导书，熟练操作系统

1）熟悉 MX-3 开放式数控系统的基本配置、技术规格、操作台构成及软件操作界面。

2）熟练操作 MX-3 开放式数控系统的上电开机、关机、软件使用、急停、回参考点、超程解除等功能。

3）完成 MX-3 开放式数控系统的点动（JOG）进给、手轮（HAND）进给、直接指令（MDI）执行。

2. 根据数控系统硬件实际连接绘制供电系统电气连接图及伺服系统电气连接图

3. NC 程序连续执行功能、刀具半径补偿功能验证

（1）NC 程序连续执行功能验证　用 MasterCAM 自动编程软件生成加工程序。学习 MX-3 开放式数控系统编程指令，修改 MasterCAM 后处理生成程序，装载、校验、运行程序。通过观察实验过程，验证 NC 程序中各功能指令（G 指令、F 指令、M 指令、S 指令）是否按照逻辑顺序被正确的执行。

（2）刀具半径补偿功能验证　设计一个需要刀具半径补偿功能的工件加工轮廓，编制加工轮廓的 G 代码程序，通过分析该程序在开放式数控系统中的运行结果，来验证刀具半径补偿功能的正确性。

4. 实验报告要求

1）每人提交一份 MX-3 数控系统硬件供电系统电气连接图及伺服系统电气连接图。

2）查看开放式数控系统控制系统源代码，分析源代码结构和界面层次，每组提出 MX-3 开放式数控系统改进意见报告一份。

实验五　主轴变频调速及伺服电动机参数优化

一、实验目的

1. 了解机床动态特性测试仪测试原理。
2. 了解数控机床主轴变频调速原理和数控机床伺服进给电动机参数优化方法。
3. 掌握动态测试仪的使用方法。
4. 掌握主轴电动机变频器参数的设置方法和进给伺服电动机的伺服参数设置和调整方法。
5. 掌握利用动态测试仪实现进给电动机伺服参数匹配的方法。

二、实验原理

（一）主轴变频调速原理

数控机床的主轴电动机一般为感应式异步电动机，异步电动机的转速公式为：

$$n = 60f(1 - s)/p \qquad (5\text{-}1)$$

式中　f——定子供电频率（电源频率），单位为 Hz；

p——电动机定子绕组极对数；

s——转差率。

要改变电动机的转速，可以通过改变磁极对数、改变转差率和改变供电频率三种方式，在数控机床中主轴电动机的调速常采用改变供电频率的变频调速方式。

电动机每相的感应电动势为：

$$E = 4.44fN\phi \approx U \qquad (5\text{-}2)$$

式中　N——每相绕组有效匝数；

ϕ——每极磁通；

U——定子电压，单位为 V。

由上述公式可知，当频率低于异步电动机铭牌的额定频率（f_N）时，可以通过调整供电频率f进行变频调速。使定子供电频率f和供电电压U成比例变化，以保持磁通Φ不变，实现恒磁通变频调速。这种变频调速下电动机的输出转矩不变（如图 5-1 所示的恒转矩区），能获得基本上恒定的力学特性，效率最高，性能最佳。

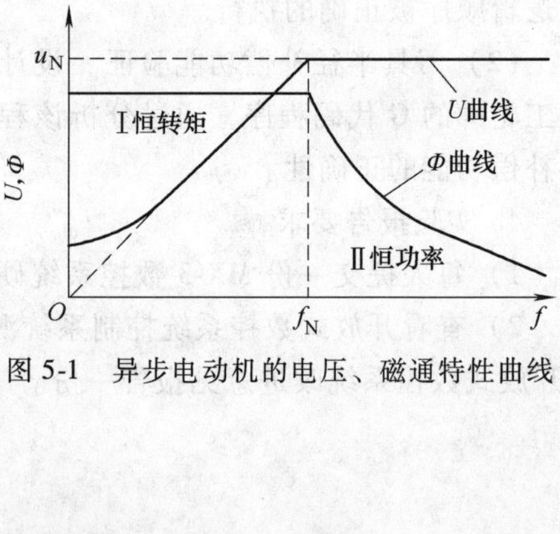

图 5-1　异步电动机的电压、磁通特性曲线

当频率超过异步电动机铭牌的额定频率时，由于电源电压的限制，电动机定子电压U已达到变频器输出电压的最大值，再不能随f而升高。当通过调整供电频率f进行变频调速时，异步电动机的每极磁通Φ将与f成反比例下降，其转矩T也随着f反比例下降。但是在转速n提高时，异步电动机

的输出功率 P 在此区域内保持不变（$P = Tn$），所以这个区域的调速称为恒功率变频调速区域（如图 5-1 所示）。

（二）伺服优化方法简介

伺服进给系统 PID 参数整定方法一般可以分为理论整定和工程整定两类。在实际应用中，由于系统误差、现场条件变化（例如干扰、负载变化）等因素的存在，理论整定法的效果并不理想。因此，伺服进给系统 PID 参数整定一般采用工程整定方法。

用工程整定法进行数控机床伺服参数调试时，一般采用先速度环、再位置环这样的次序。在位置参数调试完成后，还可以再次微调速度环参数，以进一步提高系统动态特性。

（1）速度环参数调节　速度环控制器参数包括：速度环增益、速度环积分时间常数和转矩滤波器参数。其中速度环增益、速度环积分时间常数直接影响到轴的动态响应，转矩滤波器参数影响着系振动性能的优劣。

在机床能够正常运行的情况下使增益尽量大、积分时间尽量小，以扩展频带宽度。一般情况下调整过程为：先将速度环积分时间调到最大，使积分环节失效；然后逐渐增加速度环增益，直至电动机啸叫或有较为明显的振动；速度环增益调节完毕后，减小速度环积分时间值以突出积分环节的效果、消除稳态误差，最终使频率响应 Bode 图上的最高点不超过 3dB。

当低频处的频率响应较差时，可以采用低通滤波使低频段频率特性稳定；速度环增益增大的同时，频率响应会在某些频率处产生较大的峰尖，通过转矩滤波器可以将这些峰尖屏蔽掉。由于滤波器的使用相当于给系统增加了非线性环节，造成了系统的迟滞，从而引起系统较大的跟随误差和轮廓误差，因此应该尽可能少用滤波器。

（2）位置环参数调节　位置环对系统的位置控制精度有着重要的影响，位置环控制器一般为比例环节。高的位置环增益对系统的跟随误差有着较好的抑制效果，可以提高系统频响特性的带宽、提高整个进给系统的伺服刚度；但是如果位置环增益过大，也会产生进给轴过冲，造成机床的振动，因此需要合理调节。

位置环增益可以通过系统频率响应的 Bode 图来调节，调节中应遵循以下原则：当振幅响应低于 0dB 时，增大比例增益；当振幅响应高于 0dB 时，减小比例增益；最终使在较宽的频率范围内振幅响应为 0dB，而在部分点振幅响应的极值在 1～3dB。

如果在完成了上述参数调整后，伺服进给系统的跟随误差仍旧比较大，可以在位置环中加入速度前馈和在速度环中加入加速度前馈来降低跟随误差。

另外，为了达到良好的轮廓精度，要进行伺服跟踪或圆运动测试，保证各个联动轴的位置环增益相互匹配。

（三）数控机床动态特性测试仪原理

数控机床动态特性测试仪是一款集数据采集及分析、处理功能于一体的工业现场监测系统，主要用于数控机床进给系统动态特性、数控机床主轴轴心轨迹、数控机床振动特性的测试和分析。可以实现对数控机床加工过程的动态特性的监测、分析，提供数控机床工作状态监测信息，为用户进行故障诊断与预警提供重要参考数据。

本实验主要测试 MX-3 开放式数控系统实验台伺服进给电动机的伺服参数匹配性。电动机伺服匹配实验测量原理如图 5-2 所示。图中编码器反馈 TTL 信号反映了各个伺服电动机的运动信息，因此可以利用编码器反馈信号来匹配各个电动机的伺服参数。

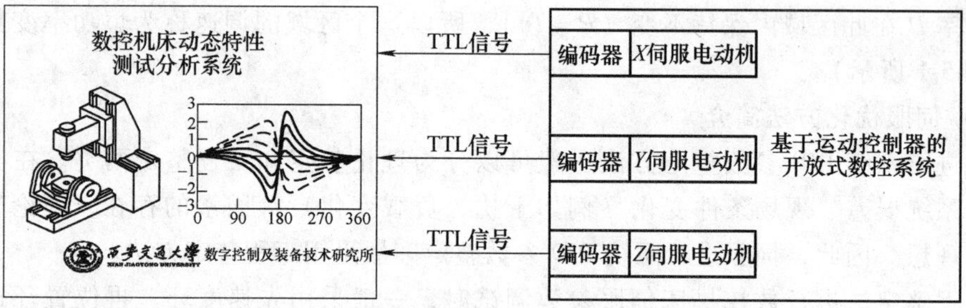

图 5-2 电动机伺服匹配实验测量原理图

在伺服进给电动机伺服特性匹配试验中，要用到动态测试仪进给系统特性测试中的标准圆运动分析模块。标准圆运动分析模块主要用于评估伺服进给系统的伺服增益不匹配、爬行、间隙、距误螺差、系统振荡等动态特性。图 5-3 是两个伺服轴做圆运动时的增益不匹配图谱。当两个轴的增益匹配时，顺圆运动和逆圆运动的图谱是重合的圆；当两个轴的增益不匹配时，顺圆运动和逆圆运动的图谱都是椭圆。当 X 轴增益 K_x 大于 Y 轴增益 K_y 时，顺圆运动的长轴位置在第 1 和第 3 象限，逆圆运动的长轴位置在第 2 和第 4 象限（图 5-3a）；当 X 轴增益 K_x 小于 Y 轴增益 K_y 时，顺圆运动的长轴位置在第 2 和第 4 象限，逆圆运动的长轴位置在第 1 和第 3 象限（图 5-3b）。根据椭圆长轴的倾斜方向可以判断 K_x 与 K_y 的关系，从而指导伺服参数调整。

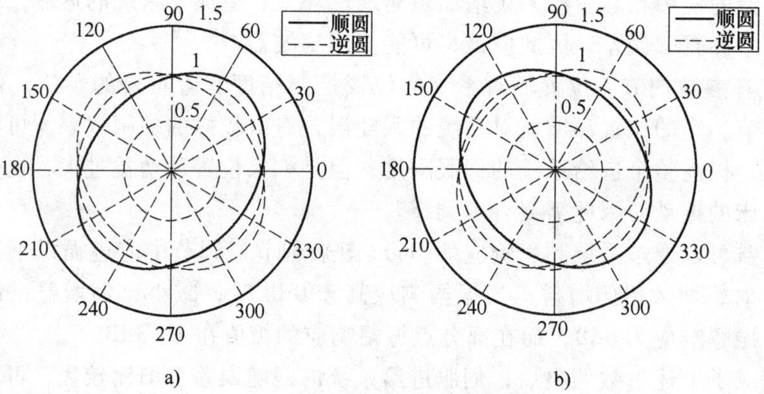

图 5-3 圆运动增益不匹配图谱

a）$K_x > k_y$ b）$K_x < k_y$

三、实验设备及操作

MX-3 开放式数控系统实验台图 5-4 所示。实验台硬件构成包括数控装置和伺服系统两大部分组成。数控装置由嵌入式 PC、固高 GUC 运动控制器、显示器、键盘、鼠标、控制面板、手轮以及外设等构成；伺服系统由主轴系统和进给轴系统组成，其中主轴系统采用三相异步电动机变频控制，进给轴系统采用交流伺服电动机的半闭环控制。

（一）MX-3 实验台中安川变频器的参数设置

实验台上所使用的主轴电动机及变频器型号如表 5-1 所示。

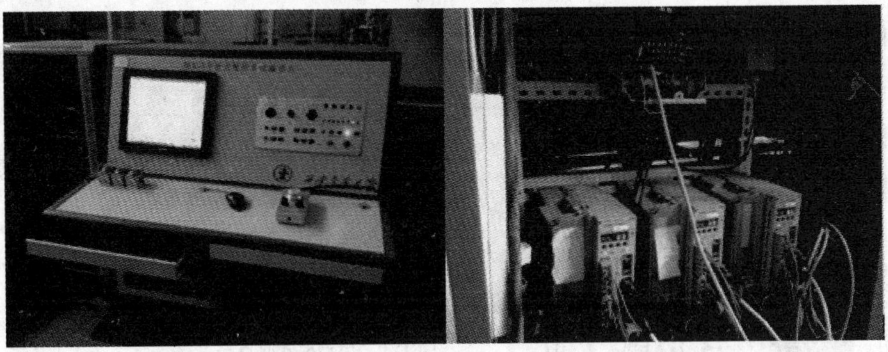

a)　　　　b)

图 5-4　MX-3 开放式数控系统实验台

a) 正面　b) 背面

表 5-1　主轴电动机及变频器型号

项目	名称	型号
主轴变频器	安川 F7 系列变频器	CIMR-F7B41P5
主轴电动机	SFC 三相异步电动机	IFBEJ-50-1.5-B

安川 F7 变频器基本结构如图 5-5 所示。其参数设置由数字式操作器完成。图 5-6 是数字式操作器各部分的名称与功能。安川 F7 变频器有 5 种模式，利用［MENU］键和［DATA/ENTER］键，可以使数字式显示器在查看画面、设定画面和模式选择画面之间进行切换。对于 MX-3 实验台主轴电动机的变频调速，只需要在简易程序模式下，设置参数 A1_02 = 0，就可以实现恒转矩变频控制。

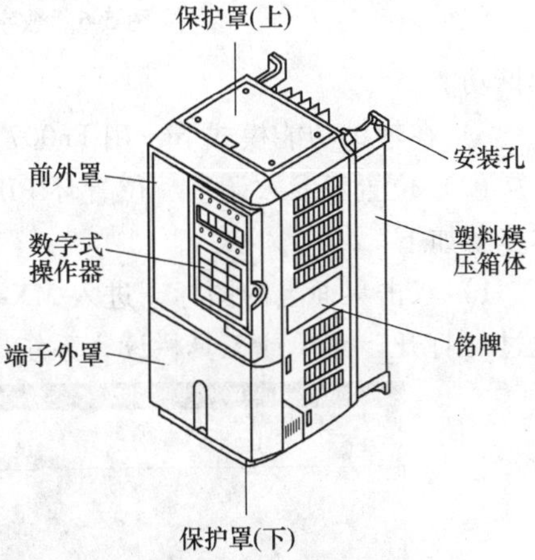

图 5-5　F7 变频器基本结构

(二) MX-3 实验台中安川伺服驱动的参数设置

实验台上所使用的 X、Y、Z 进给轴伺服电动机及伺服驱动器型号如表 5-2 所示。

MX-3 开放式数控系统运动控制实验台伺服参数调整包括两部分内容：速度环参数调整和控制系统位置环参数调整。

表 5-2　进给轴伺服电动机及伺服驱动器型号

项目	名称	型号
X、Y、Z 轴伺服驱动器	安川 SGDM 交流伺服驱动器	SGDM-15ADA
X、Y、Z 轴伺服电动机	安川 SGMGH 交流伺服电动机	SGMGH-13ACA6C

(1) 速度环参数调整　速度环参数的调整要在伺服驱动器上完成。如图 5-6 所示，在安川伺服驱动器上，利用数字显示窗口和操作按键，可以实现速度环增益（Pn100）、速度环积分时间常数（Pn101）、转矩指令滤波器时间常数（Pn401）等参数的自动调谐。

自动调谐实现过程如下。

1）在辅助功能模式下，根据机械刚度设定 Fn001（取值范围 1 ~ 10，默认值为 4）。

2）在参数设置功能模式下，设置自动调谐开关 Pn110 的第一位 Pn110.0 = 0，开启自动

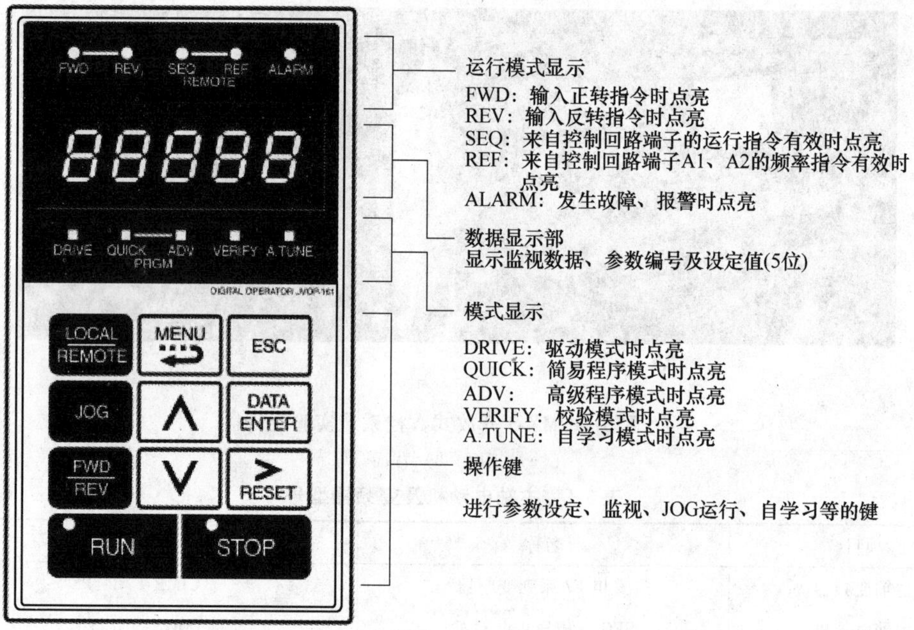

图 5-6 数字式操作器各部分的名称与功能

调谐功能。

3）在辅助功能模式下，用 Fn007 存储自动调谐的结果。

（2）位置环参数调整 位置环 PID 控制参数的调整在 MX-3 开放式数控系统上完成。具体步骤如下。

1）双击桌面上的图标，进入 MX-3 开放式数控系统主界面（图 5-7）。首先在主界面下通过“打开”菜单或工具栏读入系统参数配置文件，进行系统参数初始化（参见 MX-3 开放

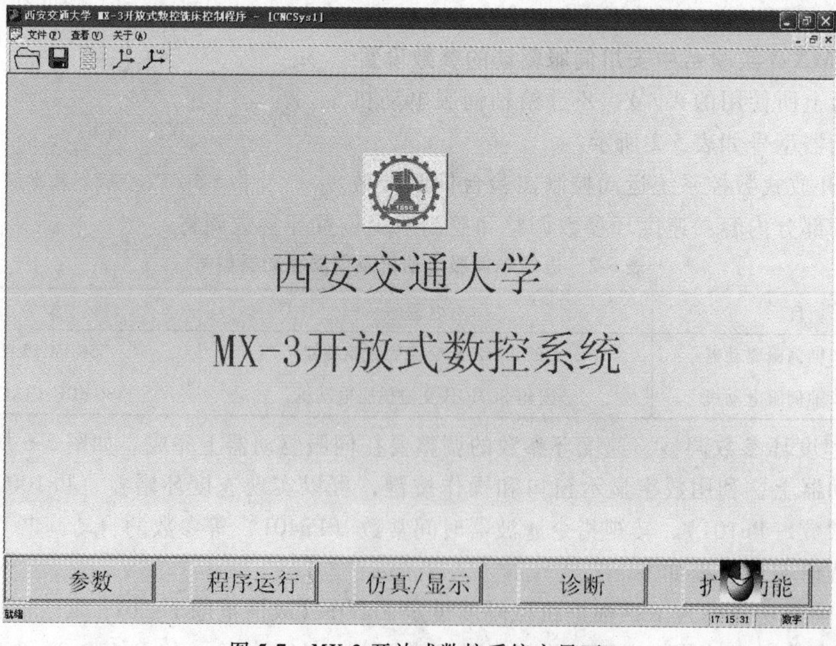

图 5-7 MX-3 开放式数控系统主界面

式数控系统使用手册)；然后单击主界面下方“参数”按钮，在弹出的“密码参数设置”对话框中输入密码“cnc”（图5-8）后进入参数设置界面；在参数设置界面中选择“轴参数”页（如图5-9所示）。

图5-8 “密码参数设置”对话框

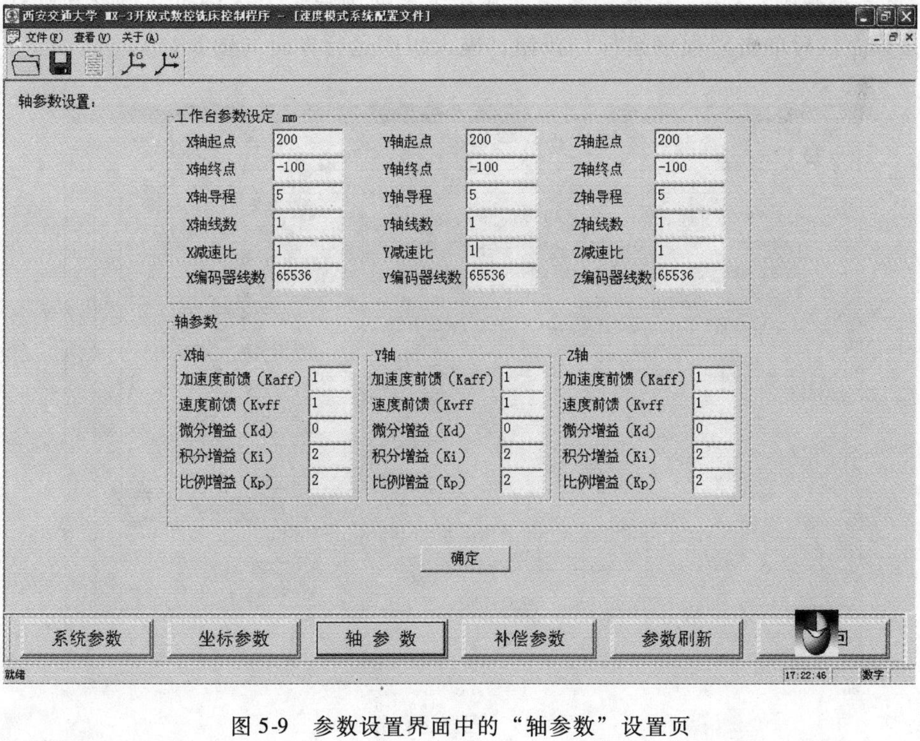

图5-9 参数设置界面中的“轴参数”设置页

2）在“轴参数”页中分别设置各轴位置环的PID参数，单击确定按钮后，再通过菜单或工具栏中的“保存”功能将所设置的配置参数文件保存到默认目录中（图5-10）。完成上述工作后，返回主界面，并退出MX-3开放式数控系统。

图5-10 在主界面中导入修改并保存的参数

3）重新打开MX-3开放式数控系统，并在主界面中导入上述修改并保存在默认目录中的配置参数。然后单击“程序运行”按钮，进入程序运行界面（图5-11）。

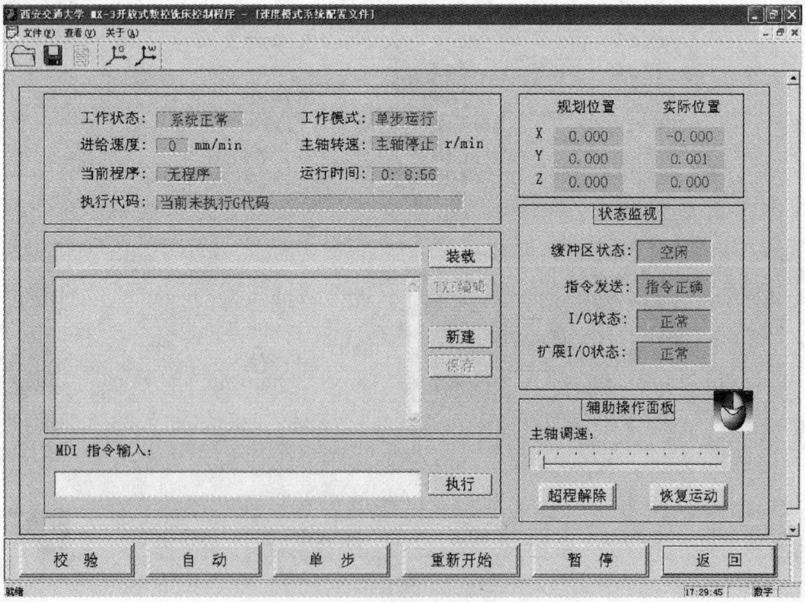

图5-11 程序运行界面

4）在程序运行界面中，输入运动指令，单击“执行”按钮；同时用动态测试仪采集并观察各个轴的运动信号。

根据上述步骤，调整 K_p、K_i 和 K_d 参数的值，观察其值变化对电动机运行实际位置，速度，加速度的影响，实现 PID 参数的调整。

（三）数控机床动态特性测试仪的操作

数控机床动态特性测试仪如图 5-12 所示。运行数控机床动态特性测试分析系统，进入主界面（图 5-13）。

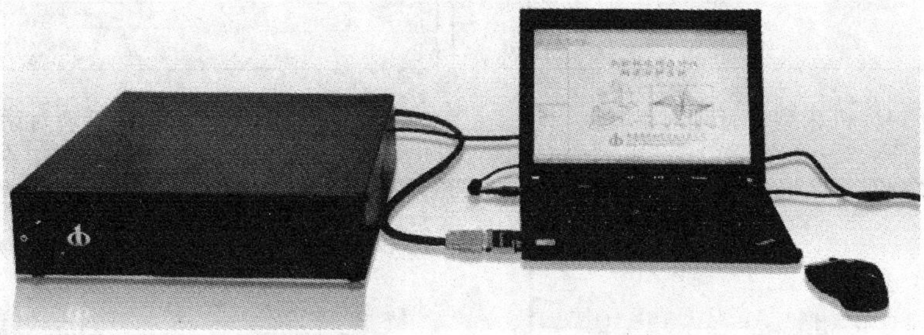

图 5-12　数控机床动态特性测试仪

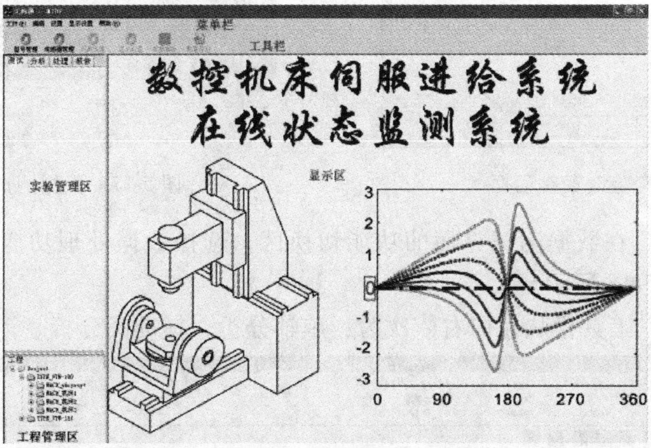

图 5-13　数控机床动态特性测试分析系统主界面

（1）系统设置　在主界面工具栏或菜单栏中单击“机床型号管理”，在弹出对话框中（图 5-14）对机床型号参数进行设置，包括机床的型号名称，数控系统，生产厂家，轴号，轴类型，信号格式，信号源，光栅、编码器线数，丝杠导出、减速比等信息；完成“机床型号管理”设置后需对测试机床进行管理设置，在主界面工具栏或菜单中选择“机床管理”，在弹出的对话框中（图 5-15）设定和查看该测试机床的参数，包括机床名称、各个轴的轴类型，信号格式，光栅、编码器线数，丝杠导出、减速比等信息。

（2）数据采集　在工程管理区的某一机床名称（MACH_XXX）上双击鼠标，即可将该机床激活，并添加到实验管理区，双击实验管理区的第一个实验作为当前实验，弹出实验设置对话框如图 5-16 所示。选择 TTL 属性页，在其中选择数据采集通道，并设置信号采样频率（1000.0）和采样时间（0.0 – 连续采集）。在实验设置完成后，显示区会显示数据测试界面，如图 5-17 所示。单击“开始采集”按钮，就可以在此界面实现数据的实时采集和显示。

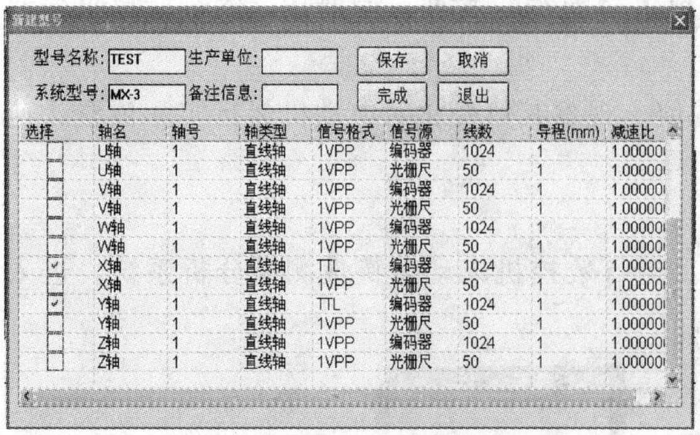

图 5-14　机床型号管理对话框

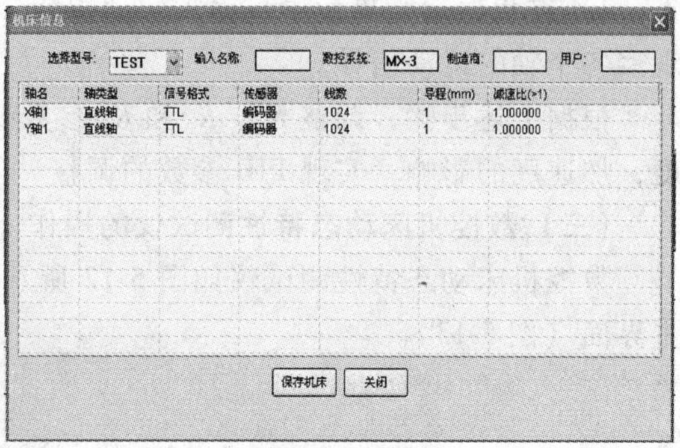

图 5-15　机床管理对话框

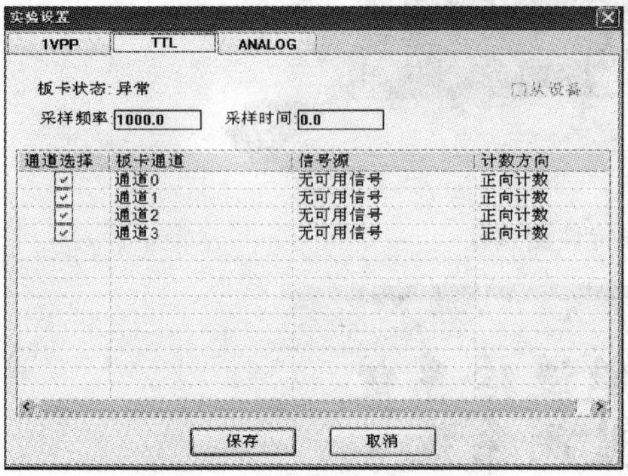

图 5-16　实验设置对话框

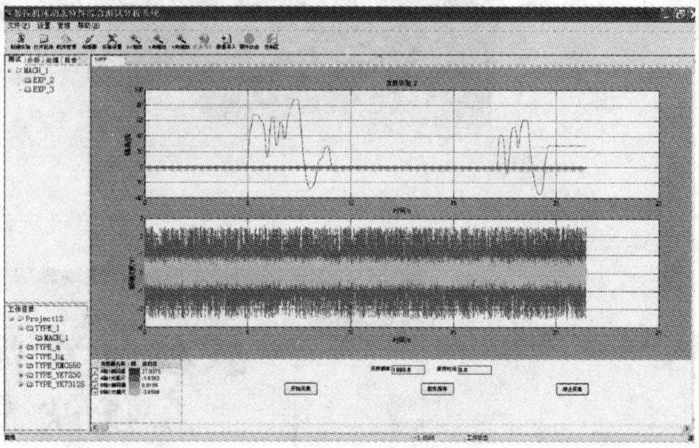

图 5-17　数据测试界面

（3）数据处理　在数据测试界面的功能切换区，选择数据处理功能模块，则显示处数据处理界面，如图 5-18 所示。

数据处理页上方工具栏从左向右依次为：单轴分析、标准圆分析、标准菱形分析、轴心

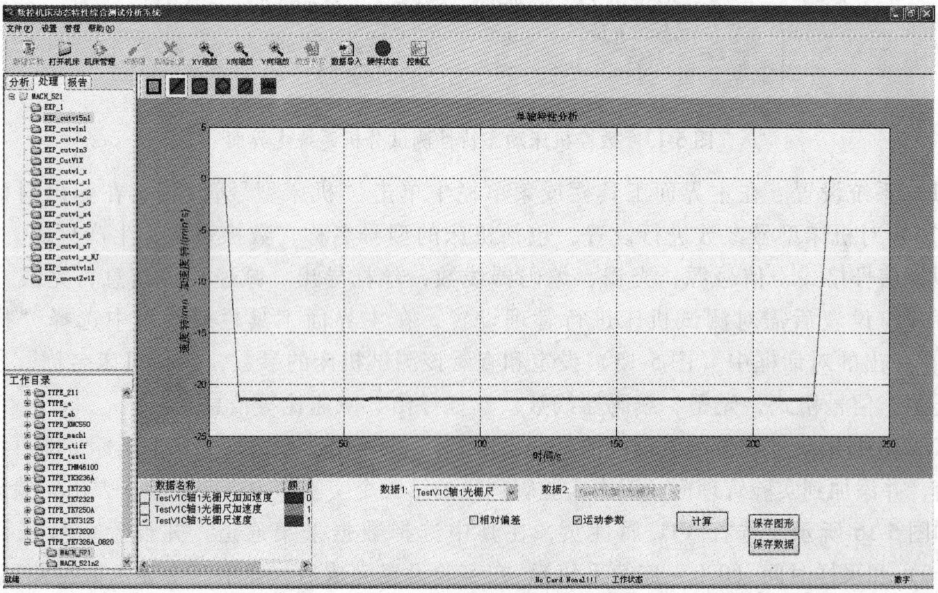

图 5-18　单轴特性分析

轨迹分析、模态分析等按钮。

对单轴运动采集的数据，在单轴分析功能下，画出单轴运动下的位置、速度和加速度曲线，观察伺服参数变化对 MX-3 实验台进给轴电动机运动的影响。

对两轴联动圆运动采集的数据，在标准圆分析功能下，观察 MX-3 实验台两进给轴电动机伺服参数的匹配情况，如图 5-19 所示。

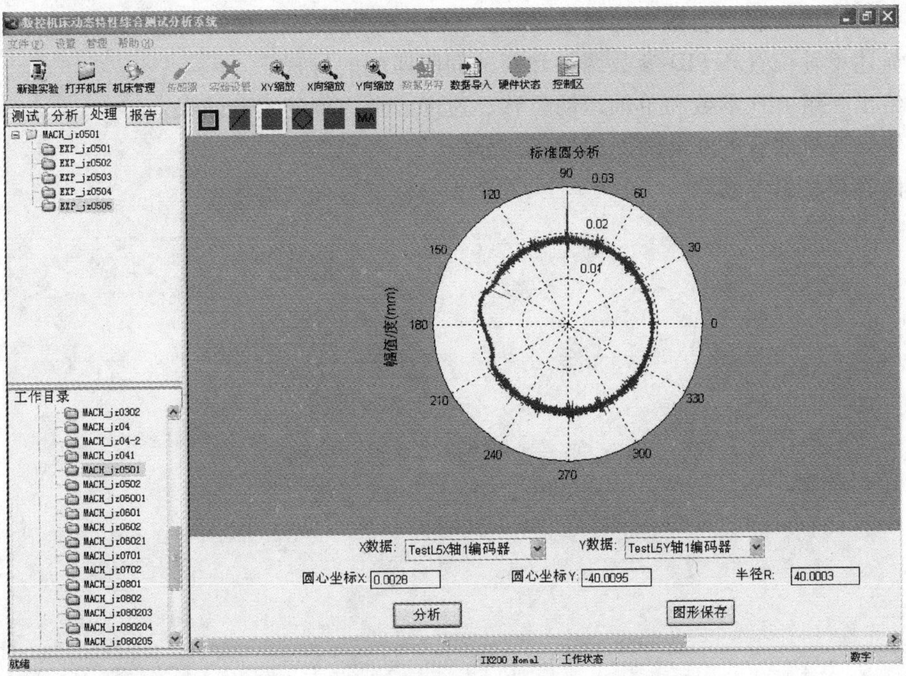

图 5-19　数据处理界面

四、实验内容

1. 利用安川变频器的数字操作器，进行安川主轴电动机的变频调速参数设置。

2. 利用安川伺服驱动的内置数字操作器，进行伺服电动机 1、2、3 速度环的自动调谐。

3. 在 MX-3 实验台上，编制单轴直线运动程序；利用数控机床动态特性测试仪，进行伺服电动机的编码器数据采集；利用数控机床动态特性测试仪的单轴运动测试模块，观察伺服轴位置环 PID 参数调整对单轴运动的影响。

4. 在 MX-3 实验台上，编制圆运动程序；利用数控机床动态特性测试仪，进行各伺服电动机的编码器数据采集；利用数控机床动态特性测试仪的圆运动测试模块，观察各伺服轴参数调整对圆运动轮廓精度的影响，实现两伺服轴参数的匹配调整。

5. 实验观察及思考

1）安川变频器的数字操作器和安川伺服驱动的数字操作器在结构和功能上有什么区别？

2）结合 MX-3 实验台上伺服轴位置环参数调整实验，讨论位置环 PID 参数调整对轴运动位置、速度、加速度的影响规律？

3）讨论单轴伺服参数优化与两轴伺服匹配之间的关系。

五、实验报告要求

根据实验记录，认真总结实验的各个环节，汇总成为实验报告，深刻理解所学的知识。实验报告应该包括以下内容：

1. 说明安川变频调速器参数调整的操作步骤。
2. 说明安川伺服驱动器自动调谐过程。
3. 简述单轴位置环 PID 参数调整和两轴伺服匹配的过程。
4. 给出一组 PID 参数和单轴运动位移、速度、加速度的实验结果。
5. 给出调整前后的圆运动测试结果并分析。
6. 回答观察思考题。

实验六　CAD/CAM软件应用及自动编程

一、实验目的

1. 进一步理解数控机床加工原理，熟悉CAD/CAM的结合应用。
2. 学习Master CAM软件，掌握自动编程的基本方法。
3. 学习不同机床的程序传输方法。
4. 了解Z轴定向器及寻边器的使用方法。

二、实验原理

（一）Master CAM简介

Master CAM是美国CNC Software Inc. 开发的基于PC平台的CAD/CAM软件。它集二维绘图、三维实体造型、曲面设计、体素拼合、数控编程、刀具路径模拟及真实感模拟等功能于一身。Master CAM强大稳定、方便直观的几何造型功能可设计出复杂的曲线、曲面零件，提供了设计零件外形所需的理想环境。Master CAM X以上版本采用全新的Windows操作界面，支持中文环境，而且价位适中，对广大的中小企业来说是理想的选择。Master CAM是经济有效的、全方位的软件系统，是工业界及学校广泛采用的CAD/CAM系统，也是CNC编程初学者在入门时的首选软件。其主要功能特点如下：

1）操作方面，采用了目前流行的窗口式操作和以对象为中心的操作方式，使操作效率大幅度提高。

2）设计方面，单体模式可以选择“曲面边界”选项，可动态选取串联起始点，增加了工作坐标系统WCS；而在实体管理器中，可以将曲面转化成开放的薄片或封闭实体。

3）加工方面，在刀具路径重新计算中，除了更改刀具直径和刀角半径需要重新计算外，其他参数不需要更改；在打开文件时，可选择是否载入NCI资料，可以大大缩短读取大文件的时间。

4）Master CAM系统设有刀具库及材料库，能根据被加工工件材料及刀具规格尺寸自动确定进给率、转速等加工参数。

5）Master CAM是一套图形驱动的软件，用途广泛，操作方便，能同时提供适合目前国际上通用的各种数控系统的后置处理程序文件，可以将刀具路径文件（NCI）转换成相应的CNC控制器上所使用的数控加工程序（NC代码）。

（二）象棋棋子建模

1）打开Master CAM X软件，新建文件，“绘图”→“圆弧”→“圆心＋半径”→输入圆心坐标（0，0，0）和半径35→“确认”，如图6-1所示。

2）“绘图”→“绘制文字”→“真实字型”→“隶字体”→“常规”→“10号”→输入文字内容“帅”→字体高度65→“确认”，如图6-2所示。

（三）刀具路径仿真及程序修改

1）“机床类型”→“铣床”→“默认”。

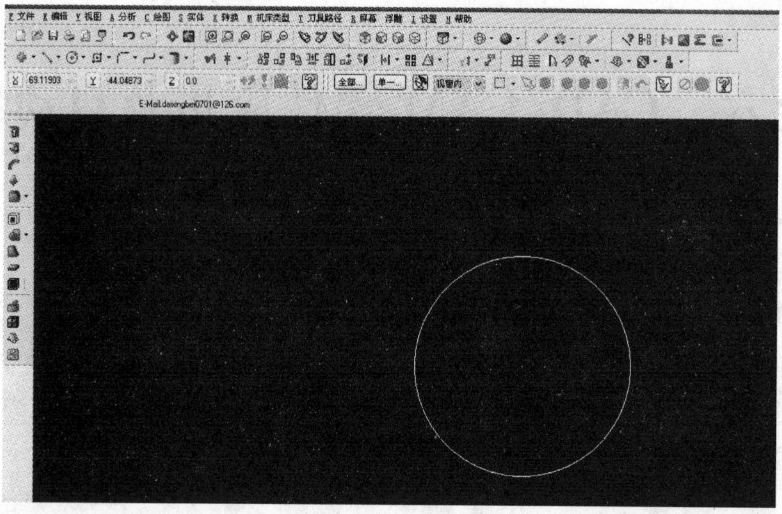

图 6-1 圆心 + 半径绘制圆

2）“刀具路径” → “挖槽” → “串联”，依次点外圆、竖、竖撇及巾部，如图 6-3 所示。

3）单击“确定”，出现“挖槽”对话框，如图 6-4 所示。

4）在空白处单击鼠标右键，出现新建刀具，再单击左键进入刀库。选平底刀，定义刀具直径 2mm 如图 6-5 所示。

5）单击“确定”，在如图 6-6 所示画面中设置进给率、下刀速率及主轴转速等。

6）单击“2D 挖槽参数”，出现如图 6-7 所示对话框。输入参考高度 20.0，进给下刀位置 5.0，工件表面 0.0，深度 –2.0。

图 6-2 绘制“帅”字

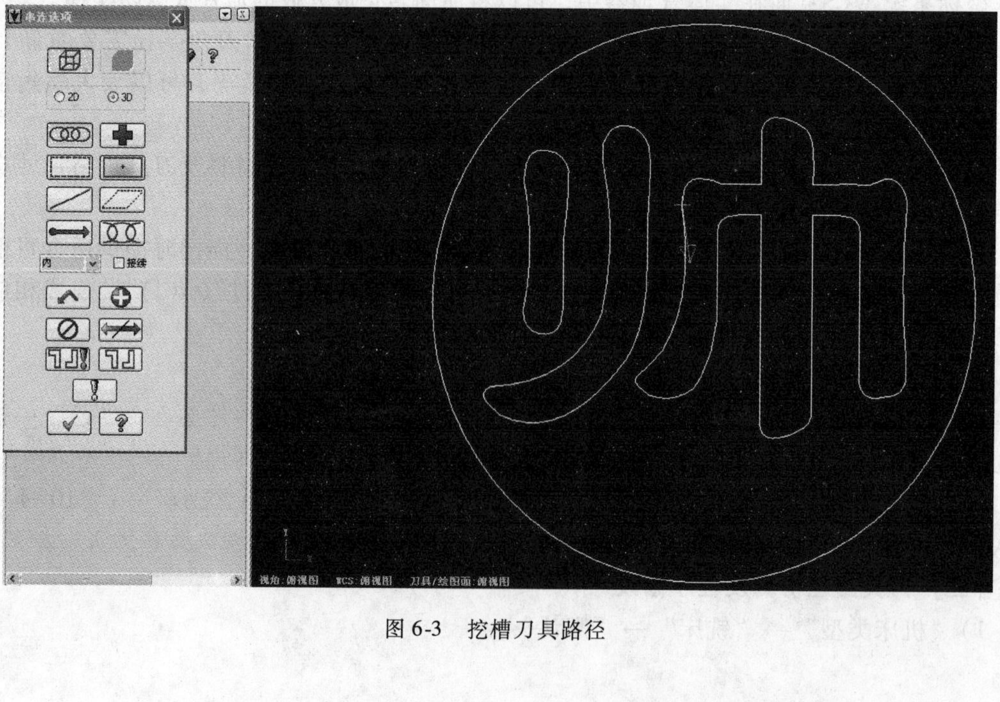

图 6-3 挖槽刀具路径

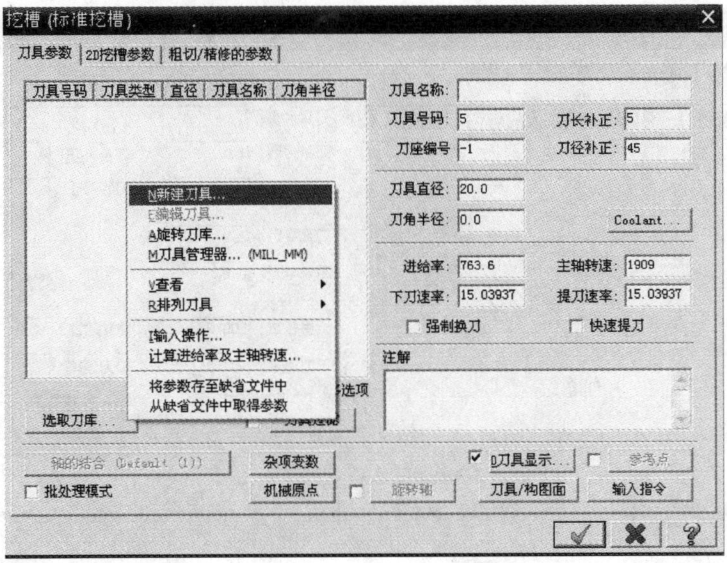

图 6-4　"挖槽"对话框

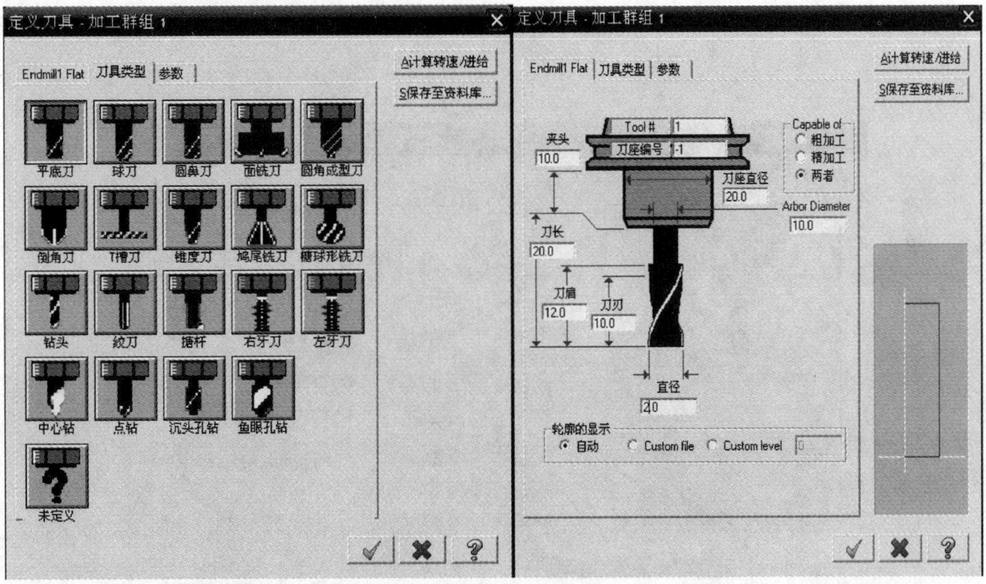

图 6-5　定义刀具

7）单击"粗切/精修的参数"，出现如图 6-8 所示界面，选择依"外形环切"，设定切削间距（直径%）75.0，切削间距（距离）1.5，精修 1 次，间距 0.5，修光 1 次。

8）单击图 6-8 中的 ✓，出现如图 6-9 所示画面。

9）单击 🔩（验证已选择的操作）图标，出现如图 6-10 所示界面，选择"形状"→"圆柱体"，"轴向"→"Z 轴"，设定圆柱直径 80.0，选择"中心在轴上"。

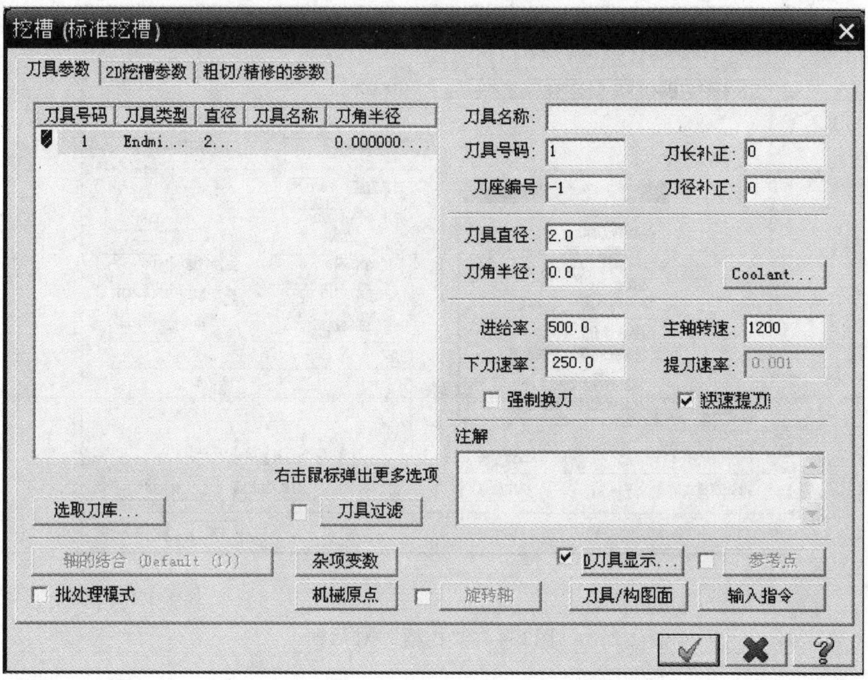

图 6-6 刀具参数

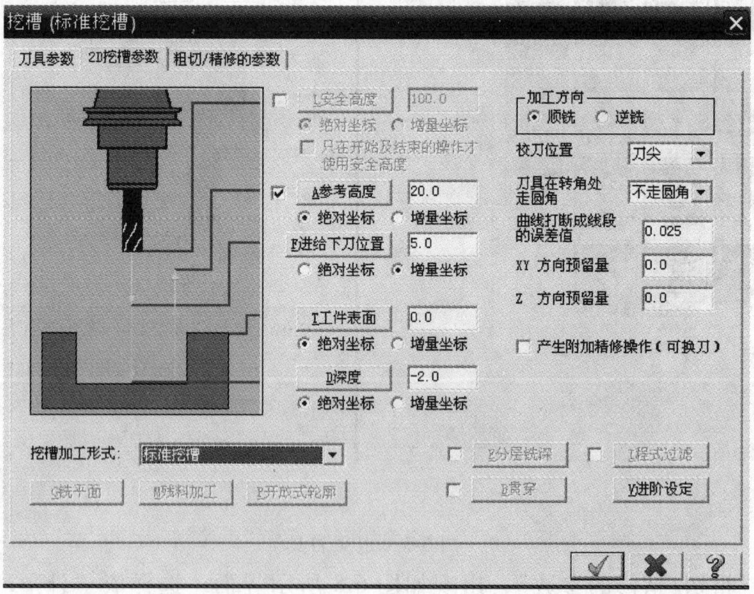

图 6-7 “2D 挖槽参数”设定

10）单击图 6-10 中的 ✓，出现如图 6-11 所示界面，单击 ▶ 按钮，开始仿真加工，完成后的画面如图 6-12 所示。

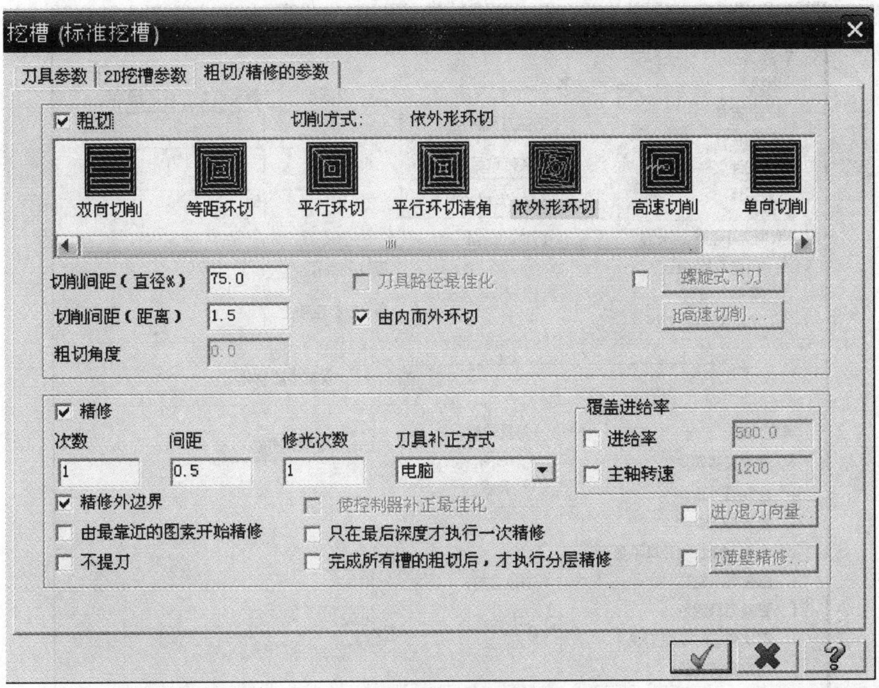

图 6-8　粗切/精修参数

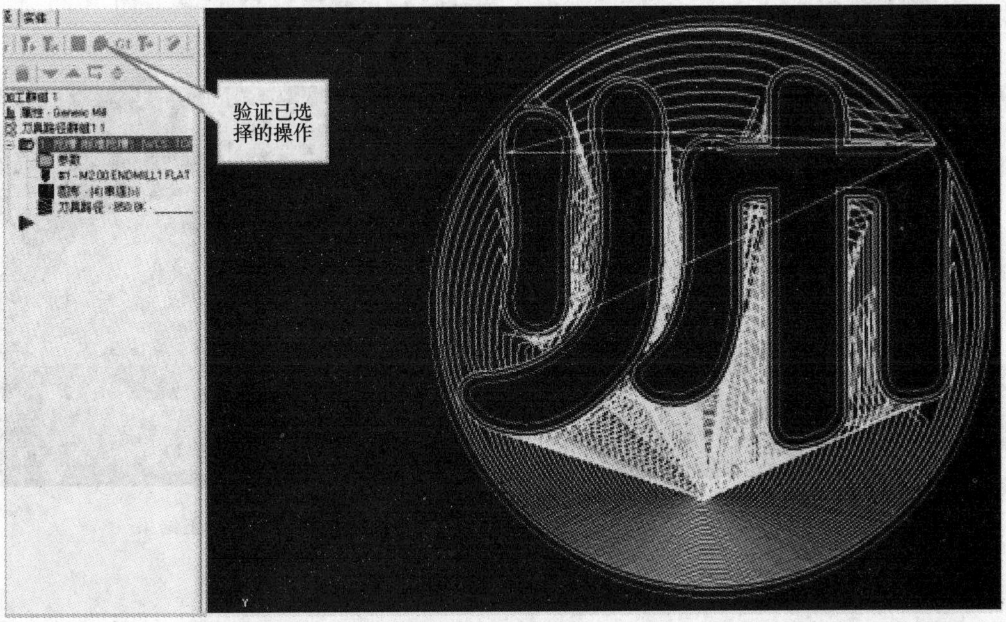

图 6-9　刀具路径画面

11）后处理。单击 G1（后处理已选择的操作）图标，在“后处理程式”对话框中，勾选“NC 文件”，标记覆盖前询问，单击 ✓，则有如图 6-13 所示界面。

12）修改程序。对生成的程序进行必要的修改，如删除“A0 T1 M6”及结尾的“G91 G28 Z0. X0. Y0. A0.”等。

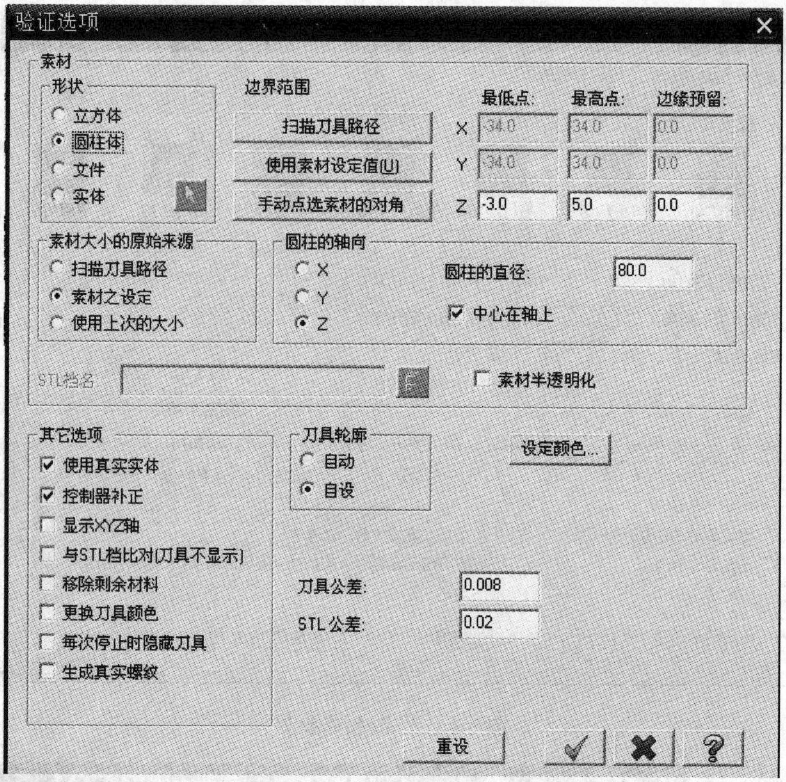

图 6-10 “验证”选项

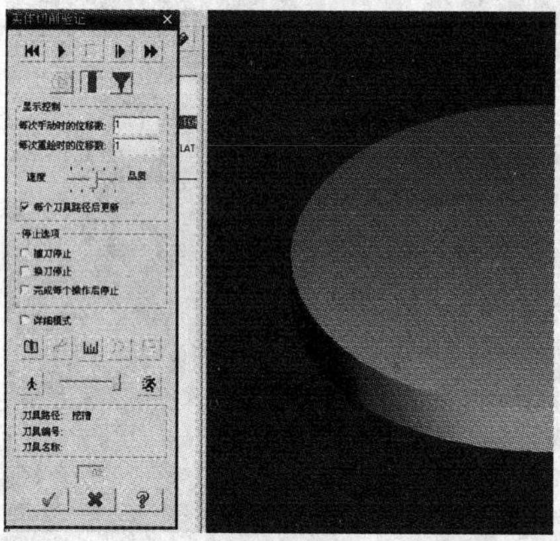

图 6-11 验证界面

图 6-12 仿真加工结果

三、实验设备及操作

实验用机床是数控系统为 FANUC 0i-MB 及 21i-MB 的铣床，与实验一中介绍的数控铣床的操作方法基本相同。

（一）程序传输

FANUC 0i 及 21i 数控系统上均提供 PCMCIA 插槽，通过这个 PCMCIA 插槽可以方便地传输程序。以往的大部分系统需用 RS232 接口传输程序，要将计算机搬至现场，比较麻烦。21i 系统的 PCMCIA 插槽位于显示器左侧，而 0i 则在控制模块上，21i 使用较 0i 更加方便。

```
%
O0000
(PROGRAM NAME -  SHUAI )
(DATE=DD-MM-YY -  07-11-12  TIME=HH:MM -  16:37 )
N100 G21
N102 G0 G17 G40 G49 G80 G90
( TOOL - 1  DIA. OFF. - 0  LEN. - 0  DIA. - 2. )
N104 T1 M6
N106 G0 G90 G54 X-1.63 Y-21.968 A0. S1200 M3
N108 G43 H0 Z20.
N110 Z5.
N112 G1 Z-2. F250.
N114 G3 X-.905 Y-23.281 R.75 F500.
N116 X-.906 Y-23.282 R.75
N118 X-1.63 Y-21.968 R.75
N120 G1 X-1.657 Y-21.975
N122 X-1.683 Y-21.984
N124 X-1.71 Y-21.994
N126 X-1.736 Y-22.006
N128 X-1.762 Y-22.02
N130 X-1.787 Y-22.035
N132 X-1.812 Y-22.053
N134 X-1.835 Y-22.072
N136 X-1.857 Y-22.092
N138 X-1.878 Y-22.114
N140 X-1.897 Y-22.138
N142 X-1.915 Y-22.162
N144 X-1.931 Y-22.188
N146 X-1.945 Y-22.215
N148 X-1.957 Y-22.243
N150 X-1.967 Y-22.271
N152 X-1.974 Y-22.3
N154 X-1.98 Y-22.328
N156 X-1.984 Y-22.357
N158 X-1.985 Y-22.385
N160 X-1.984 Y-22.413
N162 X-1.981 Y-22.441
N164 X-1.977 Y-22.467
```

图 6-13 程序界面

(1) 存储卡准备 数控系统用的存储卡和笔记本电脑中的存储卡是兼容的，可向数控系统厂商购买，也可购买笔记本电脑的存储卡。前者较贵不经济，后者则随着 USB 的使用，渐渐退出市场。现可用 CF 卡加 PCMCIA 适配器方式，或用 CF 卡 USB 口读卡器的方式在 CNC 和 PC 间传输数据，两种方式如图 6-14 所示。

以从计算机向数控系统传输程序为例，其方法是：CF 卡插在读卡器上，将读卡器插入计算机 USB 口，并将 NC 文件存在 CF 卡上。然后把存有 NC 程序的 CF 卡从读卡器取出后插入 PCMCIA 适配器，再将 PCMCIA 适配器插入数控机床的 PCMCIA 卡插槽。现在的 CF 卡容量都很大，为了减少 CNC 的读卡时间，应尽量用容量小的 CF 卡。用于 PC 和 CNC 上的 CF 卡，应选择电压为 5V 或 3.3 ~ 5V 自适应的，仅为 3.3V 电压的 CF 卡不能用。另外，新的 CF 卡最好在 CNC 上格式化，不在计算机上格式化的原因是计算机的系统配置较高，更新换

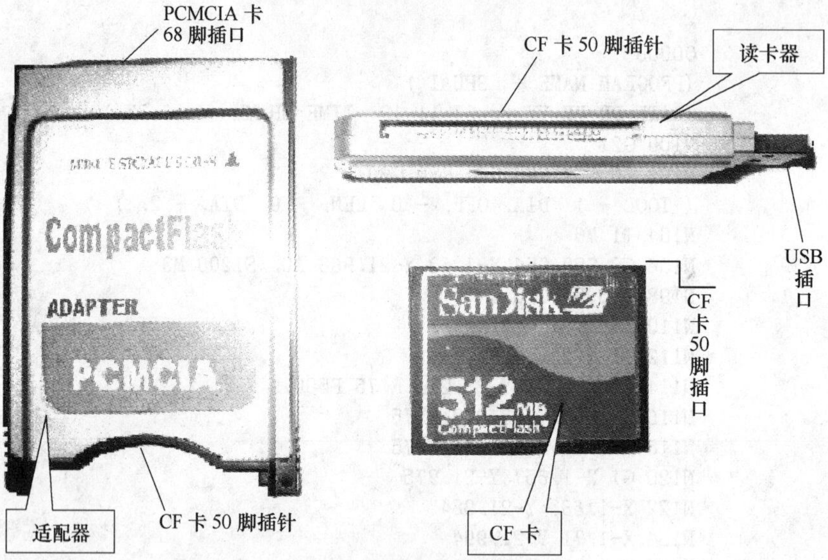

图 6-14　CF 卡及适配器/读卡器

代快，其兼容性往往高于数控机床系统，因此用计算机格式化的 CF 卡，可能造成数控系统不兼容。

（2）加工程序的传输　在数控系统中插入存储卡，进行如下操作。

1）置方式选择开关为［MDI］方式，在 MDI 键盘上按［SETSHING］键，使参数写入有效（此时系统出现 100#报警）。

2）按［SYSTERM］键，修改 20#参数为 4，表示通过［CARD］进行数据交换。

3）置方式选择开关为［EDIT］方式，按下程序保护解除按钮，再按［SYSTERM］键。

4）按荧屏下方扩展键两次出现［ALL I/O］软键，按该键则出现“READ/PUNCH（PROGRAM）”界面。界面上边部分为 CF 卡上文件目录；下边部分为系统 RAM 文件目录，如图 6-15 所示。

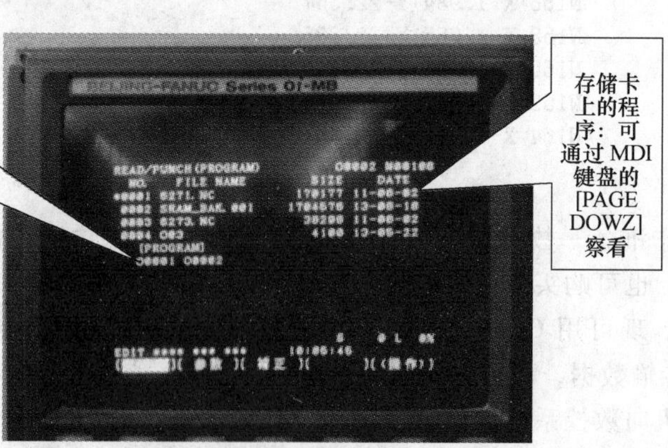

图 6-15　“READ/PUNCH（PROGRAM）”界面

5）按［操作］键，出现［F 检索］、［F. READ］、［N. READ］、［PUNCH］和［DELETE］等软键，如图 6-16 所示。

6）按［F. READ］键，用 MDI 键盘输入 CF 卡上要传输的程序号，按［F 设定］，再输入要存为 RAM 中的程序号，按［O 设定］。

7）按［EXEC］键，显示屏右下角显示闪烁“输入”字样。等到闪烁字样消失，则程序输入结束，便可按自动运行程序的方法进行加工。同样也可将 RAM 中的程序及参数通过按［PUNCH］键存到存储卡进行备份。

（二）对刀及加工

（1）对刀器原理　对刀器是具有固定高度的弹性装置，它固定在机床的工作台面上，当刀具与对刀面接触时，通过对刀器的高度建立了刀具端刃（或刀尖）与工作台的位置关系，从而间接获得了刀具端刃与工件表面的位置关系。

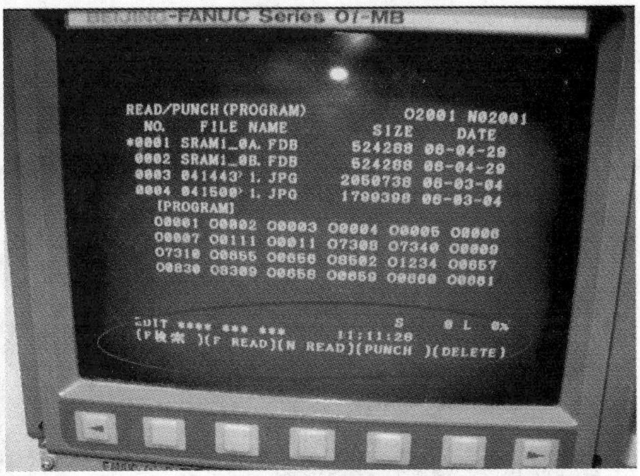

图 6-16　传输界面

图 6-17 所示为 TTC200 型对刀器。TTC200 型对刀器采用触发式工作原理，由 TTC200 型对刀器主体和 1 根信号传输电缆组成，主体以径向方式与电缆线连接，高度集成的电路板置于主体内部。TTC200 型对刀器具有一个特殊的触发机构，当刀具与对刀面接触时，一旦对刀面的位置发生微小的变化，触发机构便会立即引起对刀器内部电路的触发，产生触发信号，这种触发信号将持续到对刀面完全恢复到原来的位置时才能结束。TTC200 型对刀器通过电缆直接向数控系统提供 SSR 开关量信号，连接简单，操作方便。

TTC200 型对刀器的使用方式有长度对刀和直径对刀。长度对刀操作的目的是建立刀具长度与工件表面的位置关系；直径对刀操作利用对刀环的中心坐标和对刀环的直径值，目的是确定刀具在回转状态下的实际直径。

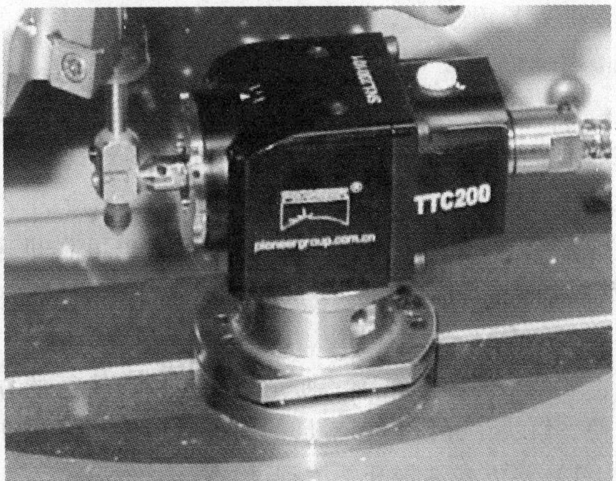

图 6-17　TTC200 型对刀器

还有一种专用于 Z 轴对刀的对刀器称为 Z 轴对刀仪，主要是用于解决刀具长度对刀，适合在数控铣床、加工中心、镗铣床上使用。在立式机床使用时，对刀仪直接放在工作台上（或对刀的工件面上）就可以直接进行 Z 轴坐标设定，如图 6-18 所示；在卧式机床上使用时，可将对刀仪吸在工件表面上实现 Z 轴对刀。

图 6-19 为数控铣床专用的 TP400 电缆通信式测头，也称三维寻边器，主要用于小批量生产中工件基准的自动设定，也可用于生产过程中序前、序中和序后的质量控制。在测头主体内部具有一个特殊的触发机构，当测头与工件或基准接触时，一旦测针的位置发生微小变化，触发机构就能够立即向控制电路提供触发状态的信号，该信号使数控系统响应，并使测

头上的指示灯亮；当测针与接触物表面脱离后，触发机构能够使测针回到初始位置（测头指示灯灭），并保持不大于0.001mm的复位精度。

图6-18 *Z*轴对刀仪

图6-19 三维寻边器

（2）对刀器应用

1）用寻边器找毛坯对称中心。将三维寻边器和普通刀具一样装夹在主轴上，用手轮进给，逐步降低步进增量，使触头与工件表面处于极限接触（进一步即点亮，退一步则熄灭），即认为定位到工件表面的位置处。先后定位到工件正对的两侧表面，记下对应的X_1、X_2、Y_1、Y_2坐标值，则对称中心在机床坐标系中的坐标应是［$(X_1+X_2)/2$，$(Y_1+Y_2)/2$］。将此值输入G54既可。

2）用TTC200型对刀器*Z*向对刀。装上标准刀具，将对刀器（*Z*轴对刀仪）吸在工件上表面，以工件上表面为$Z=0$的工件零点，当刀具下表面与对刀器（*Z*轴对刀仪）接触使指示灯亮时，刀具在工件坐标系中的坐标应为$Z=76.2$（仪器出厂标定），既可用“G92 Z76.2”来声明刀具相对工件的位置，也可在机床坐标系的*Z*轴坐标中加上-76.2，计入G54中。

（3）DNC加工　DNC加工，也称在线加工，当程序较长时，往往采用此方式加工，就是不用把程序输入系统，而是采用边读边执行的方式，这使得程序量大的零件加工变得比较方便，解决了系统内存不足的问题。DNC加工时FANUC系统用存储卡的操作方法如下。

1）将方式选择开关拨到［DNC］。

2）将存储卡插入系统插槽。

3）设置系统20#参数为4（用存储卡）。

4）打开程序保护键（否则，系统报警——无选择数据）。

5）按下MDI面板上［PROGRAM］键，然后按软键的扩展键找到［DNC-CD］按下，则出现如图6-20所示画面（画面中内容为存储卡中内容）；

6）选择想要执行的DNC文件（如选择0004号文件的O0001程序进行操作，则输入4，按下［DNC-ST］，如图6-21所示。

```
DNC OPERATION(M-CARD)           O0999 N00000
  NO.    FILE NAME            SIZE     DATE
 0001 PMC-RA.000            131488 04-04-14
 0002 PMC-RA.PRM              4179 04-04-03
 0003 HDCPY009.BMP           38462 04-04-14
 0004 O0001                      54 04-04-12
 0005 1                     131488 04-04-13
 0006 CNCPARAM.DAT           77842 04-04-14
 0007 HDCPY007.BMP           38462 04-04-14
 0008 HDCPY008.BMP           38462 04-04-14
 0009 SM                    131200 04-04-04

   DNC FILE NAME : SM
)4^                             S     0 T0000
 RMT **** *** ***        16:18:42
(F SRH )(       )(       )(       )(DNC-ST)
```

图 6-20　DNC 操作画面

```
DNC OPERATION(M-CARD)           O0999 N00000
  NO.    FILE NAME            SIZE     DATE
 0004 O0001                      54 04-04-12
 0005 1                     131488 04-04-13
 0006 CNCPARAM.DAT           77842 04-04-14
 0007 HDCPY007.BMP           38462 04-04-14
 0008 HDCPY008.BMP           38462 04-04-14
 0009 HDCPY010.BMP           38462 04-04-14
 0010 SM                    131200 04-04-04


   DNC FILE NAME : O0001
)^                              S     0 T0000
 RMT **** *** ***        16:18:57
(F SRH )(       )(       )(       )(DNC-ST)
```

图 6-21　程序选择画面

7）此时，DNC 文件名变成 O0001，即已选择相关的 DNC 文件。按下［循环启动］按钮，即可使用 M-CARD 中的 O0001 程序进行 DNC 加工。

四、实验内容

1. 在计算机上进行象棋棋子建模（二维）。
2. 用挖槽法进行刀具路径仿真，并后处理生成程序。
3. 装夹直径为 80mm 有机玻璃板毛坯并对刀。
4. 在 XK8130A 万能工具铣床或四轴立式钻铣床上进行加工。

五、实验报告要求

1. 回答思考题。

1）挖槽方式有几种？

2）标准挖槽的切削方式有哪些？

3）仪器对刀有何优缺点？

2. 简述象棋棋子加工过程。

3. 附上加工的图形显示。

4. 将实验二中的扳手图样在 Master CAM 中编程，和原手工编程比较，并附上仿真图。

实验七　数控机床误差测量及补偿

一、实验目的

1. 了解数控机床的精度标准。
2. 熟悉数控机床的误差测量方法。
3. 理解典型数控系统的误差补偿原理。
4. 提高数控技术工程实践能力。

二、实验原理

（一）数控机床精度

数控机床的精度包括几何精度、传动精度、定位精度、重复定位精度以及工件精度等，不同类型的机床对各项精度要求略有不同。

机床的几何精度是保证加工精度最基本的条件，它反映机床的关键机械零部件（如床身、溜板、立柱、主轴箱等）的几何误差及其组装后的几何误差，包括工作台面的平面度、各坐标方向上移动的相互垂直度、工作台面 X、Y 坐标方向上移动的平行度、主轴的径向圆跳动、主轴轴向的窜动、主轴箱沿 Z 轴坐标方向移动时的平行度、主轴在 Z 轴坐标方向移动的直线度和主轴回转轴心线对工作台面的垂直度等。

传动精度是传动链误差要素的实际值与理论值的接近程度，主要包括传动误差和空程误差两部分。传动误差是指输入轴单向回转时，输出轴转角的实际值相对于理论值的变动量。空程误差是与传动误差既有联系又有区别的另一类误差，空程误差可以定义为输入轴由正向回转变为反向回转时，输出轴在转角上的滞后量。由于数控机床丝杠在制造、安装和调整等方面的误差及磨损等原因，造成机械正反向传动误差不一致，导致零件加工精度误差不稳定。

数控机床的定位精度是指机床运动部件在数控系统控制下运动时，所能达到实际位置的精度。实际位置与预期位置之间的误差称为定位误差。该指标反映了机床的固有特性。数控机床和坐标测量机对定位精度必须有很高的要求。

机床重复定位精度是指机床主要部件在多次（五次以上）运动到同一终点，所达到的实际位置之间最大误差，它反映了机床轴线精度的一致性，是一种呈正态分布的偶然性误差，会影响批加工产品的一致性。机床重复定位精度反映出机床伺服系统特性、进给系统间隙与刚性、动部件的摩擦特性等的综合影响。

机床的几何精度、传动精度、定位精度和重复定位精度通常是在没有切削载荷以及机床不运动或运动速度较低的情况下检测的，故一般称之为机床的静态精度。静态精度主要决定于机床上主要零部件的制造精度以及装配精度，如主轴及其轴承、丝杠螺母、齿轮以及床身等。

静态精度主要是反映机床本身的精度，也可以在一定程度上反映机床的加工精度，但机床在实际工作状态下，还有一系列因素会影响加工精度。

机床在外载荷、温升及振动等工作状态作用下的精度，称为机床的动态精度。动态精度除与静态精度有密切关系外，还在很大程度上决定于机床的刚度，抗振性和热稳定性等。

在数控机床调试及应用中，首先要进行静态精度的检测和提高。静态精度的检测主要进行定位精度和重复定位精度检测；静态精度提高的最有效的措施是误差补偿，典型数控系统都将滚珠丝杠的反向间隙补偿和螺距误差补偿作为最基本的功能。

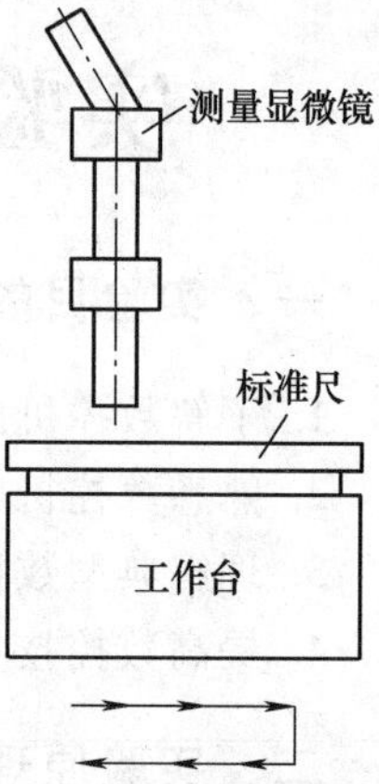

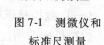

图 7-1 测微仪和标准尺测量

（二）数控机床精度检测常用测量仪器及方法

定位精度和重复定位精度的检测不仅是评价数控机床加工精度等级的重要手段，也是对数控机床进行误差补偿的前提和基础。按照国际标准及惯例，数控机床的精度检测目前通常遵循 ISO 230-2 标准和 GB/T 17421. 2—2000 进行。根据不同要求和工作条件，常用的检测手段有以下三种。

（1）测微仪和标准尺测量　测微仪和标准尺测量如图 7-1 所示。

（2）步距规测量　采用步距规测量精度是传统的测量方法，但 GB/T 17421. 2—2000 规定各测量目标点间的距离不等，对步距规的制造提出了更加苛刻的要求，并导致测量不方便；采用步距规必须对读表数据再进行估算才能得到测量目标点的位置数据，因此也会引入测量误差（存在换算因子，会引入换算误差）。步距规结构如图 7-2 所示，测量安装如图 7-3 所示，要求步距规的轴线与 X 轴的轴线平行（允差 0. 02mm）。

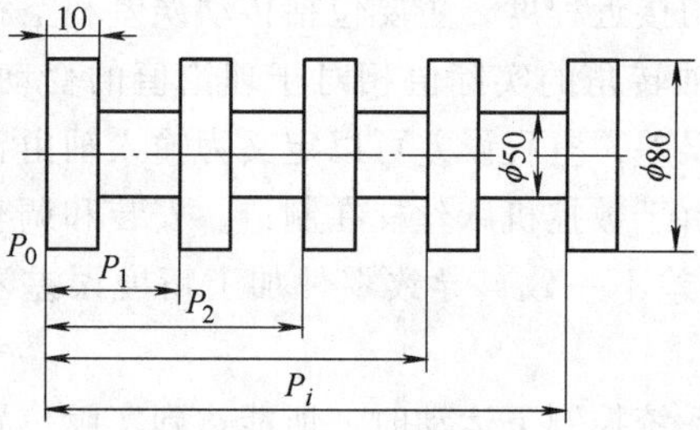

图 7-2 步距规结构

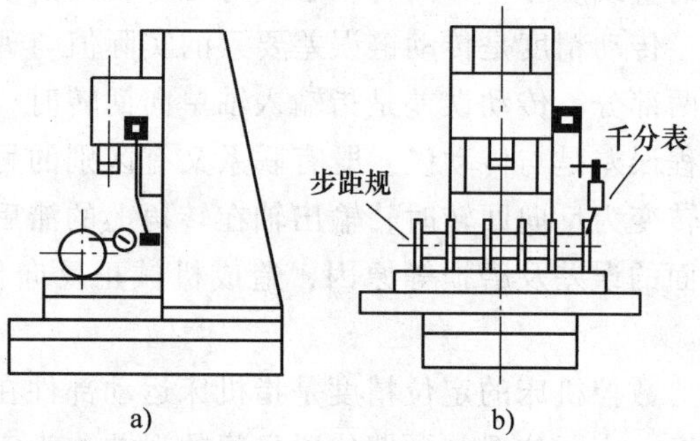

图 7-3 步距规安装
a）X 轴轴线方向　b）X 轴垂直方向

（3）双频激光干涉仪测量　如图 7-4 所示，用激光干涉仪测量机床精度完全能满足 GB/T 17421. 2—2000 的要求，且测量精度高，一致性好，不受机床行程大小的影响，是目前机床行业普遍采用的方法。激光干涉仪的光路及工作原理如图 7-5 所示。

上述 3 种方法中，无论用什么仪器，数控机床精度的主要测量数据是机床各轴线测量点的实际位置数据，具体的测量方式按照 GB /T 17421. 2—2000 标准，有两种检验循环方式：标准检验循环和阶梯循环。

（三）数控机床滚珠丝杠反向间隙及螺距误差的测量

在半闭环数控加工系统中，加工定位精度很大程度上受到滚珠丝杠精度的影响。一方面，滚珠丝杠本身存在制造误差；另一方面，滚珠丝杠经长时间使用磨损后精度下降。所以必须对数控机床的定位精度进行检测，并对数控系统进行螺距误差补偿，提高数控机床加工精度。

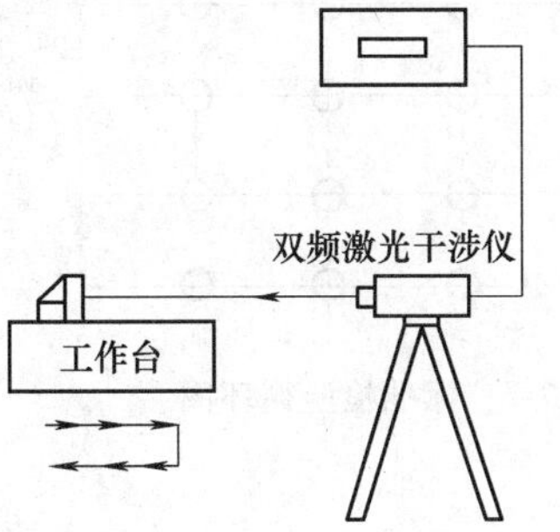

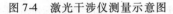

图 7-4　激光干涉仪测量示意图

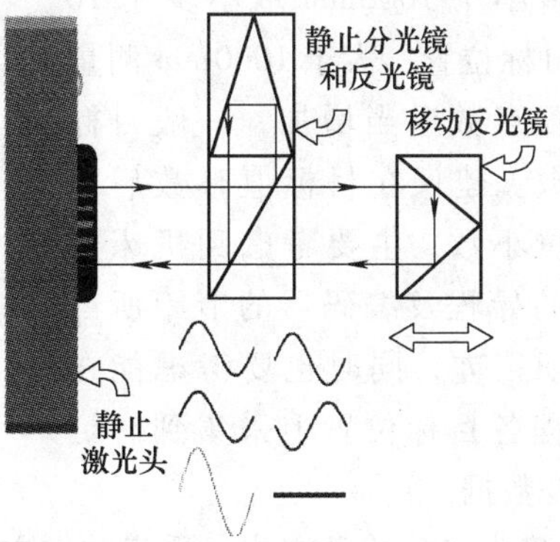

图 7-5　激光干涉仪光路及工作原理

反向间隙及螺距误差属于定位精度的范畴，他们的测量实际是定位精度及重复定位精度的测量，定位精度及重复定位的测量仪器有激光干涉仪、标准线纹尺、步距规。随着检测技术发展，目前机床生产厂家普遍采用激光干涉仪，但由于激光干涉仪价格昂贵，机床用户大多采用标准尺或步距规，也有用一些变通的方法，如高精度光栅尺。

1. 双频激光干涉仪检测机床定位精度

（1）检测步骤

1）安装与调节双频激光干涉仪。

2）预热激光仪，然后输入测量参数。

3）在机床处于运动状态下对机床的定位精度进行测量。

4）输出数据处理结果。

2. 测量方法

1）激光干涉仪安装调试。激光干涉仪的线性折射镜和线性反射镜的安装，尽量选择机床测量轴线位置（刀具实际工作范围内），可以减少阿贝误差（图 7-6）。线性折射镜一般安装在机床固定位置上（机床主轴位置），线性反射镜一般安装在机床可动位置上（机床回转刀架位置）。特别需要指出的是线性折射镜与激光头安装位置尽量靠近，因为它们之间有盲区，激光干涉仪自动补偿功能无法进行，将会产生死程误差。在调试线性折射镜和线性反射镜的光路时尽量使激光头发射的两束平行光的光路相互一致。但是在实际调试光路时由于操作水平及安装环境条件限制，可能产生光路的偏移，同时也就产生余弦误差。不过实际测量试验证明，返回到激光头光路的偏移量在 0.5mm 范围内，将不会影响机床测量精度。如果光路偏移量过大，光路信号不在测量区域范围内，也就无法测量了。

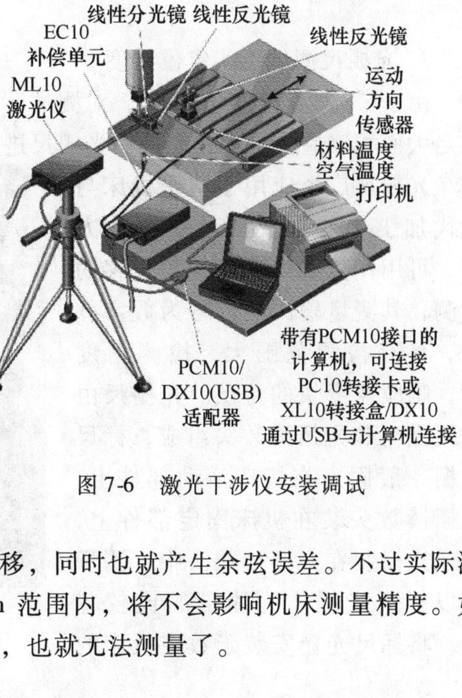

图 7-6　激光干涉仪安装调试

2）确定测量目标位置。根据GB/T 17421.2—2000 评定标准规定，机床规格小于1000mm 取不少于10个测量目标位置，大于1000mm 测量目标位置点数适当增加，一般目标值取整数。建议在目标值整数后面加上三位小数，主要考虑到机床滚珠丝杠的导程及编码器的节距所产生的周期误差，同时也要考虑能在机床全程各目标位置上采集到有足够的精度数据。

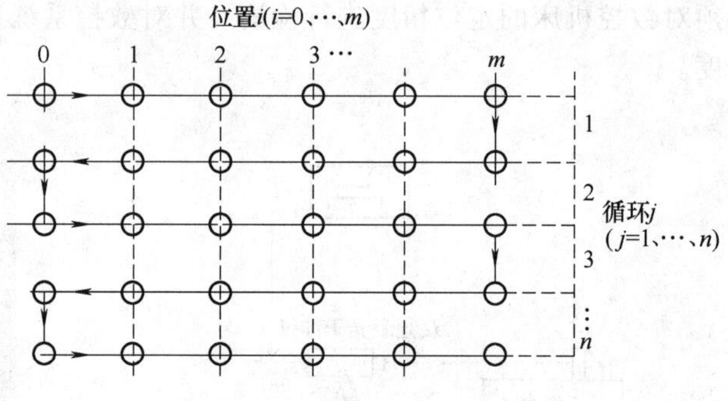

图 7-7 标准检验循环图

3）确定采集移动方式。采集数据方式有两种：一种是线性循环采集方法，另一种是线性多阶梯循环方法。标准检验循环如图 7-7 所示，GB/T 17421.2—2000 评定标准中采用线性循环采集方法。线性循环采集测量移动方式为：采用沿着机床轴线快速移动，分别对每个目标位置从正负两个方向上重复移动五次测量出每个目标位置偏差（即运动部件达到实际位置减去目标位置之差）。

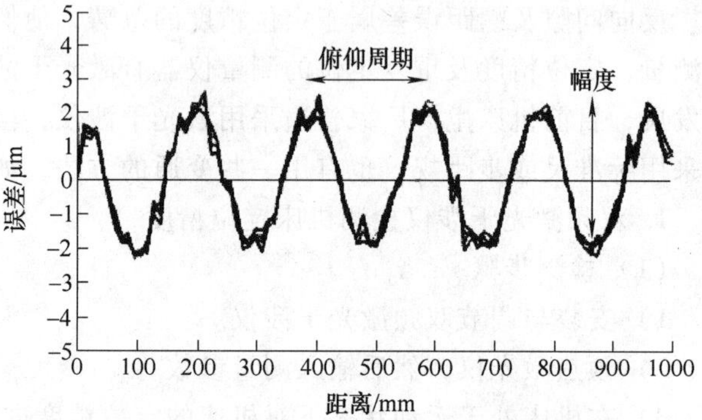

图 7-8 激光干涉仪测试的某轴的重复周期误差

4）测试数据　激光干涉仪带有自己的测试软件，其测试和评定均由计算机完成，可生成误差曲线，如图 7-8 为某机床用激光干涉仪测试的结果。

2. 光栅尺测试机床定位精度

由于激光干涉仪价值昂贵，对测试环境敏感，调试麻烦，并不适合大量学生实验，为了满足大面积实验要求，我们采用光栅尺进行机床定位精度测试。

光栅尺广泛应用于精密机床与现代加工中心以及测量仪器等方面，可用作直线位移或者角位移的检测，其测量输出的信号为数字脉冲，具有检测范围大，检测精度高，响应速度快的特点。光栅尺由标尺光栅和光栅读数头组成，标尺光栅一般固定在机床活动部件上，光栅读数头装在机床固定部件上，指示光栅装在光栅读数头中。测量时以标尺光栅作为测量的比较基准，将标尺光栅安装于数控机床的

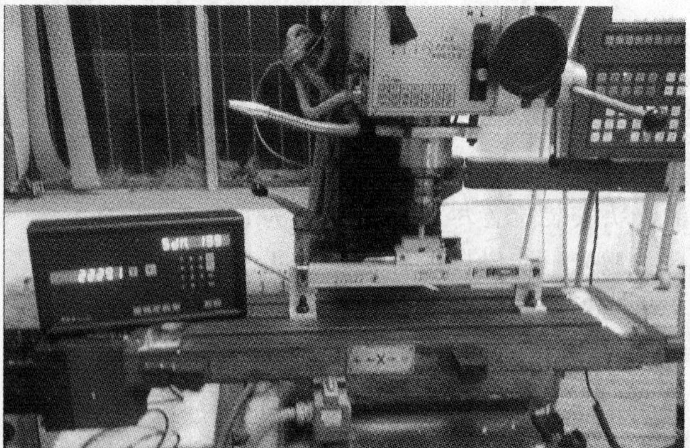

图 7-9 光栅尺测试图

活动部件如直线工作台上，并用千分表找正。读数头通过安装支架与数控机床固件相连，调整读数头与标尺光栅的间距，使之处于最佳的工作状态。若采用德国 HEIDENHAIN 公司生产的光栅尺对机床定位精度和重复定位精度进行检测，直线光栅尺的栅距 0.02 mm，加上后续的电子细分电路，检测分辨率可达 0.0001 mm，检测精度可达 0.001 mm。测试装置如图 7-9 所示。

检测数据靠人工读取，以光栅尺的读数为基准，以数控机床系统的显示坐标为参考。

三、实验内容

（一）光栅尺安装调试

安装光栅尺时，不仅要保证其安装基面的平整度，还要确保其安装后的同轴度或平行度，并用千分表找正，使其安装误差在允许的范围之内。以直线光栅尺的安装为例，将标尺光栅用 M8 螺栓固定在主轴工作台的安装基面上，但不要拧紧，把千分表固定在床身上，移动工作台（标尺光栅与工作台同时移动），用千分表测量标尺光栅平面与机床导轨运动方向的平行度，调整标尺光栅 M8 螺栓位置，使标尺光栅平行度满足 0.1mm/1000mm 以内时，把 M8 螺栓拧紧。读数头的安装与标尺光栅相似。最后调整读数头，使读数头与标尺光栅的平行度保证在 0.1mm 之内、间隙控制在 1～1.5 mm 以内。为了防止损坏光栅尺，还应设定好机床的软限位。实验用光栅尺有效行程 240mm，华中 8 型系统正向软限位参数号为 100006，负向软限位参数号为 100007，在 *X* 轴方向分别设定为“230”，“－5”（注意：*X* 轴为负向回参考点）。

（二）反向间隙误差测量及补偿

在进给传动链中，齿轮传动、滚珠丝杠螺旋副等均存在反向间隙，这种反向间隙会造成在工作台反向运动时电动机空走而工作台不运动，从而造成开环或半闭环系统的误差。解决的方法是，在调整和预紧后，对剩余间隙进行测量，作为参数输入数控系统，每当机床反向运动时数控系统便控制电动机多走一个间隙值，从而补偿掉间隙误差。

测量和补偿的步骤是：（以 *X* 轴为例）

1）在回零方式下，使数控机床测量轴回参考点，调整 *X* 轴到合适位置。

2）测量前要将 300000 号参数置“0”，（“0”表示反向间隙补偿功能禁止，“1”表示常规反向间隙补偿），设置参数具体过程为：进入“设置”菜单→“参数”→“系统参数”→“输入密码”→“HNC8”。

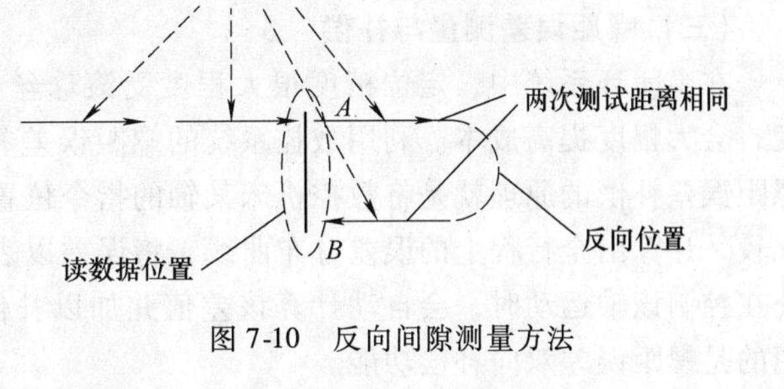

图 7-10　反向间隙测量方法

3）参数修改完成后按“保存”，再按“复位”，（复位后修改的参数才生效）。

4）在回零方式下，使 *X* 轴回参考点（测试从参考点开始）。

5）在自动方式下调用程序名为 OFXJXCS 的测试程序，记录下光栅尺的位置数据 *A* 及位置数据 *B*，如图 7-10 所示。

OFXJXCS 程序如下：

```
%1234                              ；程序头
```

```
N05 G92 X0 Y0 Z0        ；建立临时坐标系
N10 G91 G01 X10 F200    ；X 轴以 200mm/min 速度正向移动 10mm
N20 X15                 ；X 轴再移动 15mm
N30 G04 P5000           ；暂停 5s（准备读数）
N40 X1                  ；X 轴正向移动 1mm
N50 G04 P5000           ；暂停 5s（读数据 A）
N60 X-1                 ；X 轴负向移动 1mm
N70 G04 P5000           ；暂停 5s（读数据 B）
M30                     ；程序结束
```

6）从零点开始，连续测试 9 次，计算反向间隙误差值 =｜数据 A - 数据 B｜，将误差值填入表 7-1 内，并计算反向间隙 9 次测量平均值。

表 7-1 反向间隙误差测试数据表

测量点	1	2	3	4	5	6	7	8	9
测试值									

7）反向间隙补偿。在华中 8 型数控系统中，反向间隙补偿具体操作为：

① 设定反向间隙补偿类型，即进入 300000 号参数，设为 1（常规反向间隙补偿）。

② 将测量的反向间隙补偿值输入 300001 号参数，单位为 mm。

③ 进入 300002 号参数，将其设置为 0，补偿在 1 个插补周期内完成；如果冲击过大，可通过修改此参数，使反向间隙补偿在 N 个插补周期内完成；N = 反向间隙补偿值/反向间隙补偿率。

8）保存参数并复位系统，补偿参数生效。

9）重复步骤 4）~6），补偿后的反向间隙误差值填入表 7-2 中，比较第二次计算的误差值及平均值，看有何变化。

表 7-2 补偿后的反向间隙误差测试数据表

测量点	1	2	3	4	5	6	7	8	9
测试值									

（三）螺距误差测量与补偿

在半闭环系统中，定位精度很大程度受滚珠丝杠精度的影响，提高滚珠丝杠的制造精度，会大幅度提高成本。利用数控系统的螺距误差补偿功能，往往能达到事半功倍的效果。螺距误差补偿的原理就是将数控机床某轴的指令位置与高精度测量系统所测得的实际位置相比较，计算出全行程上的误差分布曲线，将误差以表格的形式输入数控系统中，以后数控系统在控制该轴运动时，会自动计算该差值并加以补偿。测量方法如图 7-11 所示。本实验采用的是螺距误差双向补偿功能。

测量和补偿的步骤是：（以 X 轴为例）

1）开机后机床回参考点，然后调整 X 轴到合适测量位置。

2）测量前要将反向间隙补偿 300000 号参数置为 0（测量螺距误差前，应首先禁止该轴上的其他各项误差补偿功能）。

3）将 X 轴与螺距误差有关参数 300020 设置为 0（0 表示螺距误差补偿功能禁止），参数保存并系统复位，修改后参数生效。

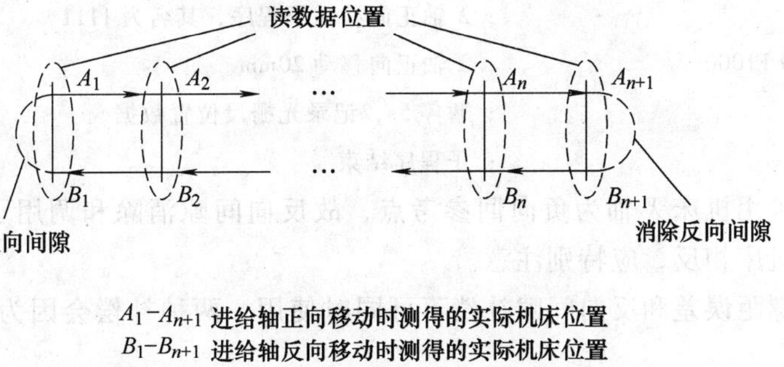

图 7-11 螺距误差测量方法示意图

4）在回零方式下，使数控机床 X 轴回参考点。

5）在光栅尺有效行程 230mm 内，取补偿间隔 20mm，共有 11 个补偿点，各坐标点的坐标依次为 0，20，40，60，80，100，120，140，160，180，200，220（机床若为正向回参考点时，坐标应为负值）。

6）在自动方式下，运行测量螺距误差的程序 LJWCCS，将各测量补偿点处的光栅尺读数记录在表 7-3 内，并根据螺距误差补偿值 = 机床坐标值 - 光栅尺测量值的公式计算螺距误差填入表 7-3 内。

表 7-3 螺距误差表

补偿点	0	20	40	60	80	120	140	160	180	200	220
正向测量数据											
正向偏差值											
负向测量值											
负向偏差值											

螺距误差测量程序 LJWCCS 如下：

```
%0123                       ；文件头
G92 X0 Y0 Z0                ；建立临时坐标，坐标原点应该在参考点位置
G91 G0 X-1 F2000            ；X 轴负向移动 1mm
G04 P5000                   ；暂停 5s
G01 X1                      ；X 轴正向移动 1mm，返回测量位置，并消除反向间隙
G04 P5000                   ；暂停 5s，记录光栅尺位置数据
M98 P1111 L11               ；调用正向移动子程序 11 次，子程序名为 1111
G01 X1 F1000                ；X 轴正向移动 1mm
G04 P5000                   ；暂停 5s
G01 X-1                     ；X 轴向负移动 1mm，返回测量位置，并消除反向间隙
G04 P5000                   ；暂停 5s，记录光栅尺位置数据
M98 P2222 L11               ；调动负向移动子程序 11 次，子程序名为 2222
M30                         ；程序结束

%2222                       ；X 轴负向移动子程序，其名为 2222
G91 G01 X-20 F1000          ；X 轴负向移动 20mm
G04 P5000                   ；暂停 5s，记录光栅尺位置数据
M99                         ；子程序结束
```

```
%1111                      ; X轴正向移动子程序，其名为1111
G91 G01 X20 F1000          ; X轴正向移动20mm
G04 P5000                  ; 暂停5s，记录光栅尺位置数据
M99                        ; 子程序结束
```

注：①实验用机床 X 轴为负向回参考点，故反向间隙消除和调用子程序移动的方向和正向回参考点机床相反，应特别注意。

② 双向螺距误差和反向间隙补偿不可同时使用，两种补偿会因为算法不一产生矛盾，造成补偿困难。

③ 实际应用中常采取反向间隙补偿加单向螺距补偿，即可满足精度要求。

7）设置与螺距误差补偿有关的参数，将补偿值填入补偿数据表。

华中 8 型数控系统螺距误差补偿方法是：

① 进入 300020 参数，设置螺距误差补偿类型为 2。

0：螺距误差补偿功能禁止。

1：螺距误差补偿功能开启，单向补偿。

2：螺距误差补偿功能开启，双向补偿。

② 进入 300021 号参数，输入螺距误差补偿起点坐标，因 X 轴为负向回参考点，正向软限位为 230mm，负向软限位为 -5mm，测量从 0mm 位置开始，沿 X 轴正向进行，到 220mm 结束，则 X 轴螺距误差补偿起点坐标应设为 0mm。

③ 进入 300022 号参数，设置螺距误差补偿点数，如例为 12。

④ 进入 300023 号参数，设置螺距误差补偿点间距，如例为 20。

⑤ 进入 300025 号参数，设置螺距误差补偿倍率，设置为 1（当设为 0 时，将无螺距误差补偿值输出）。

⑥ 进入 300026 号参数，设置螺距误差补偿表起始参数号，华中 8 型系统通常从 700000 起始。在设定起始参数号后，螺距误差补偿表在数据表参数中的存储位置区间便确定，补偿值序列以该参数号为首地址按照采样补偿点坐标顺序（从小到大）依次排列；

正向补偿表起始参数号为：700000

正向补偿表终止参数号为：700011

负向补偿表起始参数号为：700012

负向补偿表终止参数号为：700023

⑦ 在数据表参数中，从补偿起点输入补偿值到 700000 ~ 700023。

8）参数修改完毕保存，系统复位后参数生效。

9）重复 4）~6）将数据记录在表 7-4 中，比较第二次计算的误差值和第一次计算的误差值，看有何变化。

表 7-4 补偿后的螺距误差

补偿点	0	20	40	60	80	120	140	160	180	200	220
正向测量数据											
正向偏差值											
负向测量值											
负向偏差值											

四、实验报告及要求

1. 画出光栅尺安装示意图，简述安装中的问题，安装完后应请指导老师检查，无问题方可测试。

2. 做好数控机床原参数的备份，实验完成后应做好恢复。简述备份和恢复的方法。

3. 填写表 7-1 ~ 表 7-4，比较补偿前后的精度，分析补偿能够提高数控机床的哪些精度。

4. 回答观察与思考题

（1）华中 8 型系统除反向间隙补偿和螺距误差补偿外，还有哪些补偿功能？

（2）如何用光栅尺测量 Z 轴的反向间隙及螺距误差？

实验八　齿轮数控加工

一、实验目的

1. 熟悉数控滚齿机的操作。
2. 掌握数控滚齿机加工原理和工作过程。
3. 学习齿轮加工的编程方法。

二、实验设备及材料

（一）数控滚齿机、不同模数的滚刀若干

实验用数控滚齿机为 YKXM3132CNC3 三轴数控高效精密滚齿机，能承受重负荷强力切削和高速切削，效率高；大铸件采用蜂窝结构，刚性强；加工精度高，能加工各种直齿/斜齿圆柱齿轮、花键、鼓形齿轮、小锥度齿轮、蜗轮、链轮等，同时采用花键滚刀可加工花键；机床配置日本三菱公司 EZMotion-NC E60VM 数控系统，控制 X、Y、Z 轴运动；机床刚性好、效率高，操作维护简单方便，主要适用于汽车、摩托车、减速器、农机、纺织机械、起重机械、链轮、电梯等行业的齿轮加工。

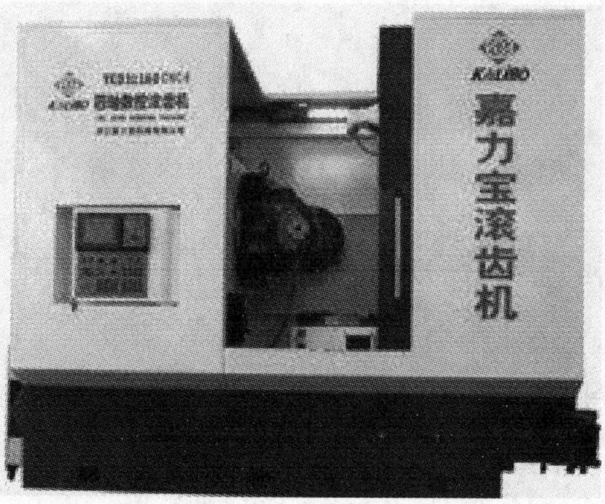

图 8-1　数控滚齿机

（1）滚齿机主要技术参数　见表 8-1。

表 8-1　滚齿机主要技术参数

项 目	技术参数	
工件最大直径	mm	320
最大模数	mm	8
最大螺旋角	°	±45
工作台最高转速	r/min	32
主轴转速	r/min	100～500 无级
刀架轴向、径向进给范围	mm/r	0.5～5
滚刀中心至工件中心距离	mm	60～250
滚刀中心至工作台面距离	mm	280～530
外支架顶尖至工作台面距离	mm	375～675
最大装刀（直径×长度）	mm	160 ×200
滚刀移位行程	mm	150
主电动机功率	kW	11
电动机总容量	kW	28
外形尺寸（长×宽×高）	cm	296×181×231
机床重量	kg	10000

（2）三菱 EZMotion-NC E60VM 数控系统简介　三菱 E60VM 数控系统，质量优良，价格便宜，其性能档次相当于 FANUC Power Mate 0，SIEMENS802C 数控系统。主要针对经济型数控机床，它具有以下特点：

1）控制器与显示装置一体化设计，可实现小型化。

2）内含 64 位 CPU 的高性能数控系统，在线 PLC 编程。

3）备有标准主轴电动机控制变频器的模拟输出接口。

4）快速进给、切削进给速度和手动进给速度为 240m/min。

5）采用高性能的伺服系统，实现全数字式控制，对应于最大的 NC 轴数为 3 轴 +1 根主轴 +1 根 PLC 轴。

6）伺服系统采用薄型伺服电动机和高分辨率编码器（131 072 脉冲/转），增量/绝对式对应。

7）标准 4 种文字操作界面：简体/繁体中文，日文/英文。

8）采用新型 2 轴一体的伺服驱动器 MDS-R 系列，减少安装空间。

9）可使用三菱电机 MELSEC 开发软件 GX-Developer，简化 PLC 梯形图的开发，开发伺服自动调整软件，节省调试时间及技术支援的人力。

数控系统人机界面如图 8-2 所示。系统概要如图 8-3 所示。

图 8-2　三菱系统人机界面

（二）45 钢齿轮毛坯若干

齿轮毛坯由指导教师分配，见表 8-2。

表 8-2　毛坯规格表

序号	齿坯外圆直径	齿坯内孔直径	齿坯凸缘直径	齿坯凸缘高度	齿坯总高度
1	100	40	70	5	25
2	120	50	80	8	30
3	150	60	100	10	35

三、实验原理

（一）齿轮加工的方法

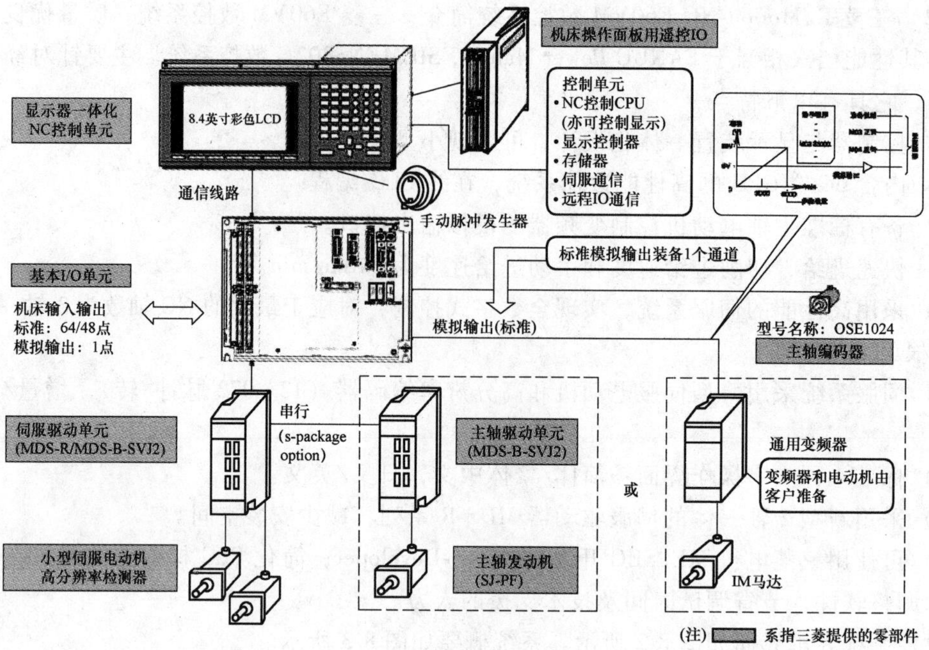

图 8-3 三菱数控系统概要

齿轮的种类繁多、用途极广，其加工方法也很多。按齿廓形成原理，可以分为成形法和展成法两大类。成形法是用刃部形状与被切齿轮槽形状相同的成形刀具来加工齿轮的，属于成形法的齿轮加工方法有铣齿、拉齿、冲齿、成形磨齿、压铸等。展成法是切削刀具与工件作相对展成运动，刀具和工件的瞬心线相互作纯滚动，两者之间保持确定的速比关系，所获得加工表面就是切削刃在这种运动中的包络面。现代齿轮生产中大都采用展成法。属于展成法的齿轮加工方法有滚齿、插齿、剃齿、珩齿、磨齿、车齿等。

为满足高精度、高效率、多品种切削加工齿轮的实际需要，运用高新技术改造传统齿轮加工机床、实现齿轮的数控加工，是当前齿轮制造行业主要的发展趋势。

（二）数控滚齿机的原理

滚齿是一种高效的、应用最广泛的齿廓加工方法。传统的滚齿机传动采用单电动机驱动，用分流传动方式驱动多个执行机构，其传动链严格的速度同步与行程同步关系是靠具有准确传动比的传动元件（齿轮、蜗轮、蜗杆等）实现的，调整环节采用交换齿轮以保证足够精度的传动比与调整范围。其传动系统不仅结构复杂，工作范围窄，而且传动链的传动误差是影响齿轮加工精度的主要因素。

现代数控滚齿机，各个运动都由单独的伺服电动机驱动，它们之间没有复杂的机械传动链关系，而由数控系统通过计算控制，来保证其严格的传动比关系，从而实现滚齿展成加工。数控滚齿机的加工原理如图 8-4 所示，其滚刀的旋转运动 B_1，与被加工齿轮的旋转运动

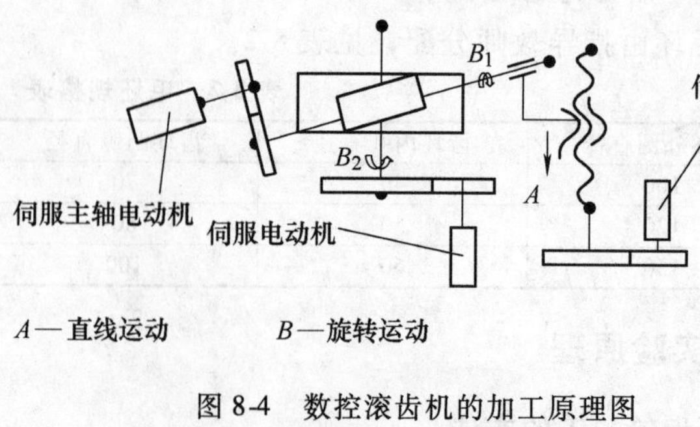

图 8-4 数控滚齿机的加工原理图

B_2之间的传动比关系仍然遵循展成法加工原理，但它们不是通过调整机械传动比来实现，而是分别由两台伺服电动机单独控制。进给直线运动 A 则由另一台伺服电动机单独控制。数控滚齿机大大降低了传动误差，可显著提高齿轮的加工精度。

（三）数控滚齿机的运动分析

在数控滚齿机的加工过程中，滚刀和齿轮毛坯的运动关系主要有以下 4 种运动，如图 8-5 所示。

1）滚刀的切削运动 N_t，单位为 r/min。

2）工件的分度运动 N_i，单位为 r/min。

3）滚刀轴向进给运动 V_f，单位为 mm/min。

4）工件的圆周进给运动 N_f，单位为 r/min。

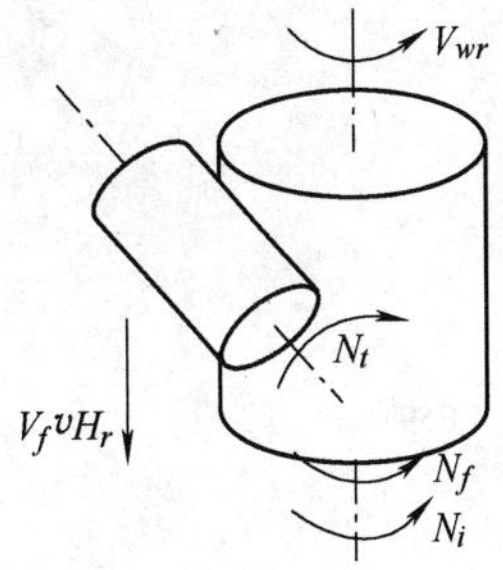

图 8-5 滚齿加工的运动示意图

这些运动速度可由以下公式确定：

由于滚刀和工件进行的是啮合运动，所以分度运动和切削运动的关系式为

$$N_i = k_a N_t / z_d \qquad (8\text{-}1)$$

式中 k_d——滚刀头数；

z_d——工件齿数。

滚刀轴向进给运动与工件运动的关系是

$$V_f = f_a N_w \qquad (8\text{-}2)$$

式中 f_a——工件每转滚刀轴向进给量，单位为 mm/r；

N_w——工件实际转速，单位为 r/min。

工件的圆周进给运动通过工件的螺旋线导程和滚刀轴向进给运动 v_f 得到

$$N_f = \pm v_f / P_z \qquad (8\text{-}3)$$

式（8-3）中，逆铣加工时，工件螺旋方向与滚刀螺旋方向相同取“+”号，相反取“-”号；顺铣加工时，工件与滚刀螺旋方向相同取“-”号，相反取“+”号。

工件的螺旋线导程 P_z 由下式计算得到

$$P_z = m_n \pi z_d / \sin\beta \qquad (8\text{-}4)$$

式中 m_n——工件法向模数；

β——工件螺旋角。

工件的实际运动 N_w 是分度运动 N_f 和圆周进给运动 N_i 的代数和，即

$$N_w = N_i + N_f \qquad (8\text{-}5)$$

将式（8-1）、式（8-2）、式（8-3）代入式（8-5）中得滚刀与工件的运动关系式：

$$N_w = -k_d N_t / [z_d(1 \pm f_a / p_z)] \qquad (8\text{-}6)$$

再将式（8-6）代入式（8-2）中得到滚刀轴向进给速度：

$$v_f = f_a N_w = -f_a k_d N_t / [z_d(1 \pm f_a / p_z)] \qquad (8\text{-}7)$$

当加工直齿轮时，由于 $N_f = 0$，因此有

$$v_f = f_a N_w = f_a N_t = f_a k_d N_t / z_d \qquad (8\text{-}8)$$

（四）编程举例

1）滚齿机常用G代码，见表8-3。

2）常用M代码表，见表8-4。

3）直齿轮加工。程序中各点示意图如图8-6所示，实际加工图如图8-7所示。

表8-3 滚齿机常用G代码

代码	说明
G00	快速进给
G01	直线插补
G02	圆弧插补（顺时针方向）
G03	圆弧插补（逆时针方向）
G17	平面选择（*XY*平面）
G18	平面选择（*XZ*平面）
G19	平面选择（*YZ*平面）
G54 ~ G59	工件坐标系原点（即工件原点）
G90	绝对值指令
G91	增量值指令

表8-4 常用M代码

代码	说明
M01	程序选择暂停
M02	程序结束
M03	主轴正转
M04	主轴反转
M05	主轴停止
M08	冷却开
M09	冷却关
M10	工件放松（无夹紧液压缸，无该功能）
M11	工件夹紧（无夹紧液压缸，无该功能）
M12	滑板夹紧
M13	滑板放松
M14	平衡液压缸通电
M15	平衡液压缸断电
M16	小立柱上
M17	小立柱下
M20	排屑正转
M21	排屑停止

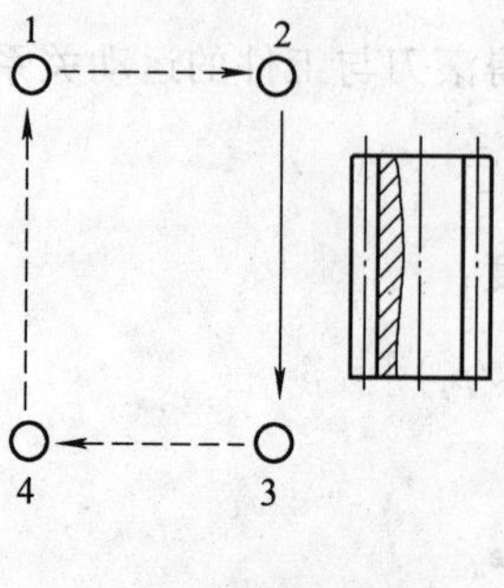

图8-6 编程示意图

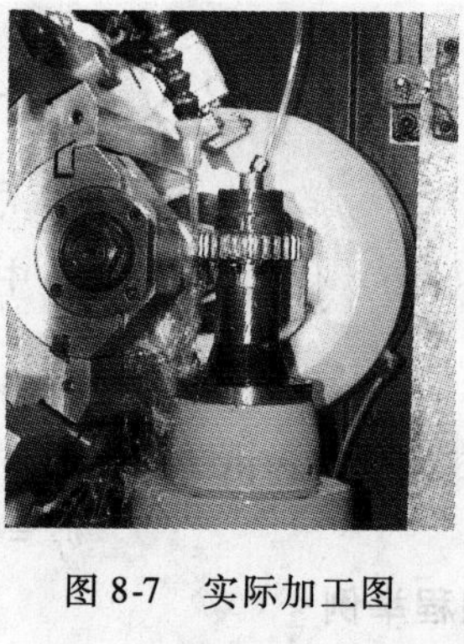

图8-7 实际加工图

直齿轮加工程序如下

```
O 100                      程序名
G90 G54 G00 X0 Z0          ；滚刀快速到达图 8-6 中 1 点
X - a                      ；滚刀快速到达图 8-6 中 2 点
M03 S240 M08 M20           ；主轴正转，转速 240r/min，切削液开，排屑开
G01 Z - b F12              ；滚刀以 12mm/min 的速度切到图 8-6 中 3 点
M09 M21                    ；切削液关，排屑关
GOO XO                     ；滚刀快速移动到图 8-6 中 4 点
ZO                         ；滚刀快速回到 1 点
G91 Y - c                  ；滚刀窜刀，c 为窜刀量，mm
M02                        程序结束
```

注：a、b、c 与工件有关的参数

四、实验内容及注意事项

（一）实验内容

1）熟悉数控滚齿机使用中的编程方法。

2）在数控系统中输入加工参数。

3）根据传动比变化计算齿轮加工时齿轮中心运动轨迹。

4）编制齿轮加工程序。

5）进行齿轮加工模拟。

6）在滚齿机上进行齿轮加工。

数控滚齿机的编程方法可分为手工编程和自动编程。手工编程是通过人工来完成工艺处理、数值计算、编写程序、键盘输入程序、程序校验等各项步骤。而自动编程方法只需操作人员输入一些工件参数、刀具参数、工艺参数等就能自动生成齿轮数控加工的 NC 程序。

数控编程的主要内容包括：根据加工要求进行工艺分析，确定加工方案，选择合适的刀具、夹具，确定合理的走刀路线及切削用量等；建立工件的几何模型，计算加工过程中刀具相对齿轮的运动轨迹；按照数控系统的程序格式，生成零件加工程序，然后对其进行验证和修改，直到合格的加工程序。

（二）注意事项

下面根据齿轮的特殊性分析几个应该注意的步骤：

1）根据齿轮零件图样，进行工艺分析，确定工序和工步，拟定加工方案，选择合适的刀具，确定切削用量。齿轮加工的刀具可根据齿轮加工的方法选择，如滚齿方法加工就应选择滚刀。

2）设定工件原点，建立工件坐标系。为了编程方便以及各个尺寸较为直观，应尽量把工件原点的位置选得合理些，齿轮的工件坐标原点就选择在齿轮中心位置。

3）确定刀具运动的轨迹，定出轨迹点的坐标值。根据图样对工件的形状、尺寸、技术要求进行分析后，按选择好的加工方案、加工顺序、加工路线，确定刀具运动的轨迹，并计算出各点坐标值。

4）根据所用系统，参考编程手册，利用相关代码，按照已确定好的刀具运动轨迹，编写加工程序清单。

5）程序编好后，必须经过校验和模拟试切后方可正式加工。通过软件模拟加工环境、刀具路径与材料切除过程来检验并优化加工程序，以减少或消除因程序错误而导致的机床损伤、夹具破坏或刀具折断、零件报废等问题。

校验时可将编好的程序输入计算机并传送到数控机床的数控装置中，让机床空运转，以笔代刀，以坐标纸代替工件，画出加工路线，以检查机床的运动轨迹是否正确，但此方法只能检验出运动是否正确，不能查出被加工零件的加工精度。因此，有必要进行零件的首件试切，当发现有加工误差时，应分析误差产生的原因，找出问题所在，加以修正，最后加工出所需齿轮零件来。

五、观察与思考

如何由刀具和齿形参数确定加工参数？

六、实验报告要求

1. 简述数控滚齿机的加工原理。
2. 写出齿轮的加工程序。

创新实验部分

实验九　五轴联动加工技术及加工方法

一、实验简介

五轴联动数控机床对一个国家的航空、航天、军事、科研、精密器械、高精医疗设备等行业，有着举足轻重的影响力。五轴联动数控机床是叶轮、叶片、船用螺旋桨、重型发电机转子、汽轮机转子、大型柴油机曲轴等复杂曲面零件加工的唯一手段。本实验使学生学习五轴联动数控机床的原理及加工方法，提高学生学习兴趣，拓展学生数控加工技术的实践空间。

本实验要求学生通过 CAD/CAM 软件(UG 等)的学习，根据提供的机床加工尺寸，以小组(自行结合，3～5 人为宜)自行设计零件(如圆柱凸轮、叶片等)并编程，先用仿真软件验证无误后，进而再在五轴(或四轴)联动机床上加工成实物。本实验难点是编程软件的应用及工件的装夹。

二、实验原理及知识扩充

(一) 五轴联动加工的特点

五轴联动加工技术是指一个复杂形状的表面需要用机床的 5 个轴共同运动才能获得光顺平滑型面的加工技术。虽然从理论上讲任何复杂表面都可用 X、Y、Z 三轴坐标来表述，但实际加工刀具并不是一个点，而是有一定尺寸的实体，为了避免空间扭曲面加工时刀具与加工面间的干涉，以及保证曲面各点的切削条件的一致性，需要调整刀具轴线与曲面法矢间的夹角。

与三坐标数控加工曲面相比较，五坐标数控加工曲面有以下优点：

1. 提高加工质量和效率

通常切削表面的加工质量用断面残留高度 h 来表述，加工效率用两刀的行距 s 来表述。由于用球头铣刀三轴联动加工曲面时，是以球面的运动去逼近加工表面，以点成型；而用端铣刀五轴联动加工曲面时，是以平面的运动去逼近加工表面，以面带成型，因此可以保证加工点处切削速度较高，具有较好的、一致的表面质量。两种加工方式下行距与断面残留高度关系如图 9-1 所示。

设工件曲率半径为 ρ，球头刀半径为 r，行距为 s，残留高度为 h。

在图 9-1a 中，通过证明 $\triangle P_3P_0P_5 \backsim \triangle P_4P_0P_1$ 有 $P_0P_1 \times P_0P_3 = P_5P_0 \times P_4P_0$

可得出

$$h = s^2\left(\frac{1}{8r} + \frac{1}{8\rho}\right) \tag{9-1}$$

在图 9-1b 中，利用半角定理有

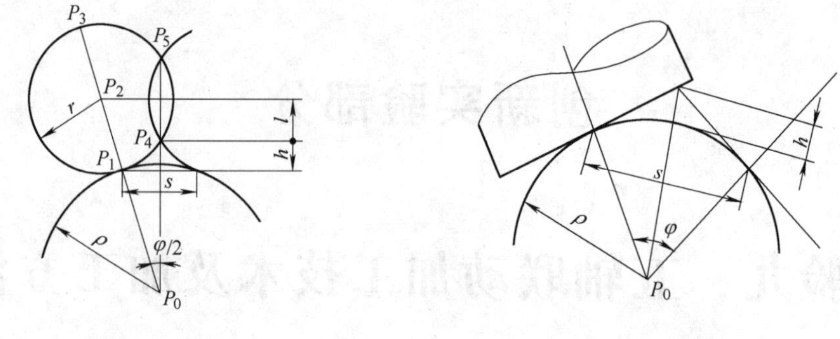

a) b)

图 9-1 行距与断面残留高度关系图

a）球头刀加工曲面 b）端铣刀加工曲面

$$\cos(\varphi/2) = \rho/(\rho + h)$$

$$\sin(\varphi/2) = s/(2\rho)$$

故有

$$h = \frac{s^2}{8\rho} \tag{9-2}$$

从式(9-1)和式(9-2)可知，端铣刀五轴数控加工的断面残留高度，恒小于球铣刀三轴数控加工的断面残留高度，因而加工质量高。

同样，式(9-1)和式(9-2)分别可变换成

$$s = \sqrt{8\frac{\rho + h}{\rho + r}} \tag{9-3}$$

$$s = \sqrt{8\rho h} \tag{9-4}$$

从式(9-3)和式(9-4)可知，在相同的表面质量要求下，五轴数控加工比三轴数控加工可采用大得多的行距 s，因而有更高的加工效率。有些复杂零件仅需一次装夹，就能完成复杂零件的全部或大部分加工。

另外，加工某些曲面(如图 9-2 所示的有直母线的工件)时，采用五轴侧铣加工(侧刃加工)既高效，又有高质量，是三轴数控加工根本无法比拟的。

2. 扩大工艺范围

航空制造部门中有些航空零件，如航空发动机上的整体叶轮，由于叶片本身扭曲和各曲面间相互位置限制，加工时不得不转动刀具轴线，否则很难甚至无法加工。另外在模具加工中有时只能用五坐标数控才能避免刀身与工件的干涉。

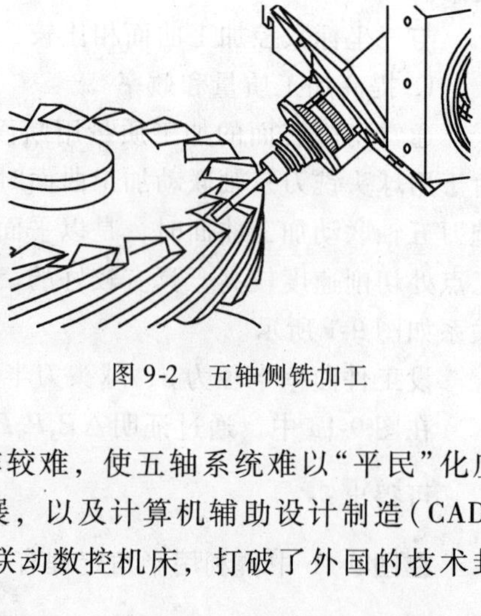

图 9-2 五轴侧铣加工

3. 适应目前数控机床发展的新方向

五轴联动数控机床的技术水平代表了一个国家装备制造业的最高水准。由于国外主要发达国家限制五轴联动数控机床出口我国，加之五轴联动 NC 程序制作较难，使五轴系统难以“平民”化应用。近年来，随着国内数控系统研发和应用技术的发展，以及计算机辅助设计制造(CAD/CAM)技术的广泛应用，国内多家机床企业推出了五轴联动数控机床，打破了外国的技术封

锁，大大降低了五轴联动数控机床应用成本。五轴联动数控机床的普及推广，将为中国成为制造强国奠定坚实的基础。

总之，五轴机床的应用，可有效避免刀具干涉；对于直纹面类零件，可采用侧铣方式一刀成型；对较为平坦的大型表面，可用大直径端铣刀端面进行加工；可一次装卡对工件上的多个空间表面进行多面、多工步加工；五轴加工时，刀具相对于工件表面可处于最有效的切削状态，零件表面上的误差分布均匀；在某些加工场合，可采用较大尺寸的刀具避开干涉进行加工，大大提高加工效率。

（二）五轴加工的方式

根据曲面加工过程中的成型方式，通常将五轴加工划分为：点接触式、面接触式、线接触式三种方式。

1. 点接触式

点接触式加工是应用最广的五轴加工形式。所谓点接触式加工是指加工过程中以点接触成型的加工方式，如球形铣刀加工、球形砂轮磨削等。这种加工方式的主要特点是：球形表面法矢指向全空间，加工时对曲面法矢有自适应能力；与线、面接触式加工相比较，其编程较简单、计算量较小；只要使刀具半径小于曲面最小曲率半径就可避免干涉，因而适合任意曲面的加工；但由于是点接触成型，在刀具轴线上切削速度趋近于零，因而切削条件差，加工精度和效率低。

2. 面接触式

所谓面接触式加工是指以面接触成型的加工方式，如端面铣削（磨削）加工。这种加工方式的主要特点是：由于切削点有较高的切削速度，周期进给量大，因而具有较高的加工效率和精度；但由于受成型方式和刀具形状的影响，它主要适合于中凸、曲率变化较平坦的曲面的加工。

3. 线接触式

线接触式加工是五轴联动数控加工当前和今后研究的重点。所谓线接触式加工是指加工过程中以线接触成型的加工方式，如圆柱周铣、圆锥周铣、樟形窿削及砂带磨削等。这种加工方式的特点是：由于切削点处切削速度较高，因而可获得较高的加工精度；同时，由于是线接触成型，因而具有较高的加工效率。目前已发展到对任意曲面线接触加工的研究。图9-3所示为用砂带磨削叶片的照片，即为典型的线接触式加工。

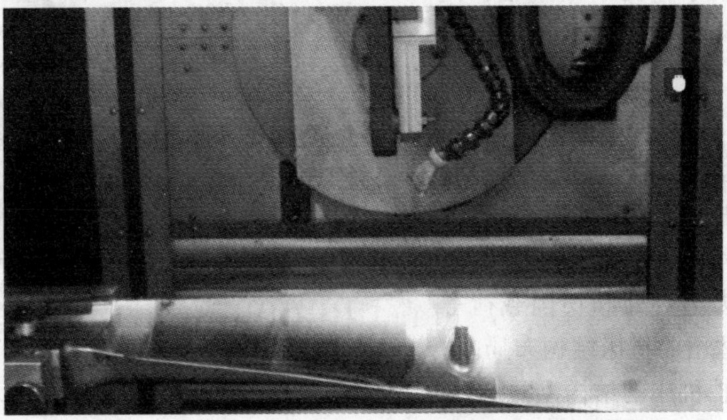

图 9-3　叶片的砂带磨削加工

（三）五轴机床的分类

五轴机床一般有 3 个直线坐标和 2 个旋转坐标。通常根据旋转坐标的配置形式，将五轴机床划分为 3 种类型。

1. 双转台五轴机床

如图 9-4 所示，这种形式机床的转台有足够的行程范围，工艺性能好；转台的刚性较好，机床总体刚性高；只需加装独立式刀库及换刀机械手，即可成为加工中心；但双转台机床转台坐标驱动功率较大，坐标转换关系较复杂，编程灵活性不高。

2. 双摆头五轴机床

双摆头五轴机床摆动坐标驱动功率较小，工件装卸方便且坐标转换关系简单，编程灵活；但由于受结构限制，主轴摆动刚度较低，成为整个机床的薄弱环节，如图 9-5 所示。

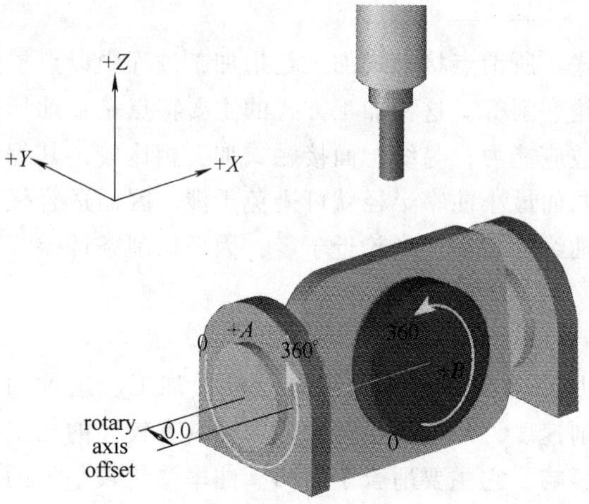

图 9-4 双转台五轴机床模型

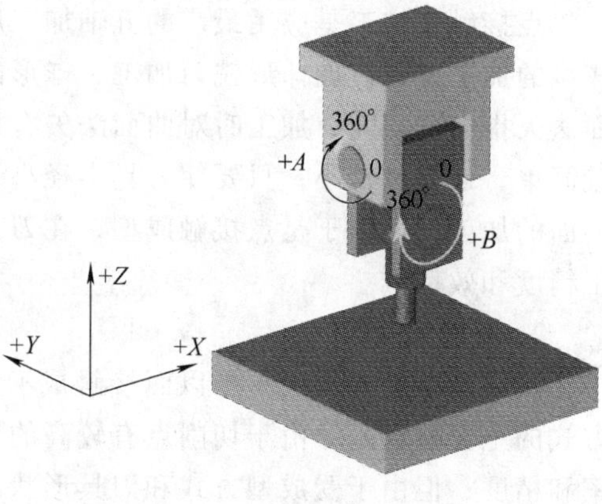

图 9-5 双摆头五轴机床模型

3. 一摆头一转台五轴机床

一摆头一转台五轴机床性能介于上述两者之间，如图 9-6 所示。

（四）五轴机床的结构型式

五轴联动加工机床是在 *X*、*Y*、*Z* 三个直线运动轴的基础上至少增加 *A*、*B*、*C* 三个回转运动轴中任两个回转轴，而直线轴和回转轴又因是工件运动还是刀具运动有所区别，通常将工件运动的轴定义为 *X*、*Y*、*Z*、*A*、*B*、*C*，将刀具运动的轴定义为 *X′*、*Y′*、*Z′*、*A′*、*B′*、*C′*，由此可有多种五轴加工机床的布局方案。针对加工零件的形状、尺寸、重量、要求精度、材料的力学性能和切削载荷等因素，可以确定适用的机床结构布局。

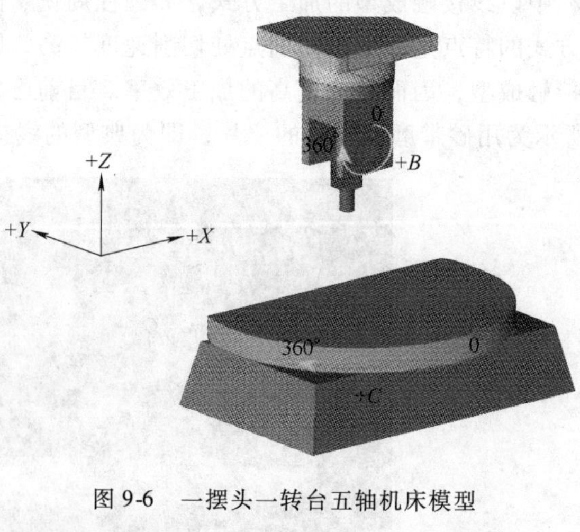

图 9-6 一摆头一转台五轴机床模型

1. 双转台五轴机床的结构型式

ABXYZ　　*BCXYZ*　　*ACXYZ*　　*ABXY′Z′*　　*BCXY′Z′*　　*ACXY′Z′*

$ABX'YZ'$	$BC\ X'YZ'$	$AC\ X'YZ'$	$AB\ X'Y'Z$	$BC\ X'Y'Z$	$AC\ X'Y'Z$
$AB\ X'Y'Z'$	$BC\ X'Y'Z'$	$AC\ X'Y'Z'$	$ABXY\ Z'$	$BCXY\ Z'$	$ACXY\ Z'$
$ABX\ Y'Z$	$BCX\ Y'Z$	$ACX\ Y'Z$	$AB\ X'YZ$	$BC\ X'YZ$	$AC\ X'YZ$

共有　$C_3^2 \times (C_3^1 C_2^2 + C_3^2 C_1^1 + 2C_3^3) = 24$（种）

2. 双摆头五轴机床的结构型式

$A'B'XYZ$ $A'B'X\ Y'Z'$ $A'B'X'YZ'$ $A'B'\ X'Y'Z$

$A'B'X'Y'Z'$ $A'B'XYZ'$ $A'B'X'YZ$ $A'B'XY'Z$

$B'C'XYZ$ $B'C'XY'Z'$ $B'C'X'YZ'$ $B'C'X'Y'Z$

$B'C'X'Y'Z'$ $B'C'XYZ'$ $B'C'XY'Z$ $B'C'X'YZ$

$A'C'XYZ$ $A'C'XY'Z'$ $A'C'X'YZ'$ $A'C'X'Y'Z$

$A'C'X'Y'Z'$ $A'C'XYZ'$ $A'C'XY'Z$ $A'C'X'YZ$

共有　$C_3^2 \times (C_3^1 C_2^2 + C_3^2 C_1^1 + 2C_3^3) = 24$（种）

3. 一摆头一转台五轴机床的结构型式

$A'BXYZ$ $A'CXYZ$ $C'AXYZ$ $A'BXY'Z'$ $A'CXY'Z'$ $C'AXY'Z'$

$A'BX'YZ'$ $A'CX'YZ'$ $C'AX'YZ'$ $A'BX'Y'Z$ $A'CX'Y'Z$ $C'AX'Y'Z$

$A'BX'Y'Z'$ $A'BXYZ'$ $A'CX'Y'Z'$ $A'CXYZ'$ $C'AX'Y'Z'$ $C'AXYZ'$

$A'BXY'Z$ $A'BX'YZ$ $A'CXY'Z$ $A'CX'YZ$ $C'AXY'Z$ $C'AX'YZ$

$B'AXYZ$ $B'AXY'Z'$ $B'AX'YZ'$ $B'AX'Y'Z$ $B'AX'Y'Z'$ $B'AXYZ'$

$B'AXY'Z$ $B'AX'YZ$ $B'CXYZ$ $B'CXY'Z'$ $B'CX'YZ'$ $B'CX'Y'Z$

$B'CX'Y'Z'$ $B'CXYZ'$ $B'CXY'Z$ $B'CX'YZ$ $C'BXYZ$ $C'BXY'Z'$

$C'BX'YZ'$ $C'BX'Y'Z$ $C'BX'Y'Z'$ $C'BXYZ'$ $C'BXY'Z$ $C'BX'YZ$

共有　$C_3^1 C_2^1 \times (C_3^1 C_2^2 + C_3^2 C_1^1 + 2C_3^3) = 48$（种）

综上计算，五轴机床的结构型式共有 24 + 24 + 48 = 96（种）之多。对于铣床而言，一般来说，其平动坐标主要有：升降台式、固定床身式、龙门式三种。所谓升降台式就是刀具不动，平动均由工件的平移实现，即坐标轴配置为 XYZ；固定床身式则为工件作纵向、横向的平移，而由刀具作垂直方向的升降，故其坐标轴的配置为 XYZ'；龙门式则为工件仅作纵向的平移，而由刀具作横向和垂直方向的平移，故其坐标轴的配置为 $XY'Z'$。这三种平动结构与旋转坐标的组合，即为常见五坐标联动数控铣床的结构型式。

用上述列举方法，可知常见五轴联动数控铣床的结构型式有 36 种，按其旋转坐标和平动坐标的配置，可分为 9 种类型：

1）五轴联动双转台——升降台式数控铣床。

2）五轴联动双转台——固定床身式数控铣床。

3）五轴联动双转台——龙门式数控铣床。

4）五轴联动双摆头——升降台式数控铣床。

5）五轴联动双摆头——固定床身式数控铣床。

6）五轴联动双摆头——龙门式数控铣床。

7）五轴联动摆头及转台——升降台式数控铣床。

8）五轴联动摆头及转台——固定床身式数控铣床。

9）五轴联动摆头及转台——龙门式数控铣床。

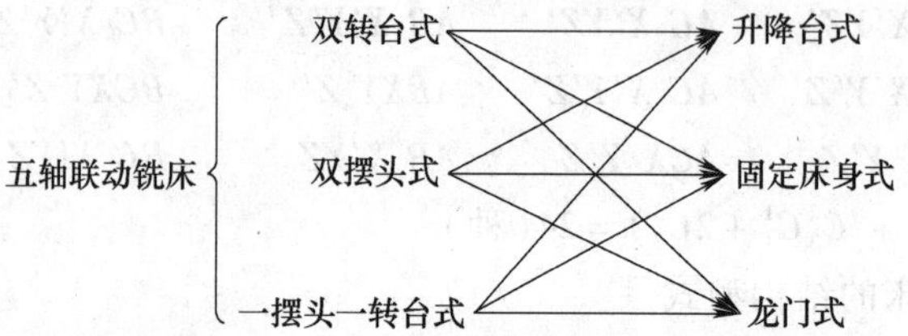

这样可根据所加工零件的特点，选用相应的机床结构进行设计，以满足实际的需要。双转台——升降台式机床主要适用于中、小型零件的加工，而双摆头——龙门式机床主要适用于大型零件的加工。图 9-7 为双转台龙门式铣床，图 9-8 为双转台固定床身式铣床。

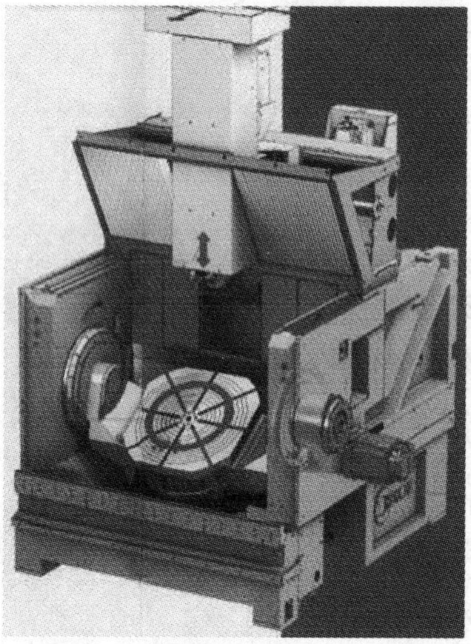

图 9-7 双转台——龙门式铣床

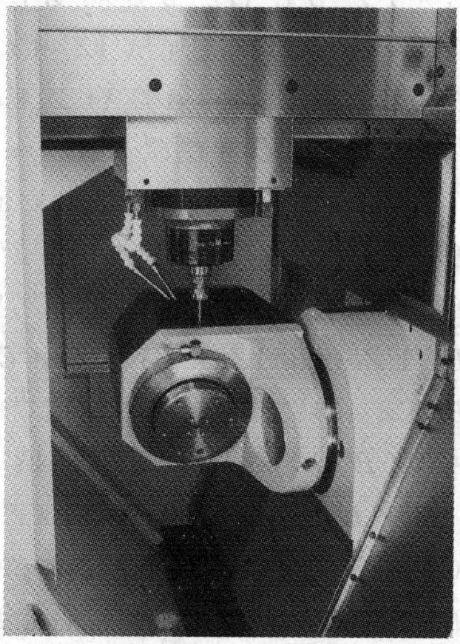

图 9-8 双转台——固定床身式铣床

（五）MasterCAM 五轴加工方法

MasterCAM 除提供强大的三轴加工功能外，也提供了比较成熟的多轴联动加工模块。如图 9-9 所示。

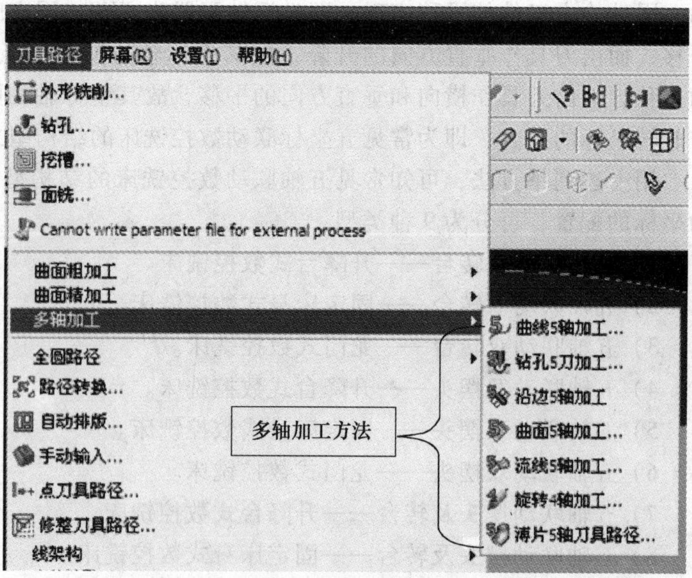

图 9-9 多轴加工方法

1）曲线 5 轴加工（5 Axis CurveToolpath）。可以沿曲面的边界线或串联曲面曲线创建一个刀具路径，还可以沿一个曲面上的曲线投射线创建 1 个刀具路径。用于对空间曲面曲线进行五轴曲线加工。

2）钻孔 5 轴加工（5 Axis DrillToolpath）。用于对空间的孔进行钻孔加工，多用于孔的位置比较特殊的场合，如圆锥面上的孔或零件上孔轴线方向变化的场合。

3）沿边5轴加工（5 Axis SwarfToolpath）。利用铣刀的侧刃对空间曲面进行加工，能大幅度提高曲面粗、精加工的效率。

4）曲面5轴加工（5 Axis MultisurfaceToolpath）。主要用于高质量及高精度要求的复杂曲面加工场合。

5）流线5轴加工（5 Axis FlowlineToolpath）。也称沿面5轴加工。以曲面的法线方向作为刀轴方向，通过控制球刀所产生的残留高度来产生平滑且精确的精加工路径。

6）旋转4轴加工（4 Axis RotaryToolpath）。多用于带旋转工作台或配备绕 X 、Y 轴转台的四轴加工，可对外圆上的槽或型腔进行加工。

7）薄片5轴刀具路径（5 Axis PortToolpath）。也称通道5轴加工。用于一些拐弯接口零件的加工。

鉴于实验的特殊性，重点要求掌握“旋转4轴加工”、“曲线5轴加工”和“曲面5轴加工”。

三、典型零件实验方案举例

（一）圆柱凸轮槽加工

1. 圆柱凸轮的应用

圆柱凸轮常用于包装机械、自动化设备等机械装置中。工作时，圆柱转动，凸轮槽带动从动件沿圆柱轴线平行的方向运动；而一般的盘形凸轮，从动件的运动方向和凸轮的轴线垂直，从动件和凸轮在一个平面内运动。圆柱凸轮的轮廓曲线在圆柱体上，凸轮与从动件之间的运动是空间运动。图9-10是家用缝纫机中的圆柱凸轮，图9-11是贴标送料机中的圆柱凸轮。

图9-10　家用缝纫机中的圆柱凸轮

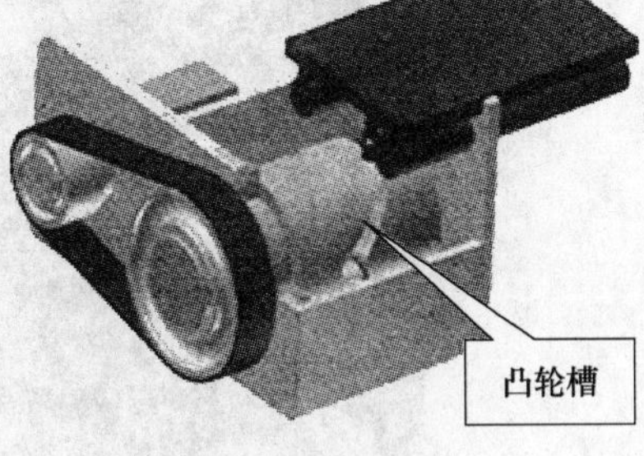

图9-11　贴标送料机中的圆柱凸轮

2. 圆柱凸轮结构分析

我们知道，圆柱体实际上是一个矩形绕一根轴线的缠绕物。那么，可将圆柱凸轮外表面展开，如图9-12所示。

3. 圆柱凸轮槽常用加工方法

根据圆柱凸轮槽的造型方法可将其加工方法分为3种，以下做简单介绍。

（1）实体布尔运算——→由实体生成曲面——→曲面5轴加工

1）构图面选俯视图，依据给定的圆心坐标和半径数据，构建一组圆，如图9-13。

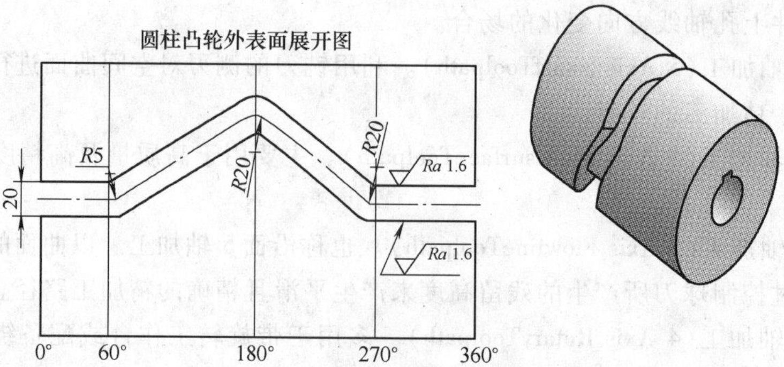

图 9-12　圆柱凸轮外表面展开图

X	Y	Z	R
0	0	−10	50
0	0	0	50
0	0	25	50
0	0	50	50

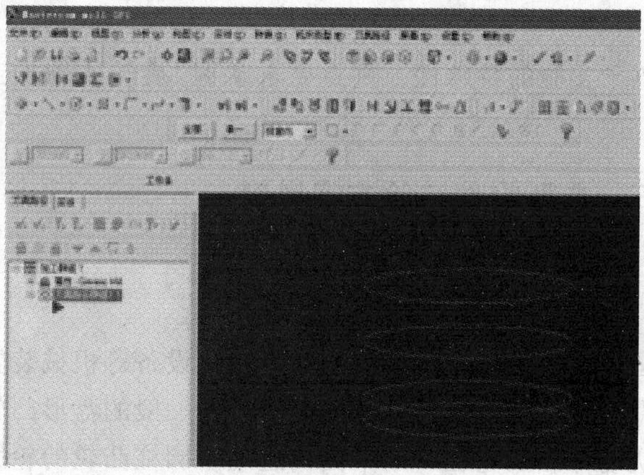

图 9-13　构建的一组圆

2）构图面选前视图，捕捉四分圆周上的点，并手动绘制曲线。如图 9-14 所示。

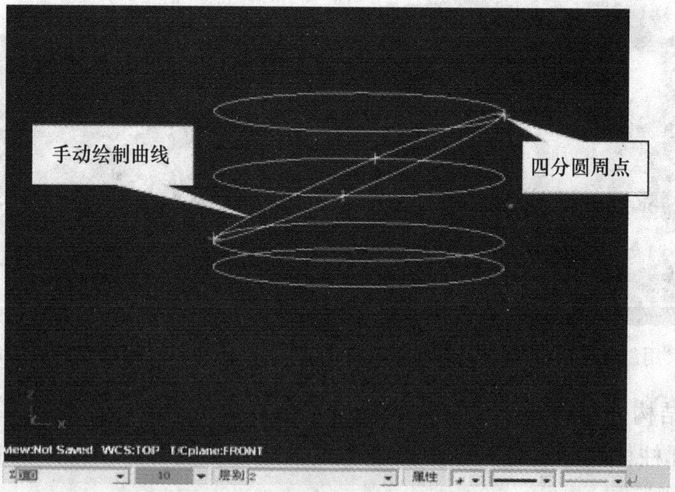

图 9-14　以四分圆周点绘制的曲线

3）以某四分圆周点为圆心，R5 为半径画圆，见图 9-15。

4）以 70mm 为高度，实体挤出圆柱；“扫描”→“切割”→“生成实体”；由实体生成曲面，如图 9-16 所示。

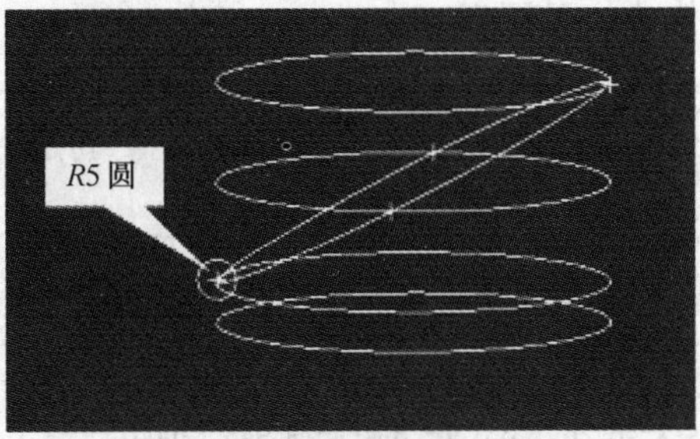

图 9-15　四分圆周点上的 *R*5 圆

图 9-16　生成的曲面

5）构图面选俯视图。“机床选择”→“铣削”→“默认”；“刀具路径”→“多轴加工”→“曲面五轴加工”。如图 9-17 所示。

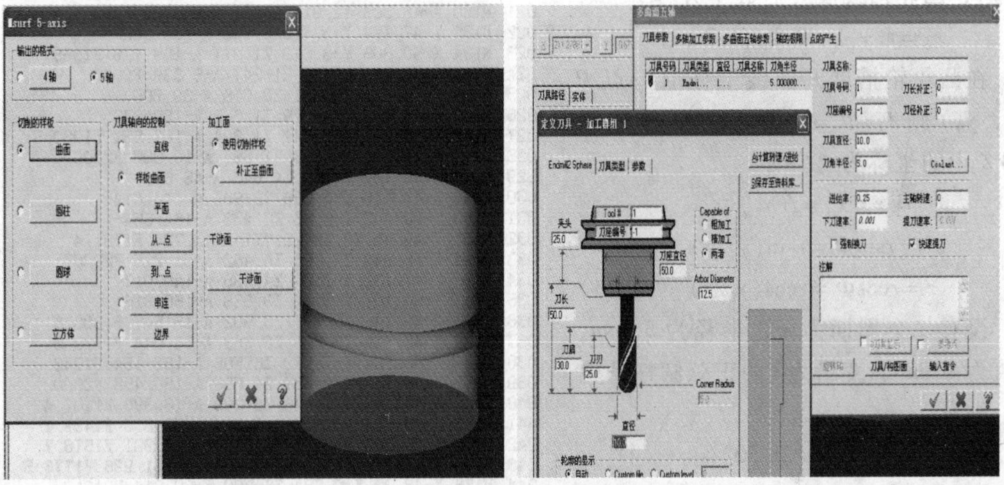

图 9-17　曲面五轴加工参数

6）仿真验证如图 9-18 所示。

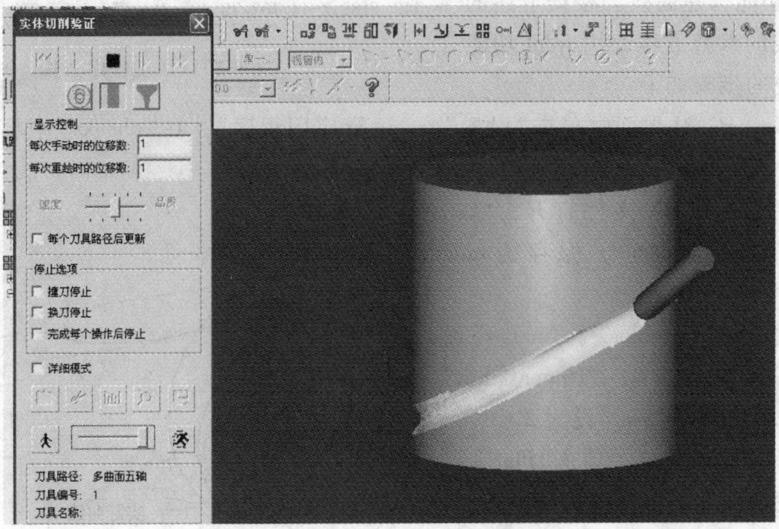

图 9-18　仿真验证图

7）后处理生成加工程序。对程序进行必要的修改，见图 9-19。

（2）参数方程法→画出空间曲线→曲线五轴加工

1）推导参数方程。此方法是用空间解析几何的知识获得凸轮槽曲线的空间参数方程，应用 MasterCAM 软件中的 chooks 工具的 fplot 功能对凸轮槽曲线造型，再使用曲线五轴加工方法。图 9-20 为凸轮槽沿槽线去除上部后的展开图。

在坐标系 $O_0X_0Y_0$ 中，设凸轮的半径为 r，凸轮槽线展开后数学方程为

$$x_0 = f(y_0) \quad 0 \leqslant y_0 \leqslant 2\pi r$$

在凸轮轮槽展开曲线上任取一点 $P(x_0, y_0)$ 则有 $\Phi = y_0/r$。P 在坐标系 $OXYZ$ 中的坐标为

$$x = x_0 = f(y_0)$$
$$y = r\sin\Phi = r\sin(y_0/r)$$
$$z = r\cos\Phi = r\cos(y_0/r) \qquad (9\text{-}5)$$

设有一个周期为 π，半径为 50mm，幅值为 40mm，变量为 t 的正弦圆柱凸轮槽，则有

$$x = 40\sin(2t/50)$$
$$y = 50\sin(t/50)$$
$$z = 50\cos(t/50) \qquad (9\text{-}6)$$

2）fplot 功能构建曲线。根据上述的凸轮轮槽曲线的参数方程，用 fplot 功能进行构建曲线的步骤如下：

```
O0000
(PROGRAM NAME -  111 )
(DATE=DD-MM-YY -  11-11-10  TIME=HH:MM -  10:10 )
N100 G21
N102 G0 G17 G40 G49 G80 G90
( TOOL - 1  DIA. OFF. - 0  LEN. - 0  DIA. - 10. )
N104 T1 M6
N106 G0 G90 G54 X-93.029 Y.255 A-5.733 S2000 M3
N108 G43 H0 Z25.628
N110 X-54.357 Z2.618
N112 G1 X-50.06 Z.061 F200.
N114 X-46.26 Y.337 Z-.394 A-29.948 F2000.
N116 X-47.784 Y-.435 Z-.481 A-160.547
N118 X-50.915 Y-.456 Z.791 A-171.49 F1294.
N120 X-50.066 Y1.911 Z.397 A-6.028 F2000.
N122 X-46.32 Y1.672 Z.529 A-31.239
N124 X-47.819 Y-1.929 Z.056 A-159.604
N126 X-50.883 Y-2.019 Z1.055 A-171.048 F1416.8
N128 X-50.007 Y3.582 Z.769 A-6.902 F2000.
N130 X-46.303 Y2.91 Z1.631 A-34.789
N132 X-47.794 Y-3.413 Z.743 A-156.822
N134 X-50.806 Y-3.619 Z1.377 A-169.729 F1665.
N136 X-49.883 Y5.25 Z1.247 A-8.339 F2000.
N138 X-46.226 Y3.931 Z3.006 A-39.909
N140 X-47.642 Y-4.819 Z1.682 A-152.379
N142 X-50.637 Y-5.241 Z1.804 A-167.551 F1980.5
N144 X-49.701 Y6.896 Z1.896 A-10.302 F2000.
N146 X-46.104 Y4.66 Z4.645 A-45.671
N148 X-47.416 Y-6.056 Z2.964 A-146.614
N150 X-50.402 Y-6.86 Z2.433 A-164.554
N152 X-49.46 Y8.49 Z2.771 A-12.734 F1781.4
N154 X-45.943 Y5.096 Z6.462 A-51.225 F2000.
N156 X-47.131 Y-7.04 Z4.595 A-140.017
N158 X-50.107 Y-8.44 Z3.338 A-160.816
N160 X-49.145 Y9.997 Z3.902 A-15.547 F1386.6
N162 X-45.719 Y5.296 Z8.363 A-56.044 F1720.3
N164 X-46.784 Y-7.722 Z6.506 A-133.154 F1948.
N166 X-49.734 Y-9.937 Z4.556 A-156.458 F2000.
N168 X-48.769 Y11.446 Z5.299 A-18.396 F1107.4
N170 X-45.444 Y5.405 Z10.323 A-59.693 F1459.1
N172 X-46.386 Y-8.21 Z8.572 A-126.981 F1578.7
N174 X-49.271 Y-11.369 Z6.043 A-151.996 F1778.5
N176 X-48.33 Y12.784 Z6.799 A-20.814 F912.3
N178 X-45.107 Y5.508 Z12.227 A-62.082 F1264.8
N180 X-45.93 Y-8.625 Z10.558 A-122.266 F1332.9
N182 X-48.725 Y-12.689 Z7.583 A-148.159 F1545.3
N184 X-47.828 Y14.024 Z8.363 A-22.857 F773.6
N186 X-44.707 Y5.607 Z14.093 A-63.708 F1116.
```

图 9-19 加工程序节选

① 在 MasterCAM 界面中单击“设置”→“运行应用程序”，在“chooks”中将“fplot. dll”打开。

② 选择任一 EQN 文件打开，单击“Edit eqn”，输入式（9-6），保存为 yztl. eqn。

③ 选择“Set variables”，“name”设为 t，“Lower 1imit”设为 0，“Upper 1imit”设为 314. 15926，“Step Size”设为 2。

④ 选择“Param spl”，单击“Plot it”，得到圆柱凸轮槽曲线，如图 9-21 所示。

3）构建导动曲面。步骤如下：

① 单击“构图”→“圆弧”→“圆心 +

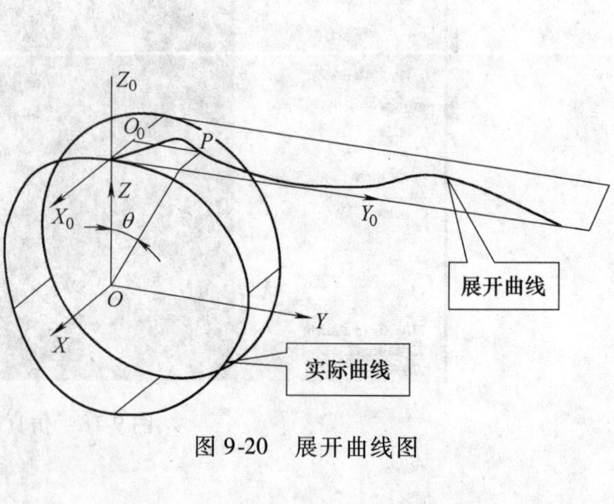

图 9-20 展开曲线图

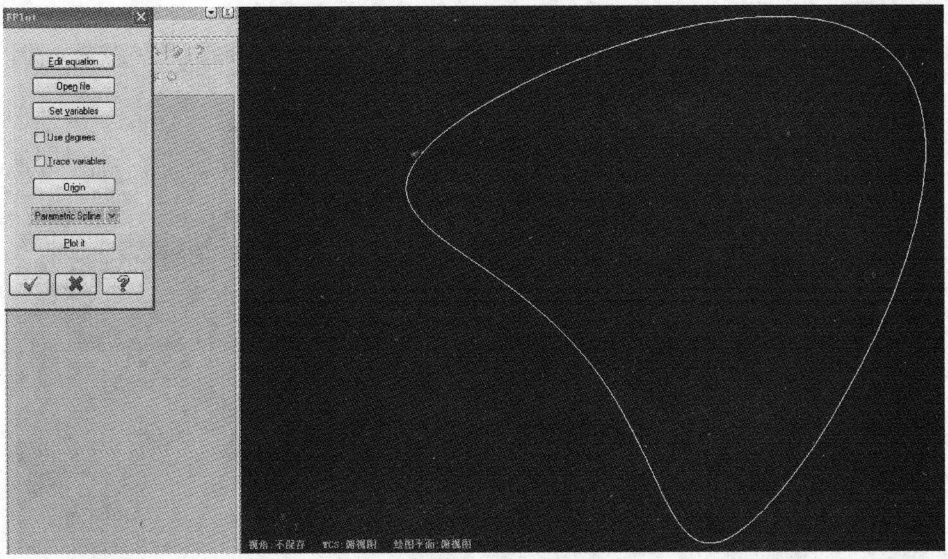

图 9-21　用 fplot 建立的曲线

半径”。

② 坐标为(0，0，0)，半径设为 50mm，如图 9-22。

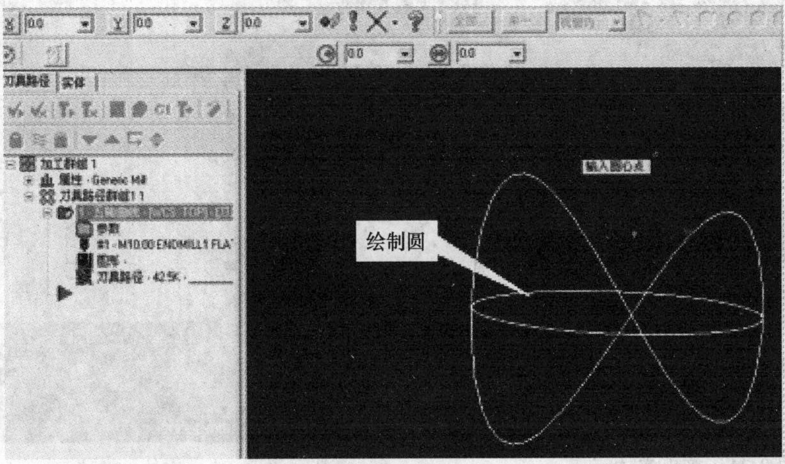

图 9-22　绘制半径 50mm 的圆

③ 单击“实体”→“挤出”→“选取所绘圆”→“确定”。

④ 在图 9-23 所示对话框中选择“建立实体”→“按指定的距离延伸”→“距离：50mm”→“两边同时延伸”→“确定”。

⑤ 得实体如图 9-24 所示。

⑥ 单击“构图”→“绘制曲面”→“由实体产生”→“选取实体”得圆柱曲面如图 9-25 所示。

4）用曲线五轴加工。步骤如下。

① 设置“机床类型”→“铣削”→“默认”。

② 设置“刀具路径”→“多轴加工”→“曲线 5 轴加工”。

③ 选择“曲线型式”→“3D 曲线”→选择“驱动串联”，单击曲线。

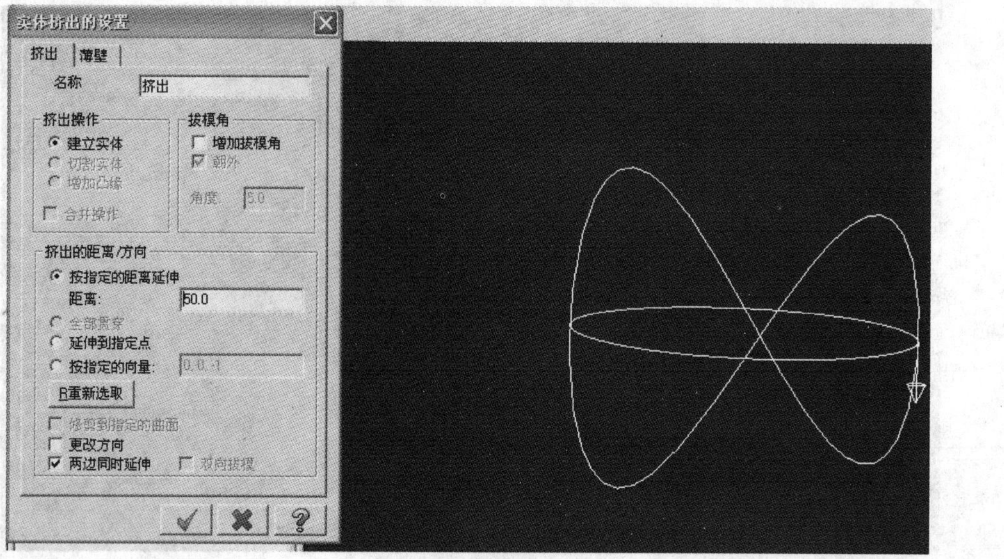

图 9-23　实体挤出设置

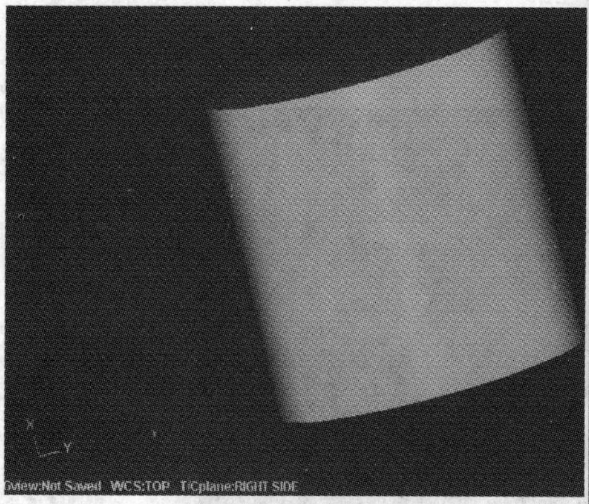

图 9-24　挤出实体

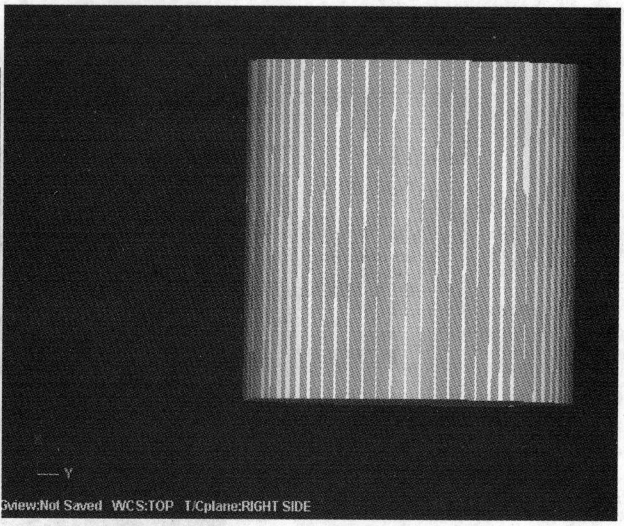

图 9-25　实体产生曲面

④　选择“刀具轴向的控制”→“曲线”，单击“确认”；如图 9-26，选择“在投影的曲线”→“曲面的法线方向”，单击“确定”。

⑤　设置“刀具参数”→“新建刀具”→“球刀”→直径“10”，“确定”；设置“进给率”为 300，“下刀速率”为 150，“主轴转速”为 2000，“快速提刀”。

⑥　设置“多轴加工参数”为“参考高度：50，进给下刀位置：5”。

⑦　设置“曲线五轴加工参数”为“补正的方向：无，向量深度：－5，刀具向量长度：25，步进量：1”；单击“确定”，产生如图 9-27 所示刀具路径图。

⑧　模拟验证，设定“材料”→“圆柱体”，“圆柱轴”→“*X*”，“圆柱直径”为 105，在中心轴上，如图 9-28 所示。

⑨　后处理生成程序，如图 9-29 所示。

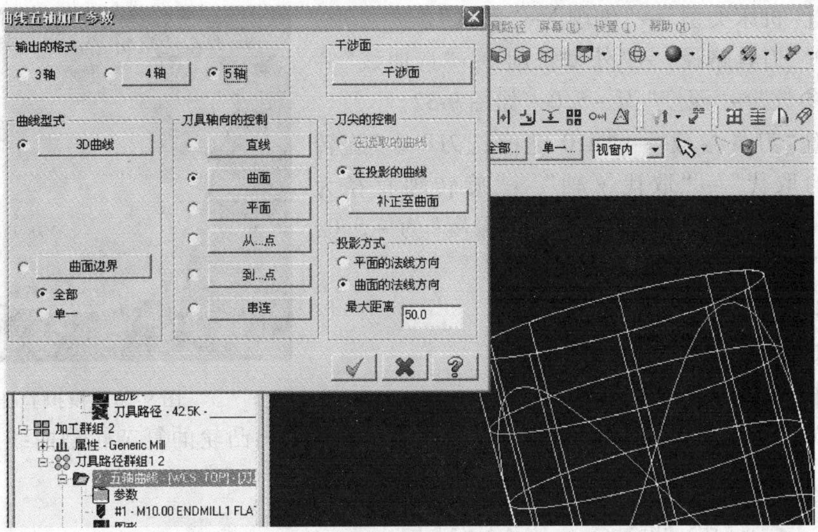

图 9-26　曲线五轴加工参数

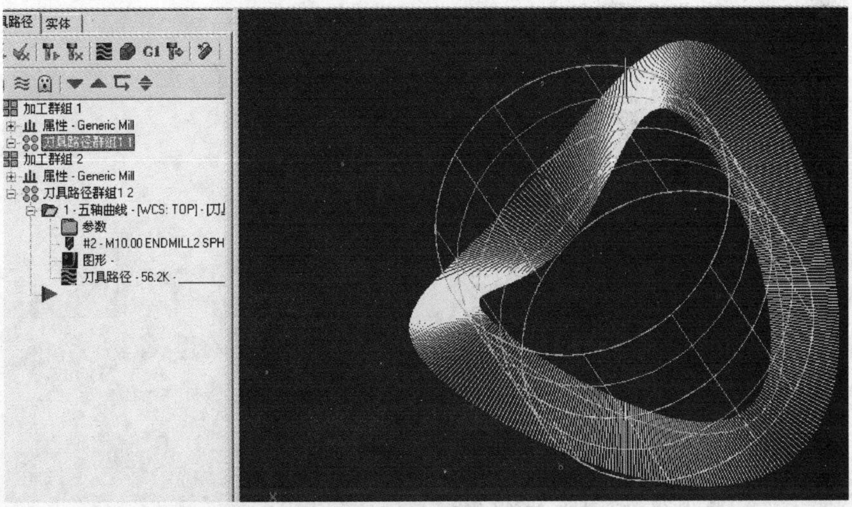

图 9-27　刀具路径图

（3）手工绘制展开曲线→缠绕造型→外型铣削加工

1）以表 9-1 所给定坐标点绘点，画曲线如图 9-30 所示。

表 9-1　曲线点坐标

序号	*x*	*y*	*z*	序号	*x*	*y*	*z*
1	0	100	0	5	−25	100	0
2	25	100	0	6	−25	−100	0
3	0	−100	0	7	−25	50	0
4	25	−100	0	8	25	−50	0

2）缠绕造型，如图 9-31 所示。

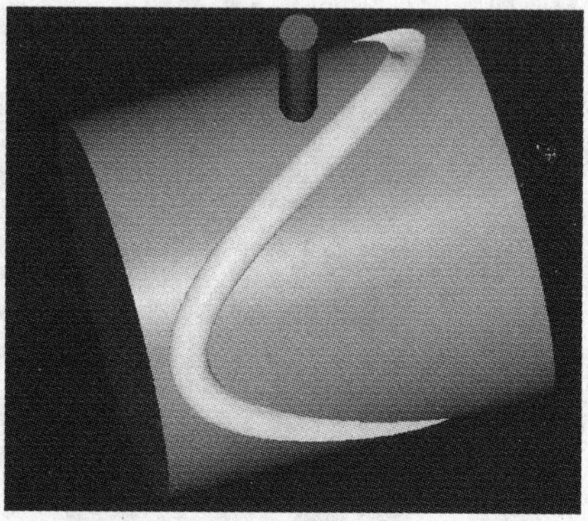

图 9-28 模拟验证

3）设置“机床类型”→“铣削”→“默认”。

4）设置“刀具路径”→“外型铣削”→“选曲线”→“外型铣削参数”→“深度”为 -5.0，如图 9-32。

5）设置“刀具参数”→“d10 键槽铣刀”→“旋转轴”→“轴的取代”→“取代 y 轴”→“旋转轴直径为 63.694 27。设置“外型铣削参数”→“深度”为 -5.0，单击“确定”，如图 9-33 所示。

6）模拟验证如图 9-34 所示。

7）后处理程序如图 9-35 所示。

4. 三种造型加工方法比较

1）用 MasterCAM 中的 fplot 功能，能快速简单地绘制出凸轮的复杂轮槽曲线。fplot 不但

```
N100 ( DATE - 30-07-13 TIME - 23:33 )
N102 G21
N104 G0 G17  G90
N110 ( TOOL - 1  DIA. OFF. - 0  LEN. - 0  DIA. - 10. )
N114 G0 G54 G90 X.001 Y0.  A0.B0. S2000 M3
N116 Z95.
N118 Z50.
N120 G1 Z45. F200.
N122 X1.699 A-1.209 F300.
N124 X3.391 A-2.431
N126 X5.086 A-3.648
N128 X6.775 A-4.875
N130 X8.463 A-6.105
N132 X10.145 A-7.345
N134 X11.822 A-8.595
N136 X13.492 A-9.855
N138 X15.154 A-11.131
N140 X16.806 A-12.422
N142 X18.447 A-13.732
N144 X20.075 A-15.063
N146 X21.688 A-16.418
N148 X23.283 A-17.801
N150 X24.856 A-19.217
N152 X26.409 A-20.66
N154 X27.929 A-22.151

N566 X-30.164 A-335.512
N568 X-28.7 A-337.074
N570 X-27.193 A-338.582
N572 X-25.656 A-340.048
N574 X-24.095 A-341.48
N576 X-22.509 A-342.877
N578 X-20.904 A-344.244
N580 X-19.284 A-345.589
N582 X-17.649 A-346.908
N584 X-16.002 A-348.209
N586 X-14.345 A-349.492
N588 X-12.679 A-350.76
N590 X-11.006 A-352.015
N592 X-9.327 A-353.26
N594 X-7.642 A-354.495
N596 X-5.953 A-355.722
N598 X-4.261 A-356.945
N600 X-2.567 A-358.164
N602 X-.871 A-359.378
N604 X-.255 A-359.818
N606 G0 Z50.
N608 Z95.
N610 M5
N618 M30
```

图 9-29 方法 2 圆柱凸轮槽程序

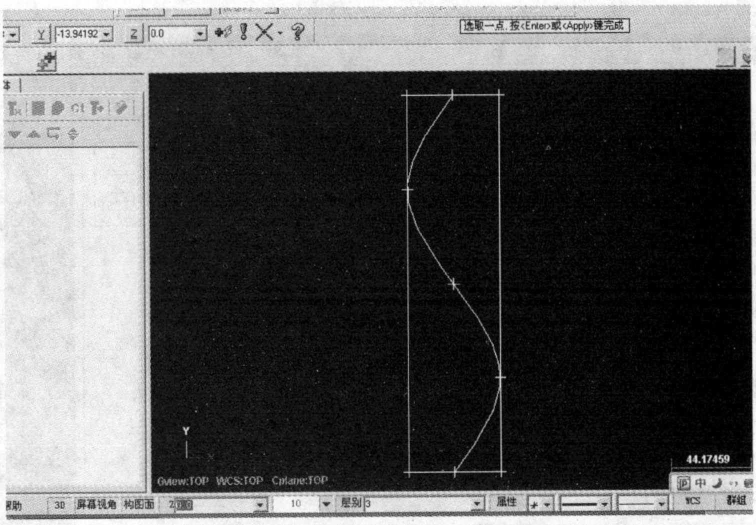

图 9-30　手工描点绘制的曲线

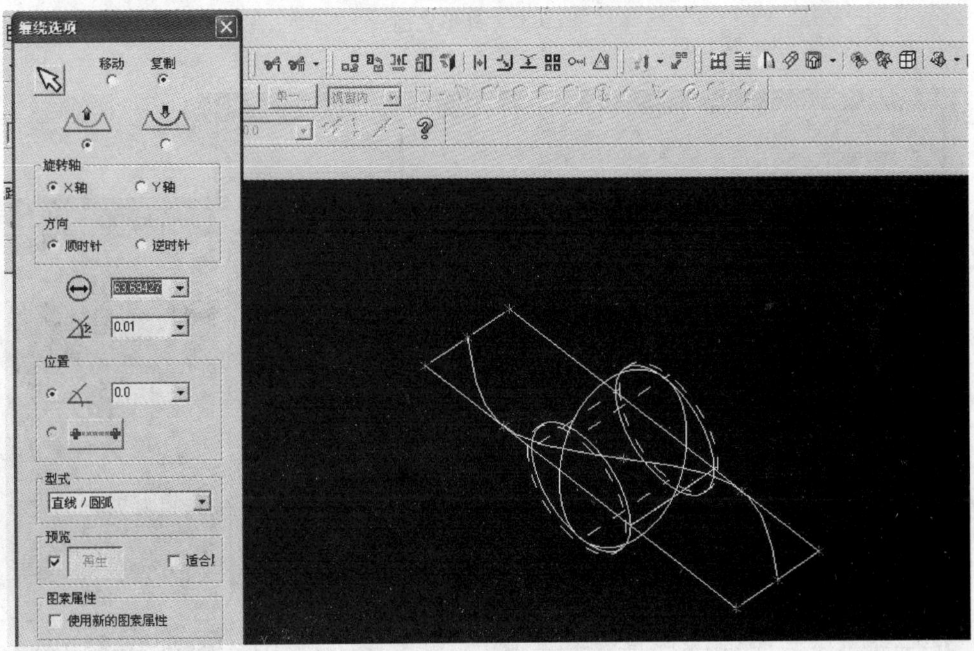

图 9-31　缠绕造型

可以绘制曲线，同时还能绘制各种复杂曲面。绘制曲线或曲面时，在给定曲线或曲面的参数方程后，能灵活控制参变量的变化范围和变化步距，极大地增强了其造型功能。用此方法加工适用于加工复杂的曲线。

2）曲面五轴加工方法无论是造型还是加工都较复杂，模拟中，刀具不断摆动，从生成的程序来看，程序最长，四轴参与联动。

3）缠绕加工巧妙地运用轴替代功能，将凸轮槽曲线加工变为外形铣削加工，此方法加工简单，加工中只需两轴联动。程序最短，加工效率最高，若将凸轮槽展开线用参数方程造

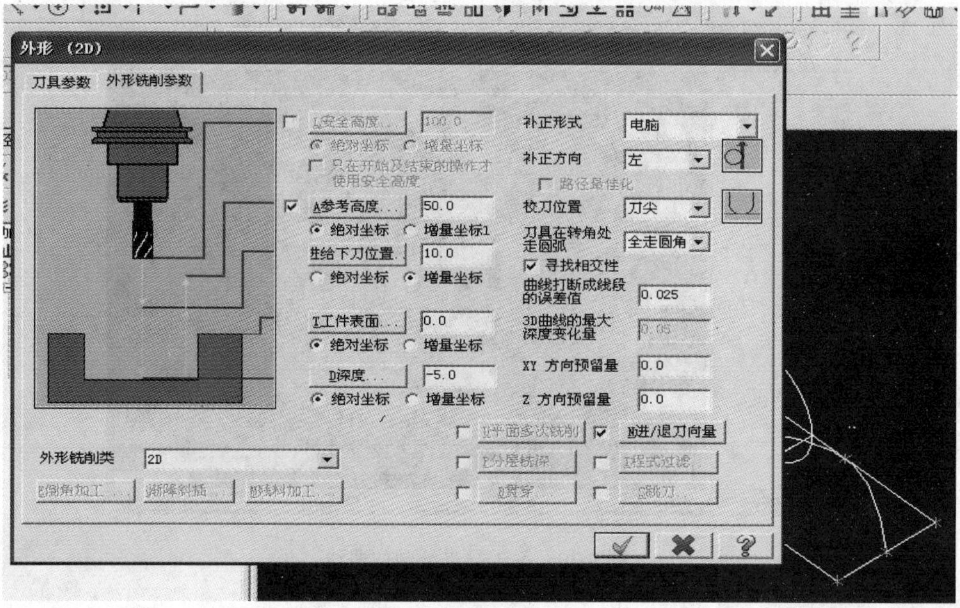

图 9-32 外形铣削

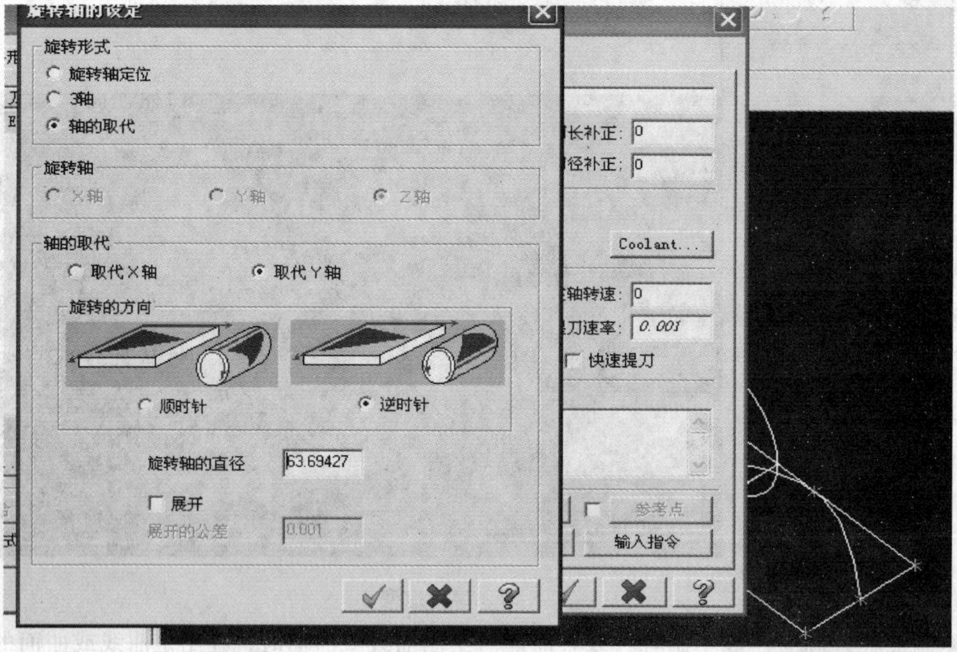

图 9-33 旋转轴设定

型，则可简单加工复杂槽轮线。

（二）叶片加工

1. 叶片应用

叶片是汽轮机、燃汽轮机、压气机、水轮机、航空发动机、船舶推进装置等的关键部件，它直接影响上述装置的工作性能，而叶片型面质量的高低直接决定着叶片的工作质量。

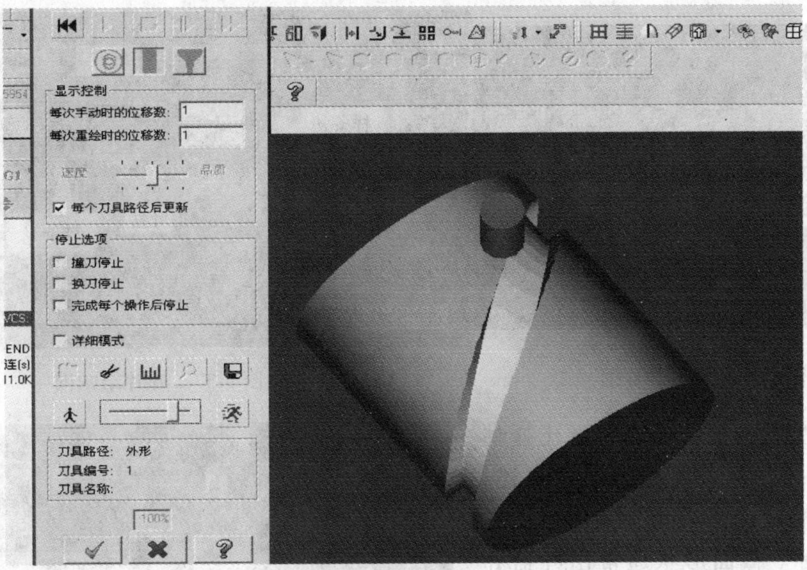

图 9-34　模拟验证图

叶片加工精度要求高，制造难度大，一直是数控加工领域具有挑战性的课题。如图 9-36 所示，是某风机叶片的 CAD 造型图。

2. 叶片结构分析

叶片通常由叶根和叶身组成。叶身型面部分为复杂的空间曲面，各部分的曲率、扭转变化较大，是典型的薄壁件。其截面形状，在叶盆和叶背方向上也不同，进气、排气边缘处又较薄，加工中的形变很复杂。如图 9-37 所示。

3. 叶片五轴加工的特点

五轴联动对叶轮、蜗轮、桁架的加工可以做到一次成形，加工效率高。它改变了以往三轴机床的由点成面、由线成面的加工方法，而且被加工零件的表面质量好、精度高。对复杂曲面只要指定刀具轴与零件曲面的位置关系，就可使复杂曲面的加工过渡光滑、不干涉、不过切，满足曲面的要求。

五轴加工中，叶片毛胚装夹在回转工作台 *A* 轴上，做 360°的旋转，主轴铣头则在 *C* 轴方向摆动。实际加工过程中，气动顶尖对叶片顶部进行顶紧。叶片的加工分为粗加工、半精加工和精加工三步来完成。叶片精加工的最佳方式是五轴联动，以高速螺旋式切削法来完成，这种加工方式的效率最高，加工出的叶型最理想，如图 9-38 所示。

4. 叶片的 CAD 建模

```
%
00000
(PROGRAM NAME - _111 )
(DATE=DD-MM-YY - 11-11-10 TIME
N100 G21
N102 G0 G17 G40 G49 G80 G90
( TOOL - 1 DIA. OFF. - 0 LEN.
N104 T1 M6
N106 G0 G90 G54 X4. Y0. A-174.51
N108 G43 H0 Z81.847
N110 Z41.847
N112 G1 Z26.847 F763.8
N114 X3.336 A-172.919 F2000.
N116 X-1.944 A-160.13
N118 X-5.775 A-150.481
N120 X-8.827 A-142.338
N122 X-11.312 A-135.209
N124 X-13.368 A-128.77
N126 X-15.071 A-122.861
N128 X-16.481 A-117.324
N130 X-17.615 A-112.159
N132 X-18.494 A-107.358
N134 X-19.142 A-102.918
N136 X-19.601 A-98.679
N138 X-19.88 A-94.636
N140 X-19.997 A-90.65
N142 X-19.999 A-90.089
N144 X-19.912 A-85.984

N350 X19.982 A144.182
N352 X19.931 A144.332
N354 X17.328 A151.821
N356 X17.283 A151.949
N358 X17.236 A152.075
N360 X14.094 A160.469
N362 X14.055 A160.571
N364 X14.016 A160.671
N366 X10.117 A170.5
N368 X10.09 A170.568
N370 X10.062 A170.636
N372 X4.766 A183.468
N374 X4. A185.306
N376 Z36.847 F763.8
N378 G0 Z81.847
N380 M5
N382 G91 G28 Z0.
N384 G28 X0. Y0. A0.
N386 M30
%
```

图 9-35　程序节选

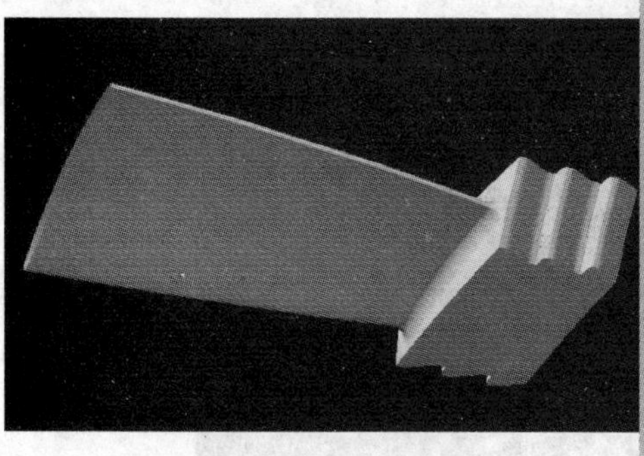

图 9-36 风机叶片图

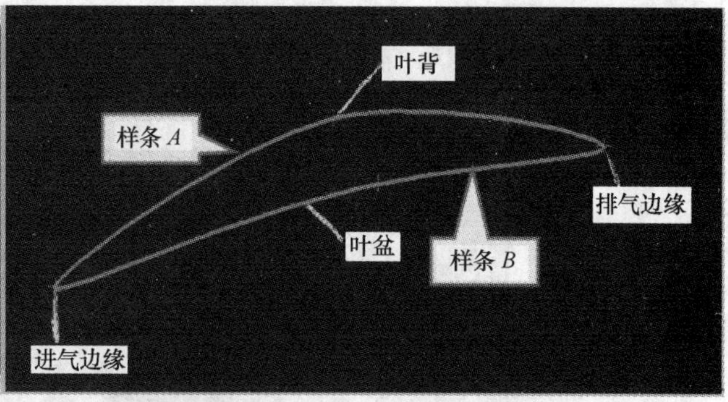

图 9-37 叶片结构图

叶片造型设计的依据是来源于样件测量的原始数据，采用截面图来描述，不同的截面高度定义 Z 坐标，由截面定义 X、Y 坐标。截面形状通常由叶盆和叶背截面样条决定。如图 9-37 中的样条线 A 和 B。对于航空发动机等的扭曲叶片（如图 9-39 所示）的造型，往往要经过线条处理、曲面构建、修正曲面等步骤。

图 9-38 叶片加工图

为了便于叙述，我们采用简单的方法造型，表 9-2 给出一组数据，构成叶片的两端截面曲线，通过直纹举升方法生成叶片的型面。

图 9-39 复杂的发动机叶片

表 9-2 叶片截面曲线数据

坐标 \ 序号	1	2	3	4	5	6	7	8	9	10
X	0	0	0	0	0	150	150	150	150	150
Y	0	8.5	-3	0	0	1	9.5	-2	1	1
Z	0	0	0	-53.5	60	2	2	2	-61.5	62

（1）构建截面线　打开 MasterCAM 软件，新建文件（采用俯视图）。在图层 1 中绘图，选择“构图”→“点”→“指定位置”，输入表 9-2 的一组点，如图 9-40 所示。

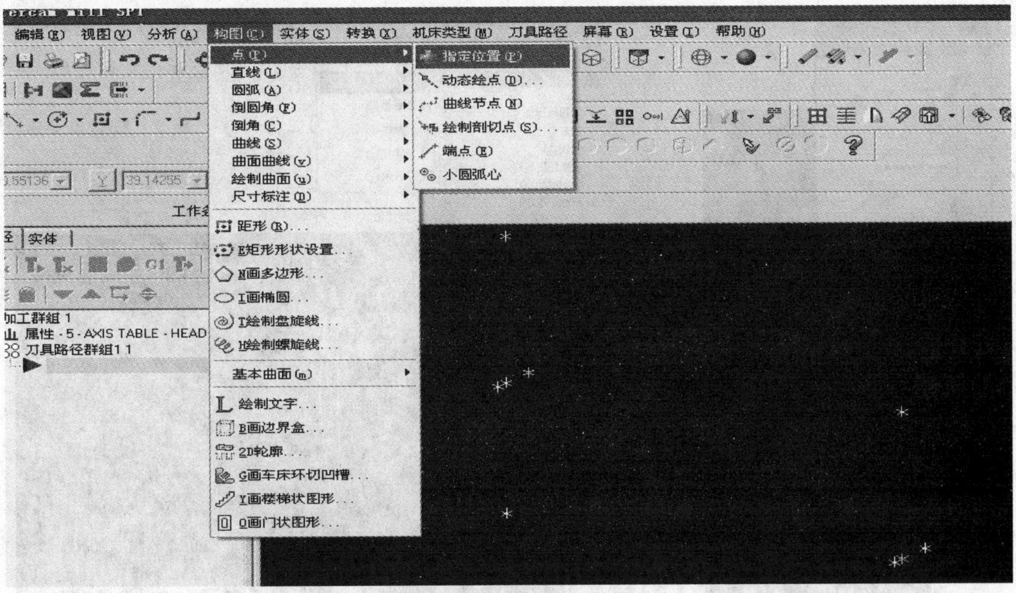

图 9-40　截面曲线点

（2）构建曲面

1）新建图层 2，选择“构图”→“曲线”→“手动”，绘制两端面曲线，如图 9-41 所示。

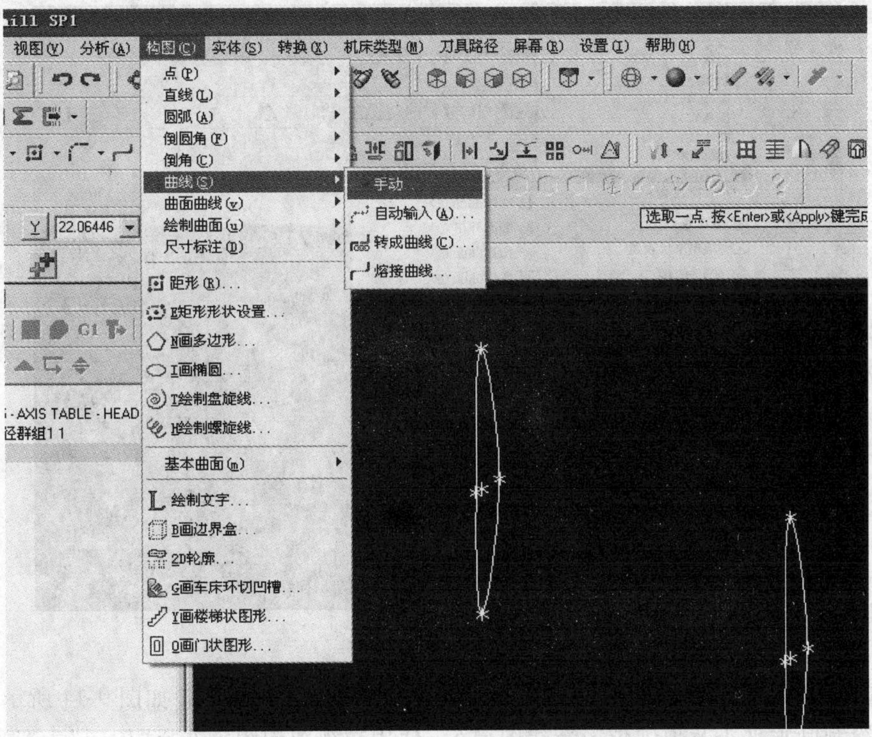

图 9-41　两端面曲线

2）新建图层3，更改线条属性为点画线选择“构图”→“直线”→“绘制任意线”，制作出叶片轴线如图9-42所示。

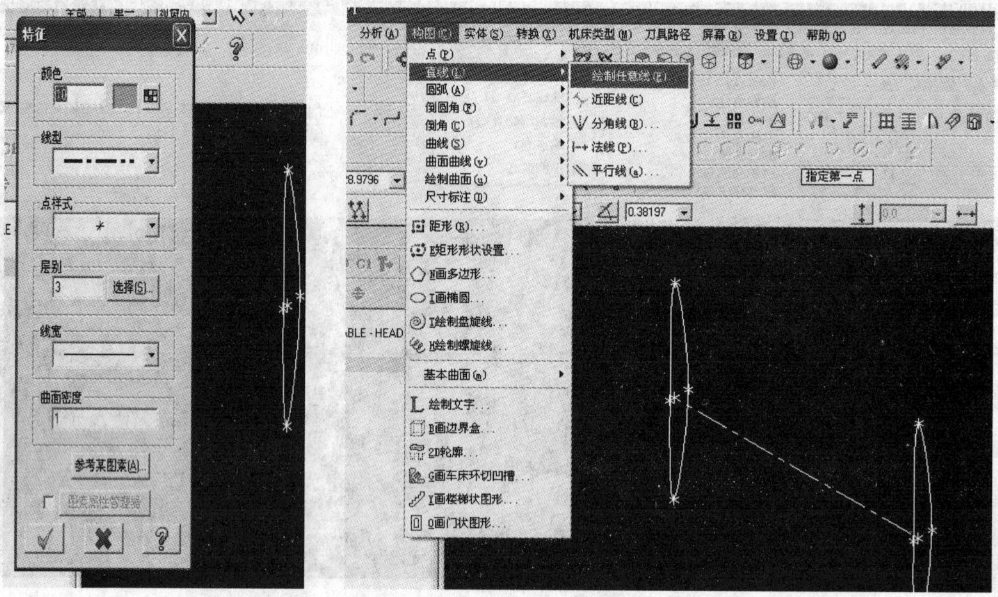

图9-42 绘制叶片轴线

3）新建图层4，选择“构图”→“绘制曲面”→“直纹/举升”，产生叶片曲面如图9-43所示。

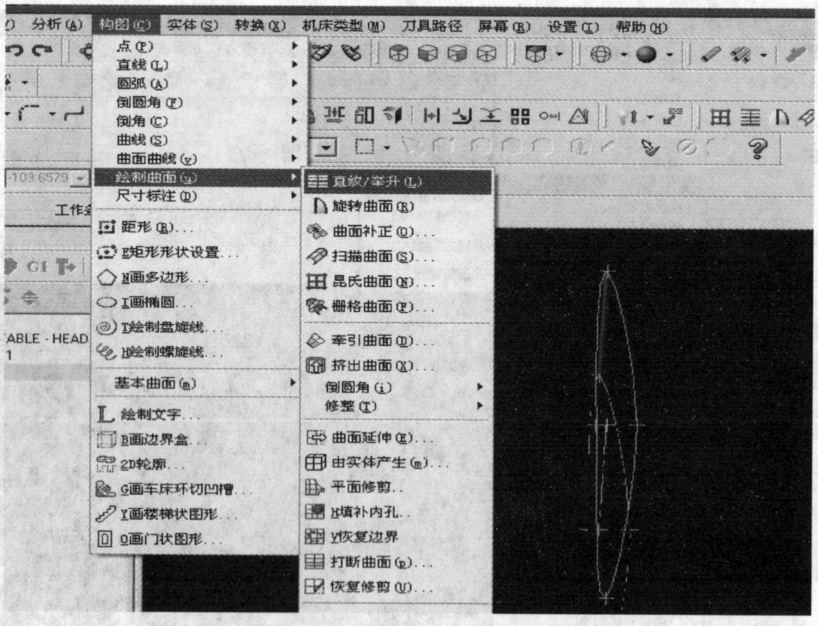

图9-43 叶片曲面

4）选择“构图”→“绘制曲面”→“平面修剪”，封闭叶片两端面，如图9-44所示。

（3）绘制叶片夹头及顶尖位 新建图层5，使用右视图构图，选择“构图”→“画圆弧”→“圆心+半径”，输入圆心坐标(0，0，0)，半径$R5$；选择“实体”→“挤出”，得圆柱体。选

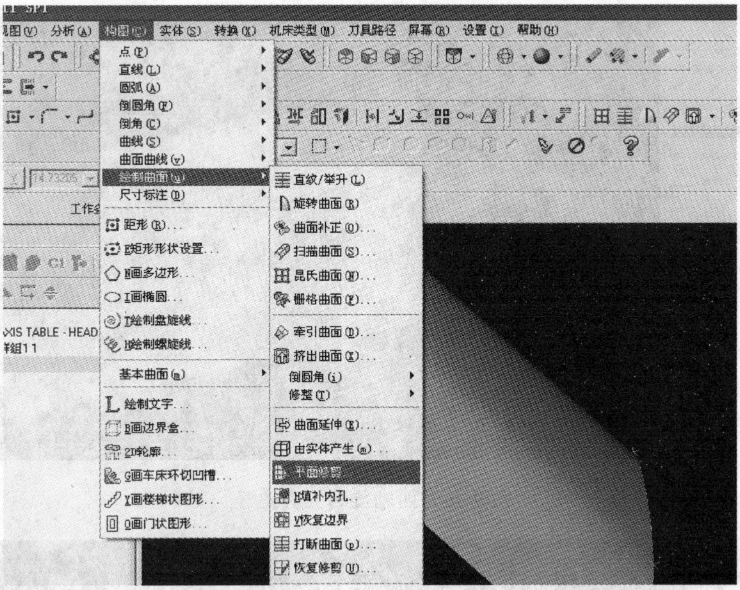

图 9-44　封闭两端面

择“构图”→“矩形形状设置”，输入中心点(150，0，0)及长宽(60、20)；选择“实体”→“挤出”，得到长方体，如图 9-45 所示。

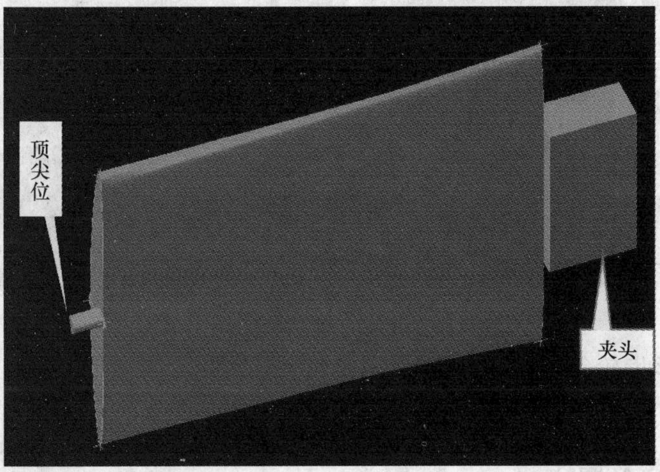

图 9-45　绘制夹头及顶尖位

5. 叶片的 CAM 加工

由于实例中的叶片，结构较简单，所以选择旋转四轴方法，具体步骤如下。

1）生成刀具路径。选择“机床类型”→“铣削”→“默认”，选择“刀具路径”→“多轴加工”→“旋转四轴加工”→选取加工曲面→选取四轴点→“确定”。生成的刀具路径如图 9-46 所示。

2）实体验证如图 9-47 所示。

3）后处理生成 G 代码。在图 9-48 中单击 G1，后处理已选择的操作，生成 G 代码如图 9-49 所示。

（三）其他曲面示例

除圆柱凸轮槽及叶片外，适合多轴加工的曲面很多，简单的有圆锥螺纹、围棋盒等，复

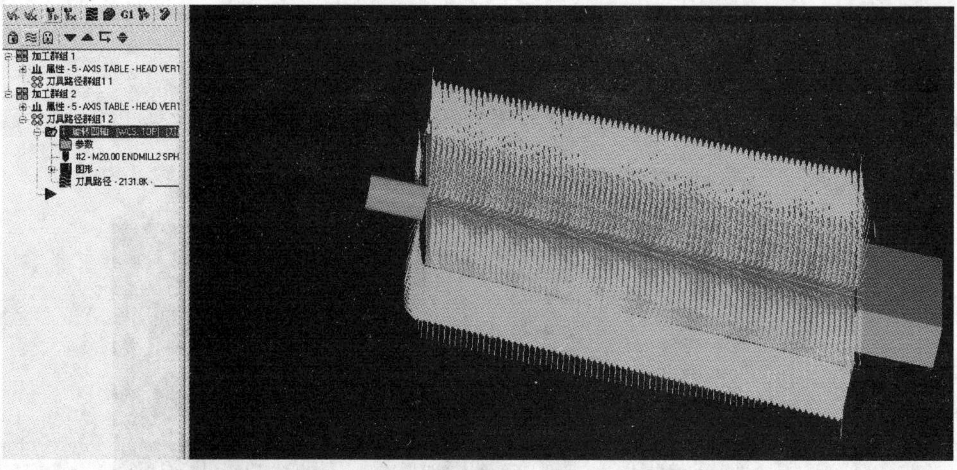

图 9-46　四轴旋转刀具路径

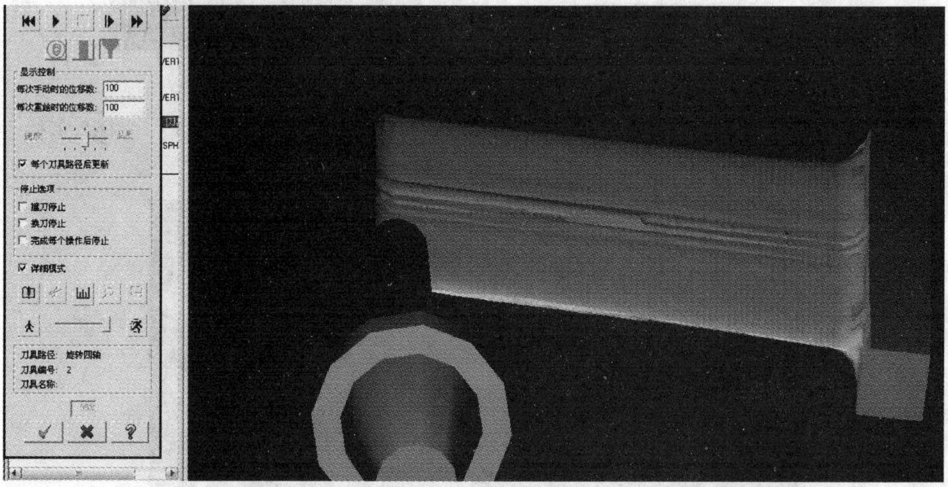

图 9-47　实体验证

杂的有叶轮、弧形齿轮等，如图 9-50 所示。可参考相关书籍自行设计加工方案。

图 9-48　后处理已选择的操作

四、实验设备及操作

（一）主要实验设备（仪器）

1. FANUC 21i 四轴钻铣床

该机床是一台自行改造的机床，机床本体为原 ZJK7532 数控钻铣床，在 *XY* 工作台上自行设计、制作加装 *A* 轴转台而成，数控系统采用 FANUC 21i，伺服电动机选用 FANUC a8/3000i。主轴采用原变速箱系统。机床实物如图 9-51 所示。

四轴机床主要参数：

1）机床用数控系统：FANUC 21i。

2）程序传输介质：ATA 卡（或 CF 卡和适配器）。

3）主轴最大转速：1600r/min。

4）各轴行程：

X——200mm　*Y*——200mm　*Z*——150mm　*A*——360°

A 轴中心线至工作台面距离 150mm。

5）工作台尺寸：500mm×300mm。

6）加工用刀具参数：超硬直柄球头铣刀 HSS，2 齿，R5mm×10mm×45mm×75mm。

2. 西门子 840D 五轴联动镗铣床

该机床为双转台结构，采用西门子 840D 数控系统控制。伺服电动机选用西门子 1FT5（换配正弦波 1VPP 编码器）电动机，主轴电动机选用西门子 1FP7 电动机。主轴采用二级齿轮变速，转速范围 30～3300r/min。机床实物如图 9-52 所示。

五轴机床功能及参数

1）机床用数控系统：西门子 840D。

2）程序传输介质：U 盘。

3）主轴最大转速：3300r/min

4）各轴行程：

X——700mm　*Y*——550mm　*Z*——600mm　*A*——360°　*B*——180°

```
%
O0000
(PROGRAM NAME -  121026 )
(DATE=DD-MM-YY -  26-10-12  TIME=HH:MM -  10:42 )
N100 G21
N102 G0 G17 G40 G49 G80 G90
( TOOL - 2  DIA. OFF. - 0  LEN. - 0  DIA. - 25. )
N104 T2 M6
N106 G0 G90 G54 X149.8 Y0. A-189.585 S2000 M3
N108 G43 H0 Z63.999
N110 Z58.999
N112 G1 Z53.999 F250.
N114 Z54. A-189.586 F405.1
N116 Z53.674 A-189.755 F233.5
N118 Z53.306 A-189.928 F215.6
N120 Z53.257 A-189.954 F236.5
N122 Z53.22 A-189.969 F189.4
N124 Z52.429 A-190.349 F220.1
N126 Z51.287 A-190.838 F200.
N128 Z50.259 A-191.239 F184.7
N130 Z49.356 A-191.567 F173.4
N132 Z48.581 A-191.835
N134 Z47.94 A-192.053
N136 Z46.609 A-192.498 F161.4
N138 Z46.442 A-192.558 F172.3
N140 Z46.435 F500.
N142 Z46.138 A-192.661 F166.8
N144 Z46.096 A-192.677 F183.3
N146 Z46.073 A-192.684 F139.3
N148 Z45.629 A-192.84 F169.
N150 Z43.355 A-193.622
N152 Z41.12 A-194.408
N154 Z38.927 A-195.208
N156 Z36.78 A-196.033 F186.4
N158 Z34.681 A-196.892 F198.7
N160 Z32.635 A-197.8 F215.2
N162 Z29.636 A-199.275 F238.4
N164 Z29.487 A-199.354 F257.4
```

图 9-49　生成的叶片加工程序

主轴中心线至工作台面距离 70～620mm，主轴端面至工作台中心距离 150～750mm。

5）工作台尺寸：立轴工作台 500mm×650mm，卧轴工作台 ϕ500mm。

6）加工用刀具参数：超硬直柄球头铣刀 HSS-AL，4 齿，R10×20×75×141。

（二）五轴加工机床的操作

以西门子 840D 系统五轴联动镗铣床为例来讲解五轴加工机床的操作方法。

1. 开机

开机顺序：合上电源总开关，按稳压电源启动按钮，将机床开关扳向[ON]，机床开始启动，系统显示启动过程。经过系统软件加载及硬件检测，最终出现西门子 840D 操作界面，如图 9-53 所示。

2. 返回参考点

正常开机后，机床应在返回参考点模式，屏幕应显示“REF”状态，旋转打开[急停]开关、复位；按启动按钮，启动液压系统；使进给使能，选择进给倍率[70%]，按[回零]按钮，机床自动依次 *Z*、*Y*、*X*、*A*、*B* 返回参考点，回参考点完成指示灯亮。

3. 装载程序

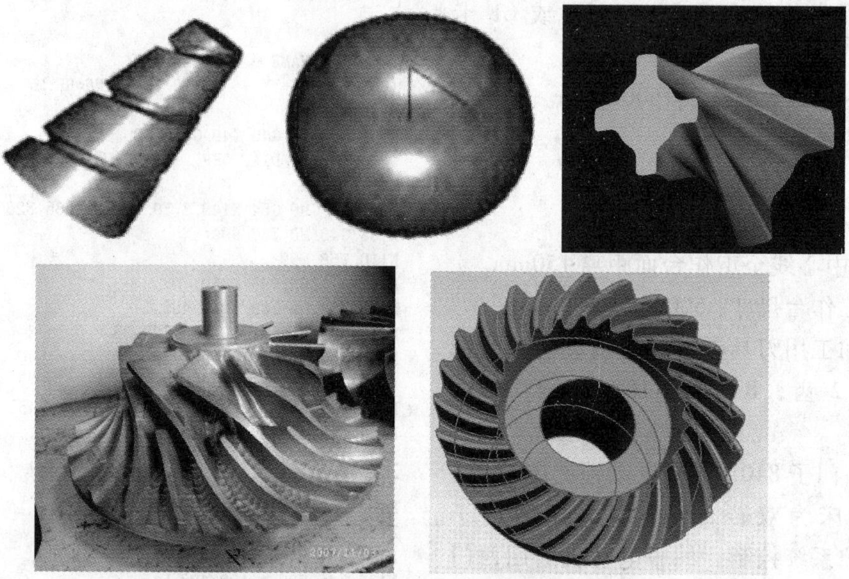

图 9-50 其他曲面示例

图 9-51 四轴钻铣床

将利用 MasterCAM 编制的程序(经修改)保存在 U 盘上，将 U 盘插入 840D 系统的面板上的 USB 口，按系统软键“服务”，打开“磁盘”，选择所需程序，按“复制”、进入“零件程序”；按“启动”，程序传入系统，如图 9-54 所示。选择程序，批准、加载，成功后该程序出现[X]标记。

4. 模拟验证

打开程序，按模拟，系统模拟检查程序。

5. 装夹工件及对刀

通过模拟，程序无错误即可装夹工件，进行对刀操作。对刀采用试切法，将起刀点坐标预存到 G54 中。

6. 加工

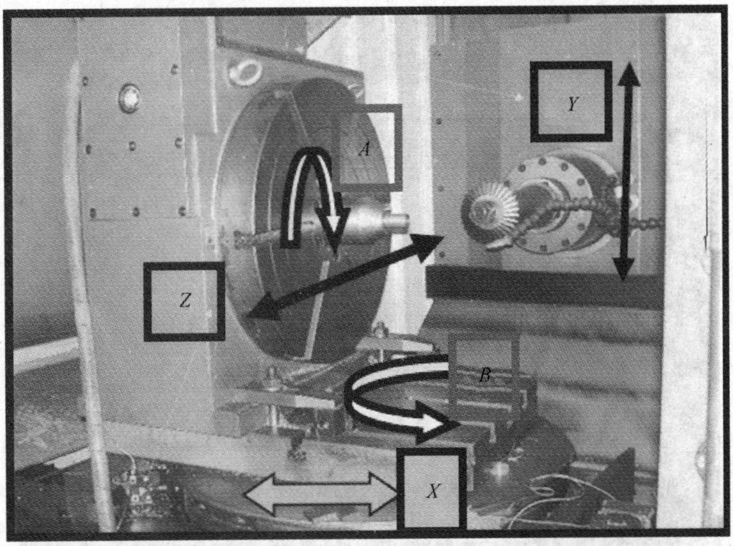

图 9-52　五轴联动镗铣床

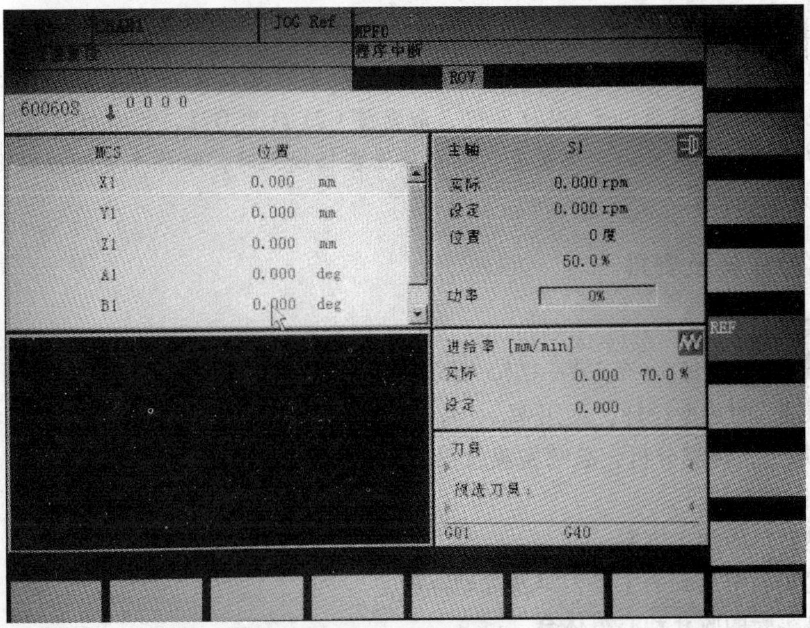

图 9-53　西门子 840D 开机界面

使主轴使能，将进给倍率调小（正常后在逐渐旋至合适位置），按［循环启动］按钮，开始加工。

7. 关机

加工完毕后，按开机相反顺序关机，关机前应退出西门子 840D 系统。

注意：

1）学习重点应为加工参数设置及工艺分析。例如叶片属于薄壁件，应注意进刀量及装夹定位。

2）CAD 造型可采用其他软件，如 PRO/E、UG 等，然后导入到 MasterCAM 中。也可按

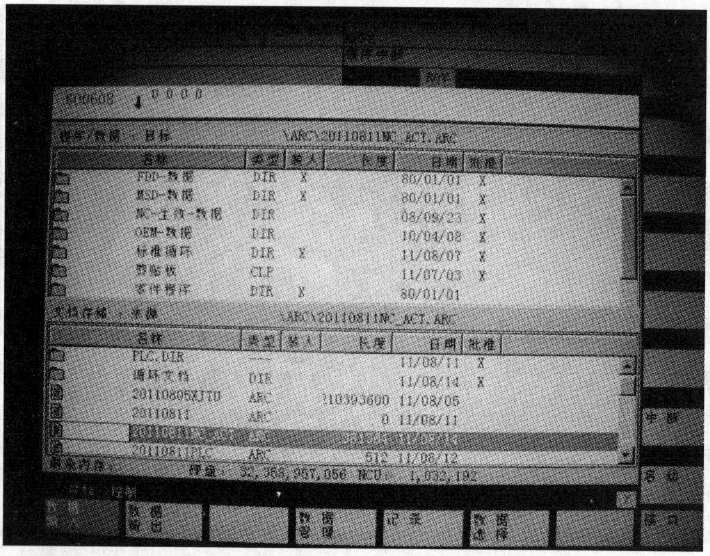

图 9-54 程序传入系统画面

自己的喜好选择别的 CAM 软件，如 PowerMILL 等。

3）生成的加工程序要根据选用的机床进行必要的修改。例如默认的后处理通常以 FANUC 系统为准，若用西门子 840D 系统，则需将 G21 改为 G71，并添加 G64 等。

4）对刀时应注意选择的坐标原点，坐标原点在轴线上时，程序末要删去 G28 X0 Y0 Z0，否则有可能发生撞刀。

五、实验任务及安排

（一）实验任务

实验分组进行，每 5 ~ 6 人为一组，要求每组成员分工合作，根据机床参数，完成一叶片（或其他曲面）的造型设计，运用 MasterCAM 软件（或 UG 等）进行编程，选择毛坯，机床模拟，对刀加工，检测分析，总结实验过程，提交实验报告。

实验报告要求如下：

1）简述自己的加工方案。

2）叙述实验中遇到的主要困难及处理办法。

3）写出实验的收获和心得体会。

4）结合图片简述加工实物的 CAD 建模过程。

5）附上经过刀具路径仿真及后处理的结果，即生成并修改的程序。

6）附上加工的实物照片。

（二）实验分周安排（供参考）

1. 实验总体介绍及相关知识辅导（1 ~ 3 周）

了解五轴加工相关理论，进行相关知识学习。

2. 五轴数控机床熟悉及操作（4 ~ 5 周）

分析五轴数控机床结构，熟悉系统硬件连接，了解基本功能，进行各种操作。

3. 学习 MasterCAM（或其他软件），熟悉 MasterCAM 五轴功能（7 ~ 8 周）

4. 加工图形设计(9～11 周)

选择一曲面造型，进行刀具路径仿真，并进行后置处理，修改加工程序。

5. 实物加工(12～15 周)

准备毛坯及刀具，将修改后的程序传入机床，对刀、仿真并加工。

6. 实验总结及答辩(16 周)

简述实验原理，总结实验过程，写出程序设计要点、收获及体会，制作答辩资料，进行现场答辩。

实验十　数控机床改造及系统调试

一、实验介绍

FANUC 数控系统，在我国的普通数控机床中，占有量很大。许多机床制造厂家（包括用户）装配数控系统时，都以 FANUC 系统为首选。因此，熟悉 FANUC 系统的应用，实际参与 FANUC 数控系统的连接、参数设置及调试，对提高学生数控技术应用及开发水平具有重要作用。本实验依托于用 FANUC 0i 和 21i 改造的两台数控铣床，让学生熟悉数控机床的改造过程，掌握数控系统的应用技巧，通过解决调试中出现的问题，锻炼和培养学生对典型数控系统的开发应用能力。FANUC 的 i 系列系统大同小异，0i 应用虽较普遍，但经过从 A 到 D 的发展，功能也不断增强，而 21i 则和新推出的 0i-C 和 0i-D 更接近，为了方便，叙述中以 21i 为主，至于和 0i 的些许不同，请自行参阅相关资料。

二、实验仪器及设备

1. XK8130 万能工具铣床

该机床是在原步进电动机控制基础上，用 FANUC 0i-MB 系统改造，进给电动机采用 FANUC 交流伺服电动机，型号为 a8/3000i，改造后的 XK8130 万能工具铣床如图 10-1 所示。

图 10-1　FANUC 0i-MB 万能工具数控铣床

2. FANUC 21i 四轴钻铣床

该机床是在 FANUC 21i 四轴数控系统实验台的基础上逐步改造完成的，机床本体为三轴立式钻铣床，在其工作台上加装 A 轴转台，如图 10-2 所示。

三、实验原理及知识扩充

（一）数控机床改造相关概念

数控机床性能是国家高端装备制造业水平的重要体现，随着我国制造技术不断提升，对机床的要求也越来越高。目前，我国所使用的机床主要以普通的中低档机床为主，机床的质量和安全性能随着使用的时间，不断的降低，成为制约制造业发展的一大阻碍。

目前我国有各类普通机床 400 多万台，其中有 1/4 的机床是超过 30 年役龄的，这些机床已无改造价值，需淘汰更新；剩余约七成的机床可进行数控化改造。对普通机床实施改造和更新，具有很大的市场需求，对保持我国经济持续增长有一定的促进作用。

普通机床完成数控化改造后，可大幅提高机床的加工效率和自动化、智能化程度。降低了操作者接触危险部位的可能性；操作系统和操作界面越来越符合人机工程学的要求，可有效减少操作者的失误率，减少因失误产生的事故。

1. 完全改造

将普通机床改造为数控机床，通常要将普通丝杠换成滚珠丝杠，机床导轨需贴塑等。

2. 升级改造

将原系统用新系统替换，并改变部分电器配置。

3. 局部改造

将原机床某部分改造或增加功能部件，使机床功能提高。

本项目中，XK8130 万能工具铣床为升级改造的实例，FANUC 21i 四轴钻铣床为升级改造加局部改造的实例（加装旋转工作台）。

图 10-2 FANUC 21i 四轴钻铣床

（二）数控机床改造的主要内容

1. 数控系统选型

（1）数控系统的配置 数控系统的配置和功能选择是数控机床改造的重要组成部分，配置什么样的数控系统及选择哪些数控功能，都是机床生产厂家和最终用户所关注的问题。

1）伺服控制单元的选择。直流伺服电动机的控制比较简单，价格也较低，其主要缺点是电动机内部具有机械换向装置，碳刷容易磨损，维修工作量大。运行时易起火花，使电动机的转速和功率的提高较为困难。

交流伺服电动机是无刷结构，几乎不需维修，体积相对较小，有利于转速和功率的提高，目前已在很大范围内取代了直流伺服电动机。

本改造实例中采用交流伺服电动机。

2）数控系统的位置控制方式。开环控制系统采用步进电动机作为驱动部件，没有位置和速度反馈器件，所以控制简单，价格低廉，但它们的负载能力小，位置控制精度较差，进给速度较低，主要用于经济型数控装置。

半闭环和闭环位置控制系统采用直流或交流伺服电动机作为驱动部件，可以采用内装于电动机内的脉冲编码器或旋转变压器作为位置/速度检测器件来构成半闭环位置控制系统，也可以采用直接安装在工作台的光栅或感应同步器作为位置检测器件，来构成高精度的全闭环位置控制系统。

由于螺距误差的存在，使得从半闭环系统位置检测器件反馈的丝杠旋转角度变化量不能精确地反映进给轴的直线运动位置。但是，经过数控系统对螺距误差的补偿后，半闭环也能达到相当高的位置控制精度。与全闭环系统相比，半闭环的价格较低，安装在电动机内部的位置反馈器件的密封性好，工作更加稳定可靠，几乎无需维修，所以广泛地应用于各种类型的数控机床。

本改造实例的两台数控机床均采用半闭环控制方式。

（2）数控系统选定 选定数控系统通常考虑以下因素：

1）数控系统的价格因素。激烈竞争的数控机床市场，迫使机床数控改造的设计人员在面对档次和性能接近的数控系统时，必然倾向于选择价格较低的品牌。价格因素在机床数控改造选型时就显得尤其重要。

2）数控系统的可靠性。数控系统相关的故障是数控机床主要的故障源之一，数控系统的可靠性问题是系统设计选型时必须考虑的因素，尤其是数控系统在恶劣电磁环境中的抗干扰能力。

3）数控系统的售后服务、技术支持等也在相当程度上影响到数控系统的选择。

4）客户对数控系统的认同度。客户对数控系统品牌的认同，也是数控系统选型的重要因素。无论是从机床设计人员还是从最终用户的角度看，数控系统的选择都不应仅仅简单地作为一个技术问题来讨论，而应是一个对性能、价格、可靠性、人员、服务等多方面因素的综合评价和决策过程。

考虑实验室系统多样性及可靠性的要求，分别选用 FANUC 0i 及 FANUC 21i 数控系统。

2. 系统相关参数确定

（1）伺服电动机参数计算　输出转矩是进给电动机负载能力的指标。在连续操作状态下，输出转矩是随转速的升高而减少的，电动机的性能越好，这种减少值就越小。高速时的输出转矩下降过多也会影响进给轴的控制特性。为进给轴配置电动机时应满足最高切削速度时的输出转矩。虽然在快速进给时不作切削，负载较小，但也应考虑最高快速进给速度下的起动转矩。

通常完全改造中要进行伺服电动机相关参数计算，应考虑三个要求：最大切削负载转矩不得超过电动机的额定转矩；电动机的转子惯量 J_M 应与负载惯量 J_r 相匹配（匹配条件可根据伺服电动机样本提供的匹配条件，也可以按照一般的匹配规律）；快速移动时，转矩不得超过伺服电动机的最大转矩。

1）电动机的最高转速。电动机选择首先要考虑机床快速行程速度。快速行程的电动机转速应严格控制在电动机的额定转速之内。

$$n = \frac{v_{max} \times u}{P_h} \times 10^3 \leqslant n_{nom} \tag{10-1}$$

式中　n_{nom}——电动机的额定转速，单位为 r/min；

n——快速行程时电动机的转速，单位为 r/min；

v_{max}——直线运行速度，单位为 m/min；

u——系统传动比 $u = n_{电机}/n_{丝杠}$；

P_h——丝杠导程，单位为 mm。

2）负载惯量。为了保证足够的角加速度使系统反应灵敏并满足系统的稳定性要求，负载惯量 J_L 应限制在 2.5 倍电动机惯量 J_M 之内即 $J_L < 2.5J_M$

$$J_L = \sum_{j=1}^{M} J_J\left(\frac{\omega_j}{\omega}\right)^2 + \sum_{j=1}^{N} m_j\left(\frac{V_j}{\omega}\right)^2 \tag{10-2}$$

式中　J_J——各转动件的转动惯量，单位为 kg · m²；

ω_j——各转动件角速度，单位为 rad/min；

m_j——各移动件的质量，单位为 kg；

V_j——各移动件的速度，单位为 m/min；

ω——伺服电动机的角速度，单位为 rad/min。

3）空载加速转矩。空载加速转矩是执行部件从静止以阶跃指令加速到快速时需要的转矩。一般应限定在变频驱动系统最大输出转矩的 80% 以内。

$$T_{max} = \frac{2\pi n(J_L + J_M)}{60t_{ac}}T_F \leqslant T_{Amax} \times 80\% \tag{10-3}$$

式中　T_{Amax}——与电动机匹配的变频驱动系统的最大输出转矩，单位为 N·m；

T_{max}——空载时加速转矩，单位为 N·m；

T_F——快速行程时转换到电动机轴上的载荷转矩，单位为 N·m；

t_{ac}——快速行程时加减速时间常数，单位为 ms。

4）切削负载转矩。在正常工作状态下，切削负载转矩 T_{ms} 不超过电动机额定转矩 T_{MS} 的 80%。

$$T_{ms} = T_c D^{\frac{1}{2}} \leqslant T_{MS} \times 80\% \tag{10-4}$$

式中　T_c——最大切削转矩，单位为 N·m；

D——最大负载比；

T_{ms}——切削负载转矩，单位为 N·m；

T_{MS}——电动机额定转矩，单位为 N·m。

5）连续过载时间。连续过载时间 t_{lon} 应限制在电动机规定过载时间 t_{Mon} 之内。

（2）伺服电动机参数计算实例　本实例的改造基本是升级改造，原用电动机为步进电动机，故伺服电动机功率及转矩参照原电动机选择，完全能够满足要求。由于加装转台，使得机床的工作台重量增加，会造成 X、Y 轴电动机的功率及转矩加大，需进行计算验证。

1）最大的切削负载转矩计算。所选伺服电动机的额定转矩应大于最大切削负载转矩。最大切削负载矩 T 可根据公式计算得

$$T = \frac{F_{max}P_h}{2\pi\eta i} + T_{p0} + T_{f0} \tag{10-5}$$

其中，已知最大进给力 $F_{max} = 2112\text{N}$，丝杠导程 $P_h = 10\text{mm} = 0.01\text{m}$，预紧力 $F_p = 700\text{N}$，查丝杠样本，滚珠丝杠螺母副的机械效率 $\eta = 0.9$。因滚珠丝杠预加载荷引起的附加摩擦力矩

$$T_{p0} = \frac{F_p P_h}{2\pi\eta i} = \frac{7000 \times 0.01}{2\pi \times 0.9 \times 0.8}\text{N·m} \approx 1.55\text{N·m}$$

查相关资料，得单个轴承的摩擦力矩为 0.32N·m，故一对轴承的摩擦力矩 $T_{f0} = 0.64$ N·m。简支端轴承不预紧，其摩擦力矩可忽略不计。伺服电动机与丝杠采用同步带传动，其传动比 $i = 12/15$，则最大切削负载转矩

$$T = \left(\frac{2112 \times 0.01}{2\pi \times 0.9 \times 0.8} + 1.55 + 0.64\right)\text{N·m} = 6.86\text{N·m}$$

故所选伺服电动机的额定转矩应大于此值。

2）负载惯量计算。伺服电动机的转子惯量 J_M 应与负载惯量 J_L 相匹配。负载惯量可按以下次序计算。工件夹具与工作台的最大质量为 485.7kg，折算到电动机轴上的惯量 J_1 可按公式计算得

$$J_1 = m\left(\frac{v^2}{\omega}\right) = m\left(\frac{P_h n}{2\pi n}\right)^2 = m\left(\frac{P_h}{2\pi}\right)^2 = 485.7\left(\frac{0.01}{2\pi}\right)^2\text{kg·m}^2 = 0.0012\text{kg·m}^2$$

式中 v——工作台移动速度，单位为 m/s；

ω——伺服电动机的角速度，单位为 rad/s；

m——直线移动工件夹具和工作台的质量，单位为 kg。

丝杠名义直径 $D_0 = 40\text{mm} = 0.04\text{m}$，长度 $l = 1.2\text{m}$，丝杠材料（钢）的密度 $\rho = 7.8 \times 10^3 \text{kg/m}^3$，则根据公式可知丝杠加在电动机轴上的惯量为

$$J_2 = \frac{1}{32}\pi\rho l D_0^4 = \left(\frac{\pi \times 7.8 \times 10^3 \times 1.2 \times 0.04^4}{32}\right)\text{kg} \cdot \text{m}^{-2} = 0.0024\text{kg} \cdot \text{m}^{-2}$$

联轴器加上锁紧螺母等的惯量 J_3 可直接查手册得到

$$J_3 = 0.001\text{kg} \cdot \text{m}^2$$

故负载总惯量

$$J_L = J_1 + J_2 + J_3 = (0.0012 + 0.0024 + 0.001)\text{kg} \cdot \text{m}^2 = 0.0046\text{kg} \cdot \text{m}^2$$

按中小型数控机床惯量匹配条件，$1 < J_M/J_L < 4$，所选伺服电动机的转子惯量 J_M 应在 $0.0046 \sim 0.0184\text{kg} \cdot \text{m}^2$ 范围之内。

根据上述计算选定 FANUC α8/3000i 系列交流伺服电动机，其最高转速 3000r/min，额定转矩为 8.0N · m，转子惯量 $J_M = 0.014\text{kg} \cdot \text{m}^2$，最大输出转矩 $T_{max} = 11.2\text{N} \cdot \text{m}$，机械时间常数 $t_M = 6\text{ms}$，满足要求。

（3）主轴电动机的选择　输出功率是主轴电动机负载能力的指标。主轴电动机的额定功率是指在恒功率区内运行时的输出功率。低于基本速度 N_1 时达不到额定功率，速度越低，输出功率就越小。为了满足主轴低速时的功率要求，一般采用齿轮箱变速，使主轴低速时的电动机速度也在基本速度 N_1 以上，此时，机械结构较为复杂，成本也会相应增加。在改造实例中，原操作台配有 α6/10000i 交流伺服主轴电动机，由于功率较大，故和机床的连接仍沿用原主轴系统。但在原理介绍中将交流伺服主轴电动机也一并介绍。

（4）PMC 容量　主要确定 I/O 点数，由于改造的机床不增加刀库，故 I/O 点数选用输入 96 点，输出 64 点，完全满足要求。

3. 熟悉数控系统性能及原理

选定数控系统后，熟悉数控系统的基本功能及附加功能、深入学习其电器原理是能否成功改造数控机床的关键。

（1）FANUC 0i 数控系统的特点　FANUC 0i 系统结构紧凑，占用空间小，便于安装排布。采用全字符键盘，可用 B 类宏程序编程，使用方便。用户程序区容量比 OMD 大一倍，有利于较大程序的加工。使用编辑卡编写或修改梯形图，携带与操作都很方便，特别是在用户现场扩充功能或实施技术改造时更为便利。使用存储卡存储或输入机床参数、PMC 程序以及加工程序，操作简单方便。使复制参数、梯形图、机床调试程序的过程十分快捷，缩短了机床调试时间，明显提高数控机床的生产效率。系统具有 HRV（高速矢量响应）功能，伺服增益设定比 OMD 系统高一倍，可使轮廓加工误差减少一半。以切圆为例，同一型号机床 OMD 系统的圆度误差通常为 0.02 ~ 0.03m，换用 0i 系统后圆度误差通常为 0.01 ~ 0.02mm。机床运动轴的反向间隙，在快速移动或进给移动过程中由不同的间补参数自动补偿。这有利于提高零件加工精度。

0i 系统可预读 12 个程序段，比 OMD 系统多。结合预读控制及前馈控制等功能的应用，可减少轮廓加工误差。小线段高速加工的效率、效果优于 OMD 系统，对模具三维立体加工

有利。与 OMD 系统相比，0i 系统的 PMC 程序基本指令执行周期短，容量大，功能指令更丰富，使用更方便。0i 系统的界面、操作、参数等与 18i、16i、21i 基本相同。熟悉 0i 系统后，自然会方便地使用上述其他系统。

（2）FANUC 21i 系统特点　FANUC 21i-M 是控制单元与 LCD 集成于一体的 CNC 系统，并具有网络功能。使用超高速串行数据通讯，连接电缆少。以太网（Ethernet）为标准配置，维护性好可经互联网远程诊断。21i 最大可控 8 轴，4 轴联动。

FANUC 21i 是一种承上启下的机型，既有 0i 系列的基本功能，又有 16i、18i 的特殊功能。在主板上有 CNC 控制用 CPU，包括电源回路，电池保护存贮器，2～4 轴控制，主轴串行接口，LCD 显示控制，MDI 接口，I/O 链路，既有分离机型，又有一体化机型。后面的讨论，无特殊说明，均以一体化机型为例。故熟悉该机型，对于快速掌握 FANUC 系统的应用，可起到事半功倍的作用。

（3）FANUC 系统基本构成　如图 10-3 所示。

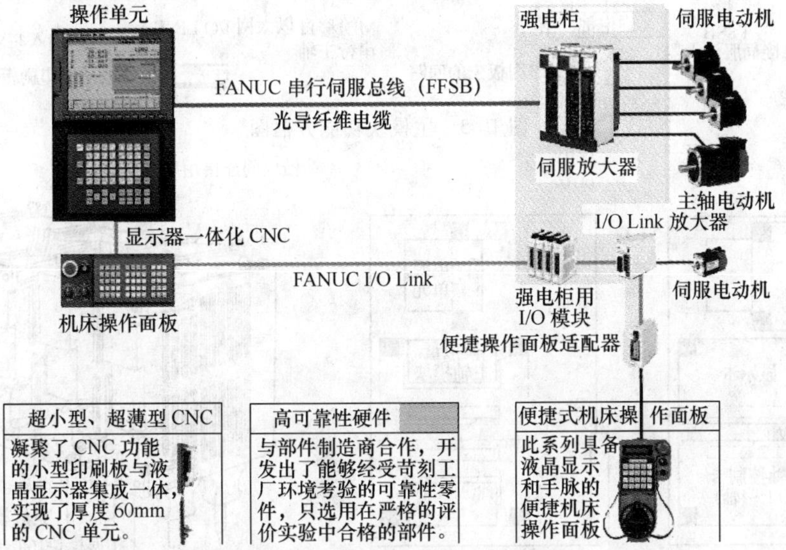

图 10-3　FANUC 系统基本构成

（4）21i 系统配置及原理简介　该系统采用一体化结构，CNC 系统置于显示器后部，如图 10-4 所示。

采用 10.4 寸彩色触摸屏，具有两槽结构。功能模块板分上下两层插入槽中，主模块功能方框图如图 10-5 所示。主模块上下层功能模块板如图 10-6 所示。

图 10-4　CNC 一体化结构

分线盘 I/O 模块由四块组成，分别为基本模块和扩展模块 1、2、3。基本模块通过 I/O link 电缆和 CNC 相连，扩展模块 1 连接手摇脉冲发生器，模块间通过扁平电缆相连。结构如图 10-7 所示。

电源模块、伺服模块和主轴模块实物外形如图 10-8 所示。伺服驱动选择 αi 系列驱动器，伺服电动机 α8/3000i。主轴模块为串行数字主轴

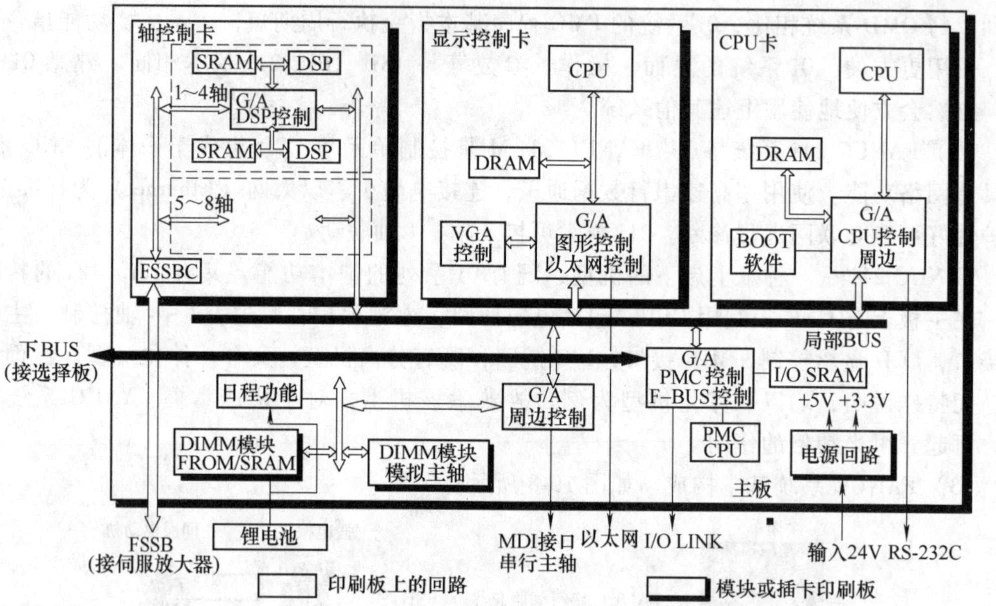

图 10-5 主模块功能方框图

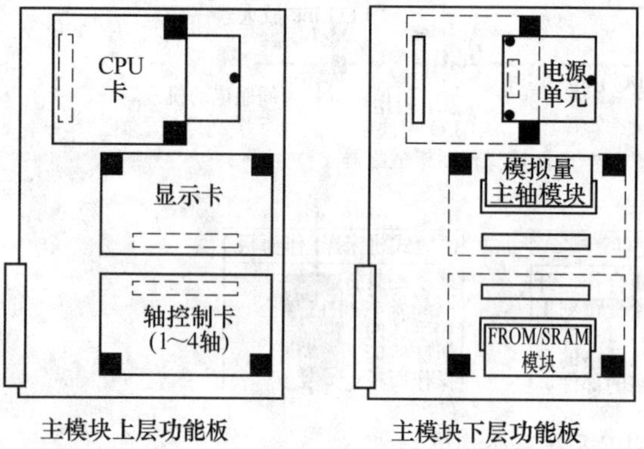

图 10-6 主板排列示意图

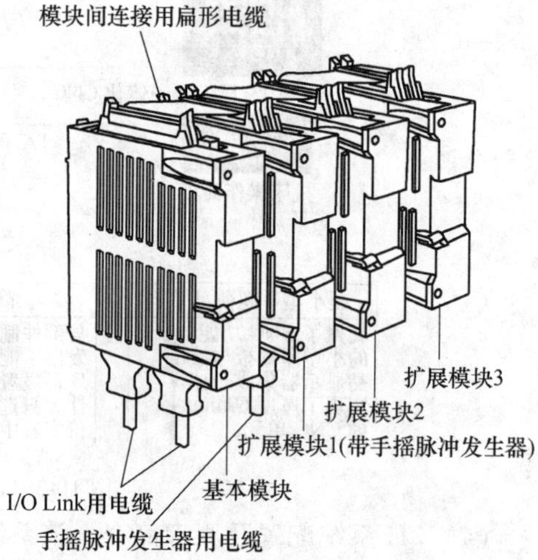

图 10-7 分线盘 I/O 模块

驱动，主轴电动机 α6/10000i。

伺服控制原理如图 10-9 所示。位置控制环包括脉冲分配处理、误差寄存器、参考计数器、比较器等。速度控制包括速度检测、误差放大器、转子位置检测、电流控制和伺服总线接口电路等，伺服放大器则完成电流环控制及功率放大。

主轴控制原理如图 10-10 所示。

电源模块和伺服模块原理如图 10-11 所示，电源模块和主轴模块原理如图 10-12 所示。电

图 10-8 电源模块、主轴模块和伺服模块

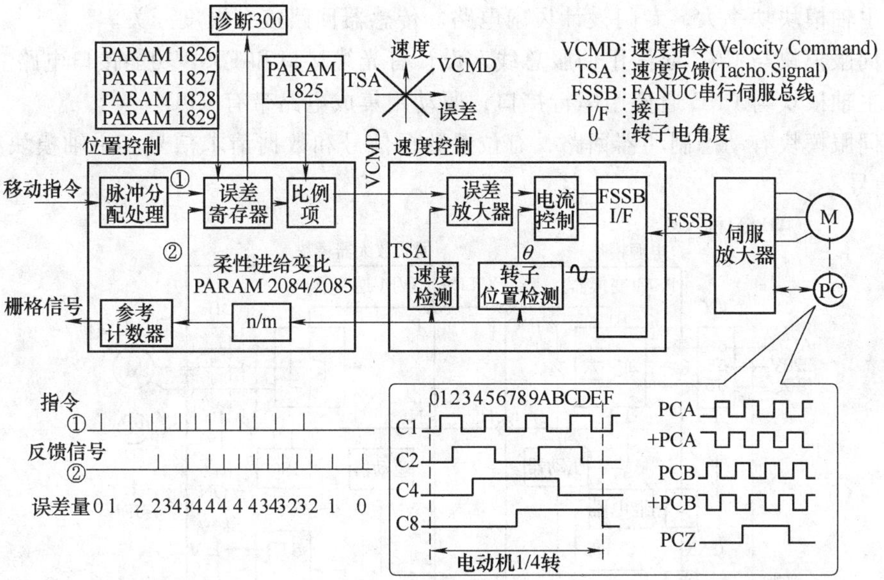

图 10-9　伺服控制原理图

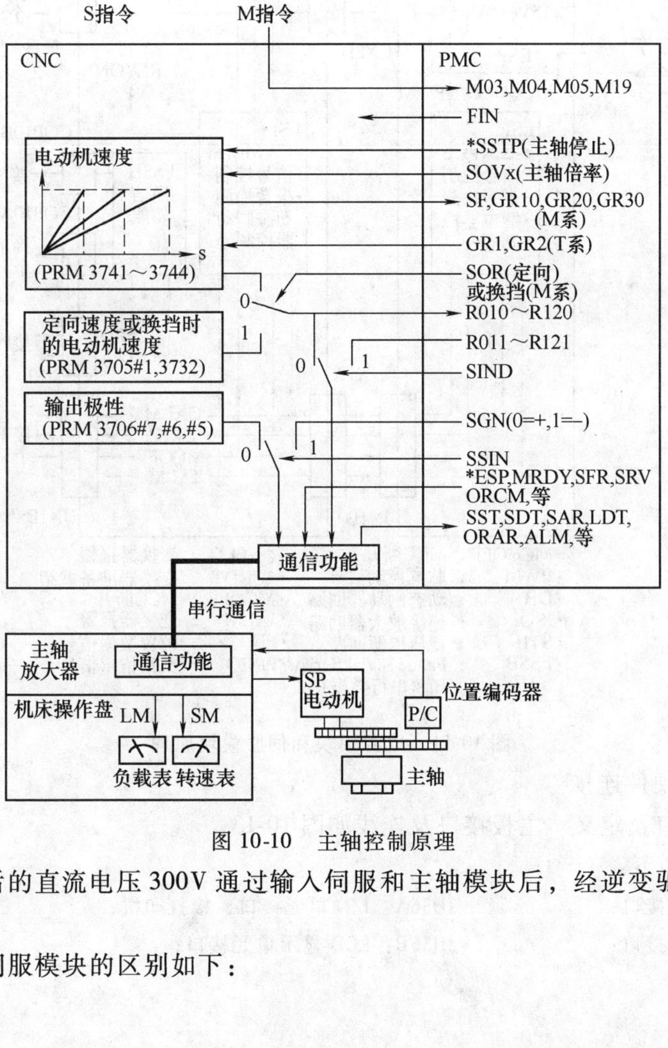

图 10-10　主轴控制原理

源模块整流滤波后的直流电压300V 通过输入伺服和主轴模块后，经逆变驱动主轴和伺服电动机。

主轴模块与伺服模块的区别如下：

1）主轴模块功率大，专门设计风扇电路。传感器回路接有温度开关。

2）伺服模块与CNC通信用伺服总线，设计有光缆接口和FSSB功能接口电路。

3）主轴模块与CNC通信用串行接口，驱动用集成电路带有CPU。

4）伺服模块有动态制动器回路，有位置数据信号和数据请求信号。主轴模块有接收速度检测信号。

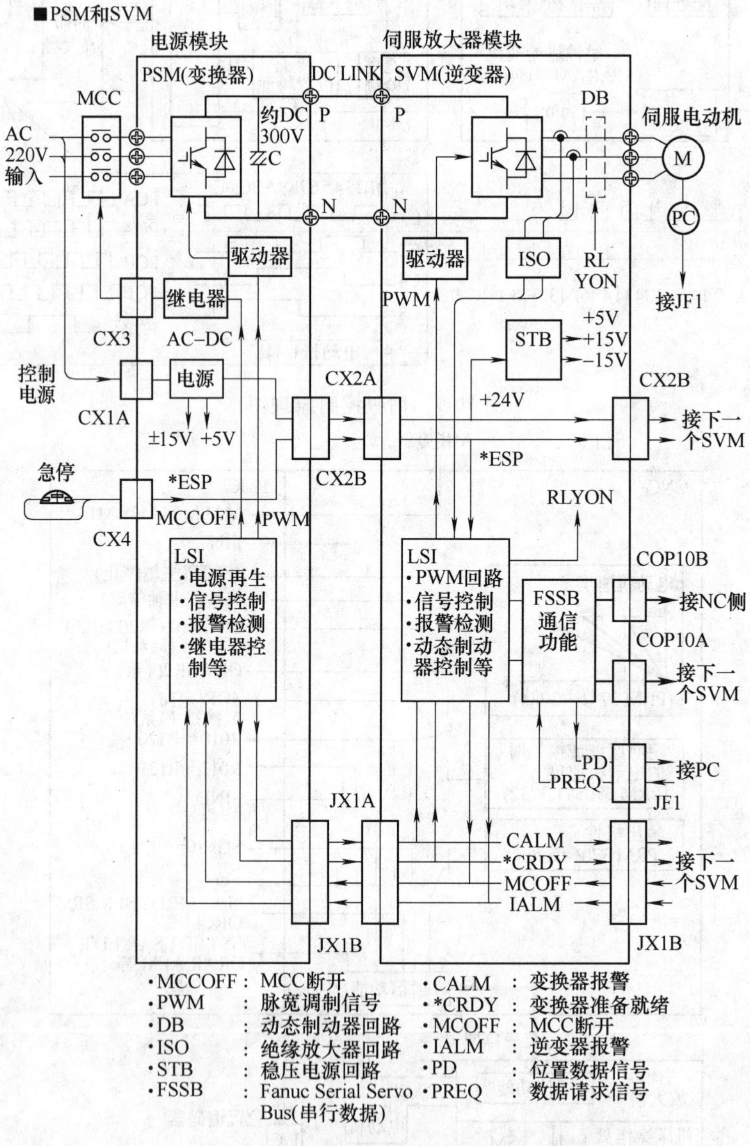

图10-11 电源模块和伺服模块原理

4. 电气控制硬件连接

（1）主板接口及定义 主板接口及连线如图10-13。

各接口定义如下：

CD38A：以太网接口； JD36A：I/O单元接口，接打印机；

CD38R：以太网接口； JD36B：LCD显示单元接口；

■PSM和SPM

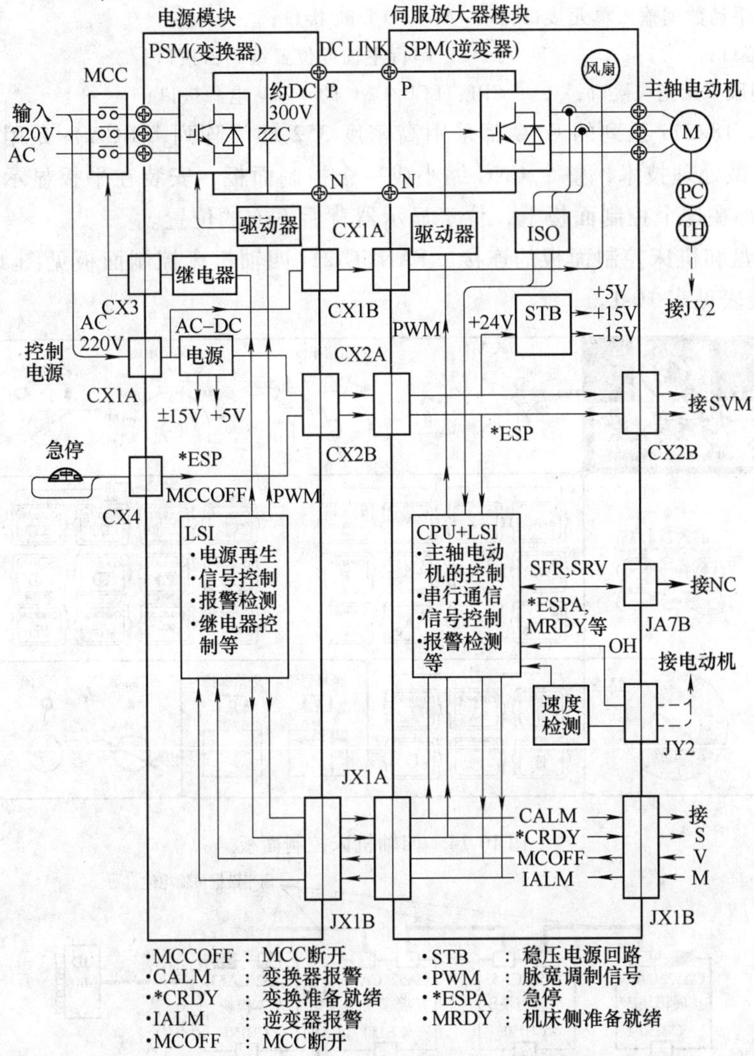

图 10-12　电源模块和主轴模块原理

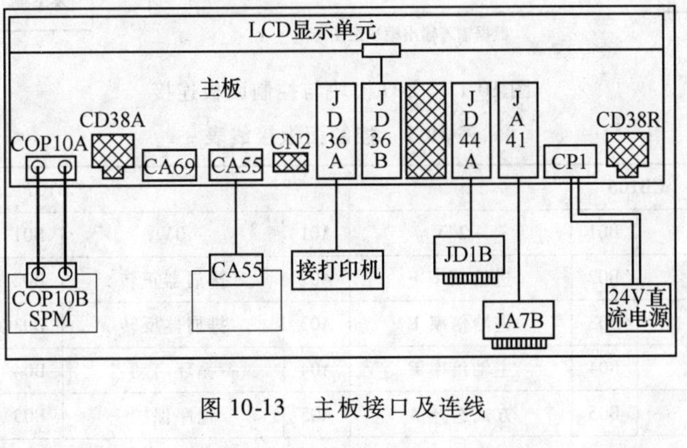

图 10-13　主板接口及连线

CA69：伺服检查板接口；　　　　　JA40：模拟主轴或高速跳过信号接口；
CA55：MDI 手动数据输入单元接口；JD44A：I/O Link 接口；
CN2：软键接口；　　　　　　　　JA41：串行主轴或位置编码器接口；
COP10A：伺服单元光缆接口；　　　CP1：LCD/CNC 的 +24V 电源接口；

FANUC 16/18/21i 系列的 CNC 都采用高密度 352 球门阵列（BGA）专用 LSI 和多晶片模块（MCM）微处理技术，整个 CNC 缩小成一个控制面板，安装在平板显示器的背后，以上的这些接口都在这个控制面板上，位于显示器背后下方的位置。

（2）分线盘和机床控制面板的连接　FANUC 21i 四轴机床控制面板见图 10-14，接线如图 10-15，接线表见表 10-1。

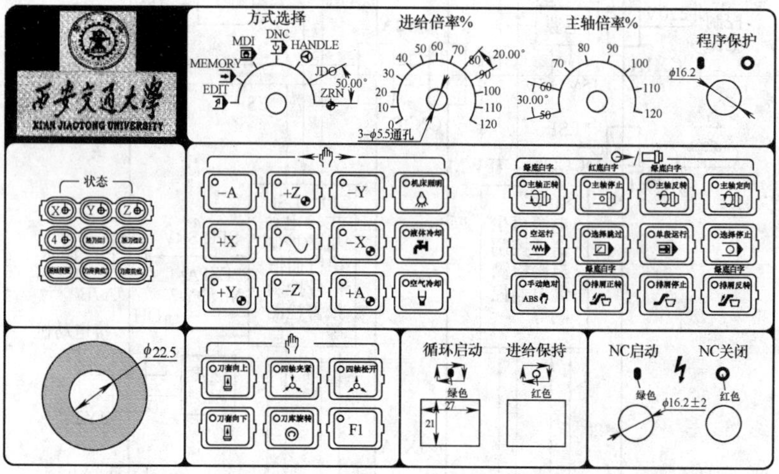

图 10-14　四轴机床控制面板

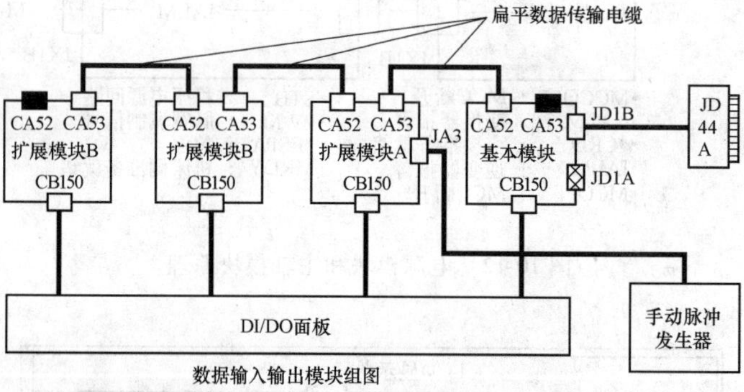

图 10-15　I/O 模块与控制面板连接

表 10-1　控制面板接线表

CB106				CB107			
A01	0V	B01	+24V	A01	0V	B01	+24V
A02	进给倍率 A	B02	进给倍率 F	A02	排屑器正转	B02	排屑器停止
A03	进给倍率 B	B03	进给倍率 E	A03	排屑器反转	B03	进给保持
A04	主轴倍率 A	B04	主轴倍率 E	A04	循环启动	B04	A+
A05	主轴倍率 B	B05	方式选择 A	A05	程序保护	B05	Z+

（续）

CB106				CB107			
A06	方式选择 E	B06	方式选择 B	A06	*Y* -	B06	快速
A07	主轴正传	B07	主轴反传	A07	*X* -	B07	*Z* -
A08	主轴停止	B08	主轴定位	A08	*X* +	B08	A -
A09	空运行	B09	液体冷却	A09	*Y* +	B09	四轴松开
A10	空气冷却	B10	选择停止	A10	四轴夹紧	B10	机床照明
A11	手动绝对	B11	选择跳过	A11	F1	B11	引出端子 A11
A12	单段运行	B12	刀套向下	A12	引出端子 A12	B12	引出端子 B12
A13	刀库旋转	B13	刀套向上	A13	引出端子 A13	B13	引出端子 B13
A14	0V	B14		A14		B14	
A15		B15		A15		B15	
A16	主轴正转指示	B16	主轴反转指示	A16	手动绝对指示	B16	选择跳过指示
A17	主轴定位指示	B17	主轴停止指示	A17	单段运行指示	B17	选择停止指示
A18	空运行指示	B18	空气冷却指示	A18	刀库旋转指示	B18	刀套向上指示
A19	液体冷却指示	B19	机床照明指示	A19	刀套向下指示	B19	四轴夹紧指示
A20	系统报警指示	B20	*X* 轴零点指示	A20	四轴松开指示	B20	排屑器正转灯
A21	*Z* 轴零点指示	B21	*Y* 轴零点指示	A21	排屑器反转灯	B21	排屑器停指示
A22	F1 指示	B22	4 轴零点指示	A22	循环启动指示	B22	进给保持指示
A23	换刀位 1 指示	B23	换刀位 2 指示	A23	刀库向前指示	B23	刀库向后指示
A24	DOCOM	B24	DOCOM	A24	DOCOM	B24	DOCOM
A25	DOCOM	25	DOCOM	A25	DOCOM	25	DOCOM

连接面板说明：单排 6 针端子的 DOCOM 与两个插座的 A24、A25、B24、B25 连接，“0V”与两个插座的 A1 及所有输出连接，“+24V”与两个插座的 B1 及所有输入连接，一些输出引至 OUTPUT

（3）主电源与电源模块的连接　主电源与电源模块的连接见图 10-16。

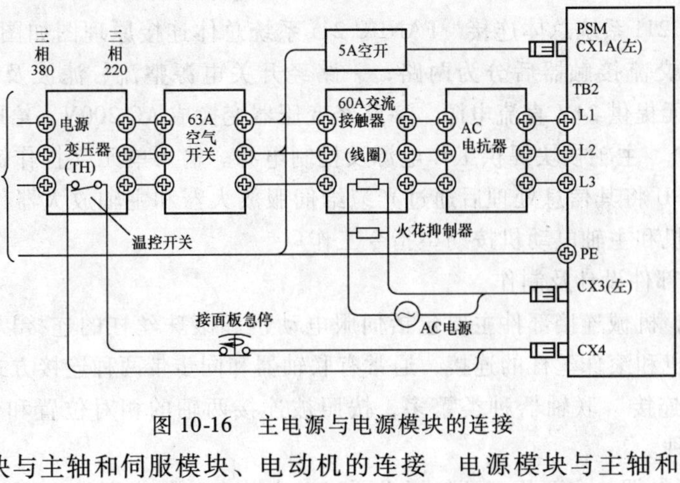

图 10-16　主电源与电源模块的连接

（4）电源模块与主轴和伺服模块、电动机的连接　电源模块与主轴和伺服模块、电动机的连接如图 10-17。

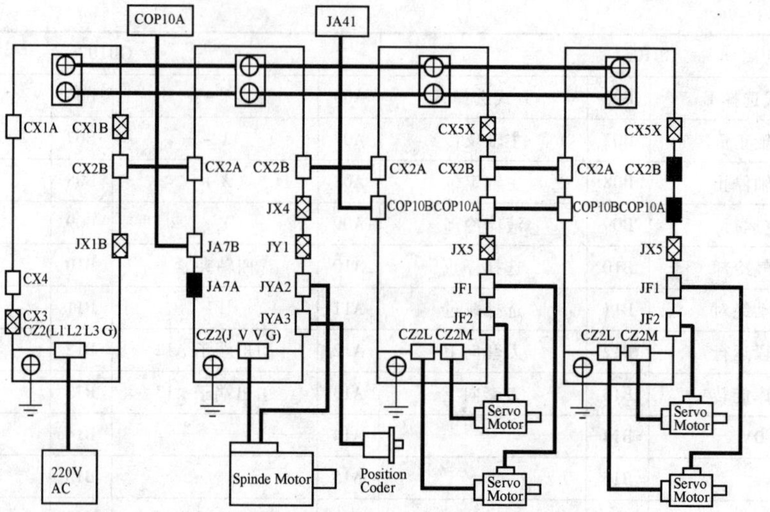

图 10-17 电源模块与主轴和伺服模块、电动机的连接图

（5）CNC 与 SPM 间的控制信号连接 CNC 与主轴放大器模块 SPM 间使用高速串行通信进行数据交换，接线如图 10-18 所示。

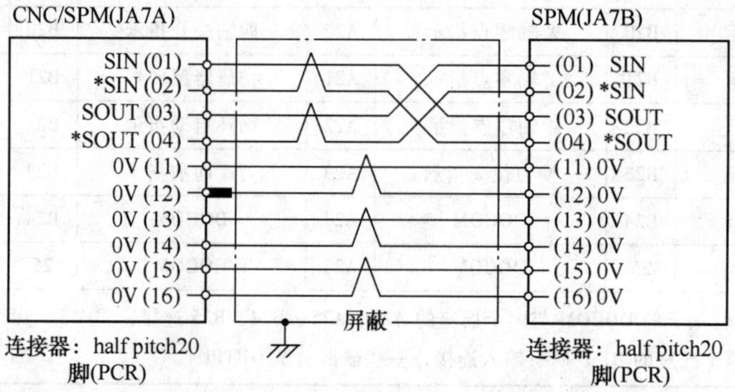

图 10-18 CNC 与主轴放大器模块间接线

（6）FANUC 21i 系统总体连接 FANUC 21i 系统总体连接原理图如图 10-19，图中电源电压 AC 380V 经交流接触器后分为两路，一路经开关电源整流、滤波及稳压后，为主板、显示器及 I/O 单元提供 24V 直流电源。一路经变压器变换成 AC 200V，给电源模块、伺服放大器模块（两块）、主轴模块提供工作电源及控制电源。输入单元（操作键盘的操作信息送入主板 CPU，CPU 将其信息处理后通过光缆给伺服放大器和主轴放大器作为控制信号，进而驱动伺服电动机和主轴电动机按期望指令工作。

5. 机械连接部件设计及制作

机床改造中，机械连接部件主要包括伺服电动机和滚珠丝杠的连接以及旋转台 A 轴的设计。伺服电动机和滚珠丝杠的连接，通常有联轴器和同步带两种连接方式。

（1）联轴器连接 联轴器种类繁多，按照被连接两轴的相对位置和位置的变动情况，可以分为如下 2 种。

1）固定式联轴器。主要用于两轴要求严格对中并在工作中不发生相对位移的地方，结构一般较简单，容易制造，且两轴瞬时转速相同，主要有凸缘联轴器、套筒联轴器、夹壳联

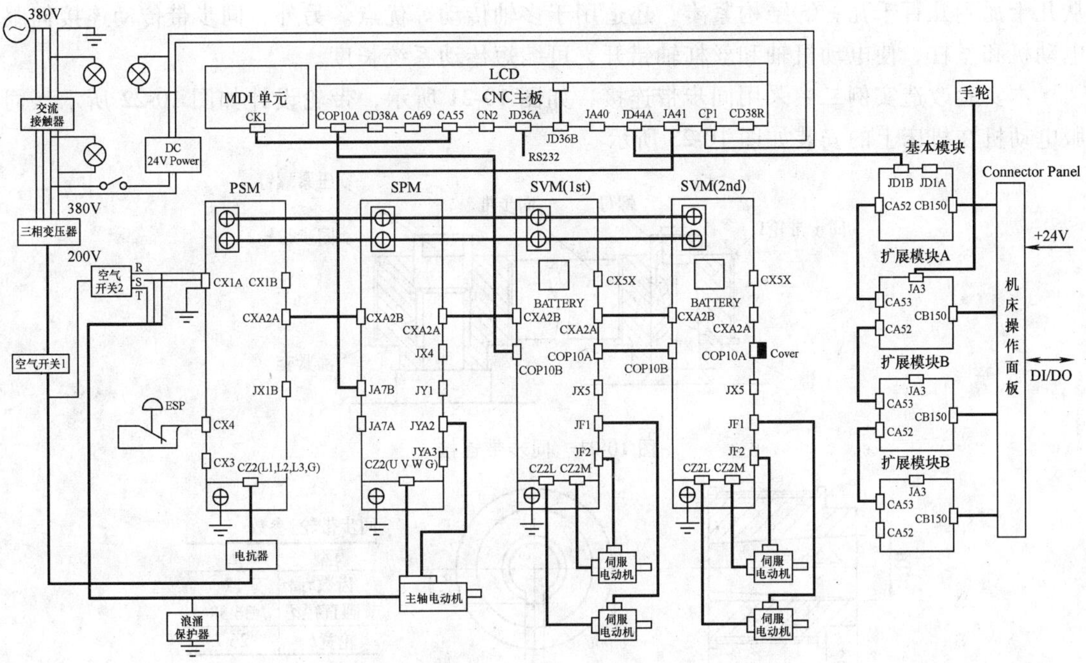

图 10-19　FANUC 21i 系统总连接参考图

轴器等。

2）可移式联轴器。主要用于两轴有偏斜或在工作中有相对位移的地方，根据补偿位移的方法又可分为刚性可移式联轴器和弹性可移式联轴器。刚性可移式联轴器利用联轴器工作零件间构成的动连接具有某一方向或几个方向的活动度来补偿，如牙嵌联轴器（允许轴向位移）、十字沟槽联轴器（用来联接平行位移或角位移很小的两根轴）、万向联轴器（用于两轴有较大偏斜角或在工作中有较大角位移的地方）、齿轮联轴器（允许综合位移）、链条联轴器（允许有径向位移）等。弹性可移式联轴器（简称弹性联轴器）利用弹性元件的弹性变形来补偿两轴的偏斜和位移，同时弹性元件也具有缓冲和减振性能，如蛇形弹簧联轴器、径向多层板簧联轴器、弹性圈栓销联轴器、尼龙栓销联轴器、橡胶套筒联轴器等。

联轴器有些已经标准化。选择时先应根据工作要求选定合适的类型，然后按照轴的直径计算转矩和转速，再从有关手册中查出适用的型号，最后对某些关键零件作必要的验算。

数控机床改造中，为了调整安装方便，通常选用柔性联轴器。本实验改造实例一中选用膜片式联轴器，其弹性元件为一定数量的很薄的多边环形（或圆环形）金属膜片叠合而成的膜片组，在膜片的圆周上有若干个螺栓孔，铰制孔用螺栓交错间隔与半联轴器相连接。这样将弹性元件上的弧段分为交错受压缩和受拉伸的两部分，拉伸部分传递转矩，压缩部分趋向皱折。当机组存在轴向、径向和角位移时，金属膜片便产生波状变形，如图 10-20 所示。

图 10-20　金属膜片联轴器

（2）同步带连接　同步带传动是一种新型的机械传动。由于它是一种啮合传动，因而带和带轮之间没有相对滑动，从而使主从轮间的传动达到同步。

同步带传动和 V 带、平带相比具有：①传动准确，无滑动，能达到同步传动的目的；②传动效率高，一般可达 90%；③传动比范围大，允许线速度也高；④传递功率范围大，从几十瓦到几百千瓦；⑤结构紧凑，还适用于多轴传动等优点。另外，同步带传动连接伺服电动机和丝杠，使电动机轴和丝杠轴错开，可缩短传动系统长度。

本实验改造实例二中采用同步带连接，如图 10-21 所示，带轮设计如图 10-22 所示，伺服电动机在机床上的安装如图 10-23 所示 。

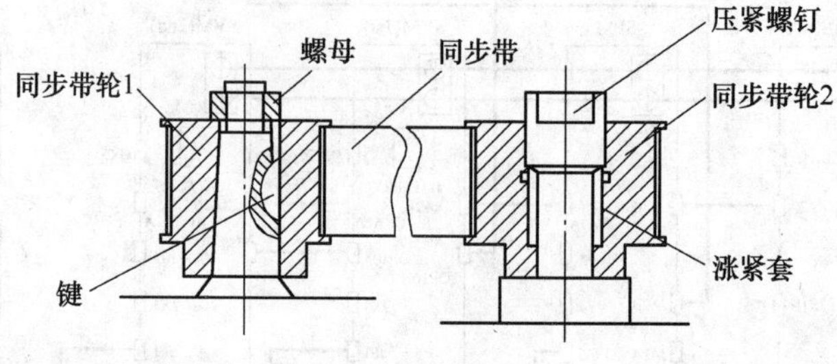

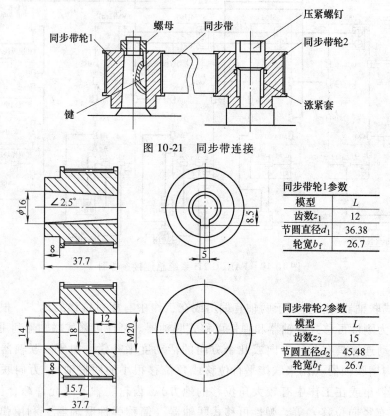

图 10-21　同步带连接

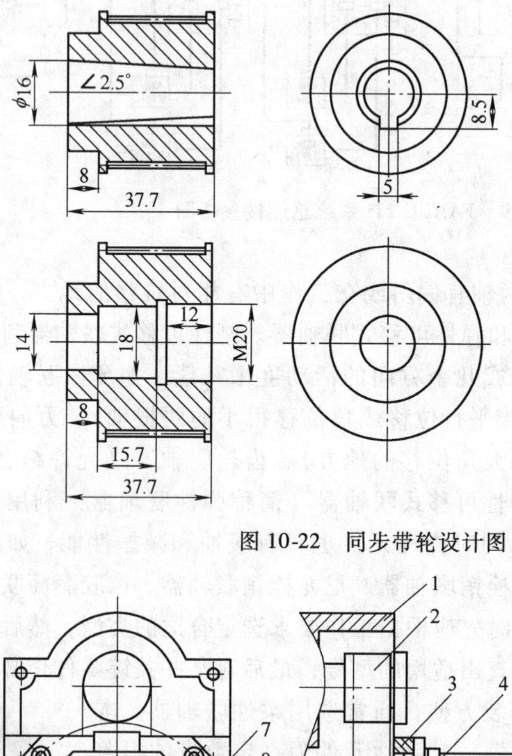

同步带轮1参数

模型	L
齿数z_1	12
节圆直径d_1	36.38
轮宽b_f	26.7

同步带轮2参数

模型	L
齿数z_2	15
节圆直径d_2	45.48
轮宽b_f	26.7

图10-22　同步带轮设计图

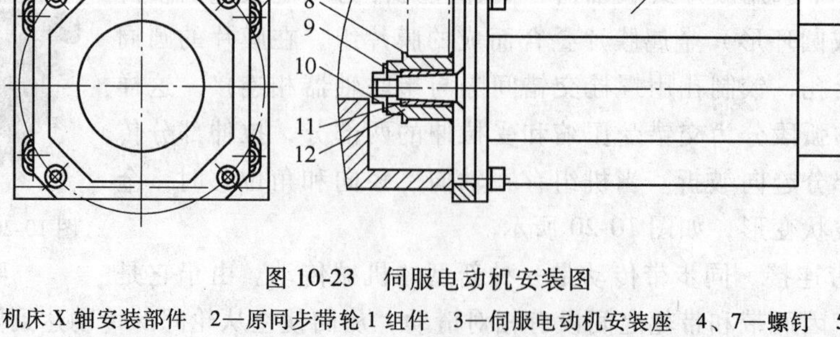

图 10-23　伺服电动机安装图

1—原机床 X 轴安装部件　2—原同步带轮 1 组件　3—伺服电动机安装座　4、7—螺钉　5—垫圈　6—伺服电动机　8—原同步带轮 2　9—圆垫片　10—螺母　11—锥环　12—锥套

（3）旋转台 A 轴设计　此旋转台为简易旋转台，其结构采用分度转盘加伺服电动机，

如图 10-24 所示。为了装夹工件方便，配装了自定心卡盘和尾架。如图 10-25 所示。

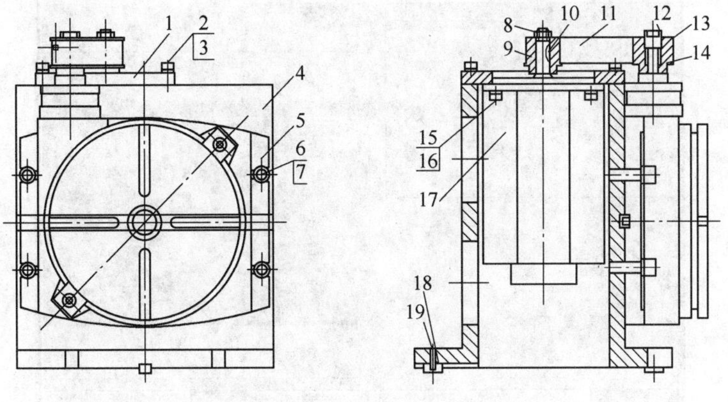

图 10-24　旋转台结构

1—伺服电动机连接板　2—螺钉 M8×25　3、16—垫圈　4—A 轴基座　5—分度盘　6、15—螺钉　7—垫圈　8—螺母　9—同步带轮 1 12L　10—键　11—同步带 15L　12—压紧螺钉　13—同步带轮 2 15L　14—涨紧套　17—伺服电动机　18—定位块　19—螺钉 M5×16

6. 数控系统及机床调试

数控系统调试的主要内容为匹配机器数据。对于 NC 数据的设定，大致分为两大部分：一部分是数控系统关于机床及其轴的数据，另一部分是驱动的数据。在机床调试时，首先配置通道数据，然后配置机床硬件，包括驱动、电动机、测量元件等。配置完硬件后，驱动、电动机的默认数据被装载。这些数据是在不考虑负载的情况下的一种安全值，往往是不适合加工需求的。

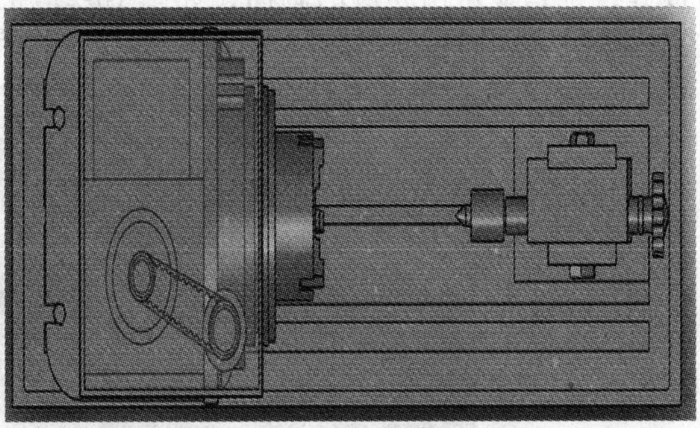

图 10-25　旋转台三维图

机床各轴的驱动、电动机数据，如速度、加速度、位置环增益等直接影响轴的动态运行性能。如果这些参数设置不当，就会导致机床运行过程中的振动，伺服电动机的啸叫，使加工无法进行，甚至会导致丝杠和导轨的损坏。为了达到良好的零件加工精度，对驱动参数进行优化是一项必不可少的工作。

（1）网络调试　利用网络软件，可给调试带来极大的方便，故应首先调试好网络系统。

1）连接网线。网线有两种：交叉信号线和平行信号线。当 PC 机与 CNC 直接连接时用交叉信号线；PC 机经路由器与 CNC 连接时用平行信号线。本实验中采用无线路由器连接，无线路由器和 CNC 间采用平行信号线。

2）地址设定。CNC 系统侧，在 CNC 的以太网的参数设定界面中设定 IP 地址等参数。

①　置 CNC 于 MDI 方式。

②　按键数次，显示以太网参数界面，如图 10-26 所示。

③　根据 CNC 系统实际配置的硬件（内装以太网、PCMCIA 网卡或以太网板）进行选择，设定相应的以太网地址等参数。例如，系统使用的是以太网板，则按下对应“BOARD”

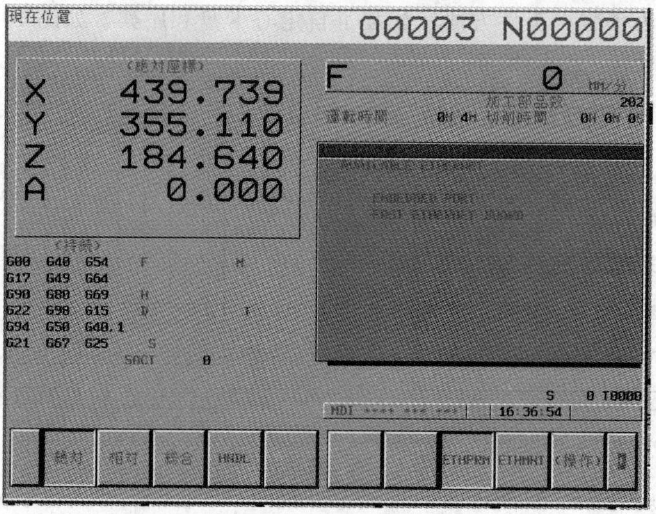

图 10-26 以太网参数界面

的按键，于是显示出相应的画面，如图 10-27 所示。

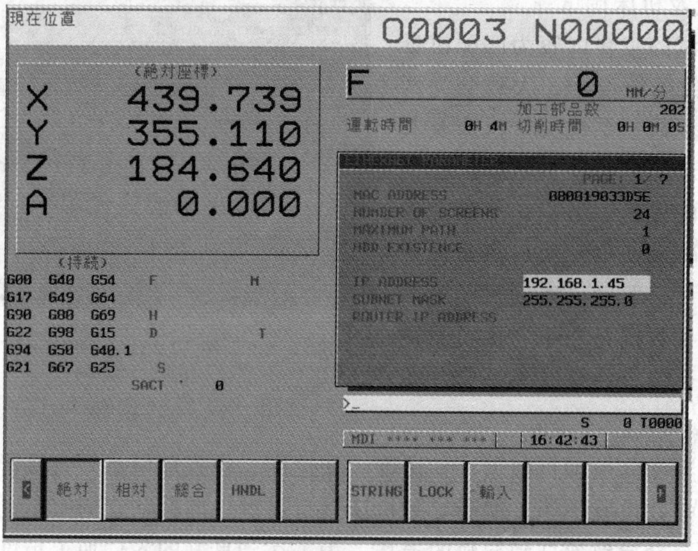

图 10-27 以太网设定界面

在图 10-27 中，将光标置于欲设定的参数项，输入设定值（图中的值可作为参考）。

通常，只需设定 3 项：IP ADDRESS，SUBNET MASK，PORT NUMBER（TCP）。

当然，若是 PC 机经过路由器与 CNC 相连，则必须设定 ROUTER IP ADDRESS。

在 PC 机侧，也需设定 IP 地址等参数。在 PC 机的“网络连接”界面上，双击“Local area connection”，设定局域网的属性。

选择“internet protocol（TCP/IP）”，单击“属性”。在“internet protocol（TCP/IP）”的参数画面输入：IP 地址，子网掩码。

例如，IP 地址：192.168.1.2

子网掩码：255.255.255.0

参数输入后，单击“确定”。

3）信息传送。用以太网线将PC机与CNC系统连接，并设好上述参数后，欲实现两设备间的通讯，还必须在PC机上运行所需的通讯软件。FANUC为i系列CNC开发了用于不同目的的软件包以供用户选用。如：BOP（CNC的基本操作软件包）、SDF（CNC屏幕显示功能）、DATA SERVER（数据服务器）等。

有的用户希望自己开发软件或者用开放性或灵活性更好的软件进行PC机与FANUC的CNC通讯，以实现系统的集成或用PC机控制CNC。这种情况下，用户必须使用FANUC开发的FOCAS1（或FOCAS2）。FOCAS的意思是FANUC OPEN CNC APPLICATION SOFTWARE，它是FANUC为用户开发的C语言程序指令库。包括：信息的上下传送，CNC状态信息的索取，某些CNC状态的控制等。

（2）参数设定　以FANUC 21i参数设定及调整为例。

1）参数的作用。参数在NC系统中用于设定数控机床及辅助设备的规格和内容及加工操作中所必需的一些数据。机床厂家在制造机床，最终用户在使用的过程中，通过参数的设定 来实现对伺服驱动、加工条件、机床坐标、操作功能、数据传输等方面的设定和调用。

FANUC 21i数控系统，也提供了强大的参数设置的功能。如果参数设定错误，将对机床及数控系统的运行产生不良影响。所以更改参数之前，一定要清楚地了解该参数的意义及其对应的功能。

2）参数的设定方法

①　使参数写入有效。为了防止误操作对参数的修改，通常情况下，参数是禁止写入的。如写入参数，系统会报警提示“禁止写入”。因此，要设定参数，需首先使参数写入有效。方法如下：

a）方式选择开关置［MDI］方式或置于［急停］状态。

b）在MDI键盘上一次或数次按［OFFSETSET］键，使［SETTING（HANDY）］界面显示如图10-28所示。

SETTING（HANDY）	01234N12345
参数写入=0（0：不可以　1：可以）	

图10-28　参数写入画面

c）确认光标置于“参数写入”，输入“1”，再按［INPUT］键，此时会发生100#报警，即可写入参数（对此报警可暂不解除，有利于提醒你写完参数后将“参数写入”置“0”保护）。

②　设定或修改参数。

a）在MDI键盘上数次按［SYSTEM］键，选择参数画面，如图10-29所示。

b）按软键操作后显示以下的操作菜单：

软键［NO检索］：用于进行参数号的检索；

软键［NO：1］：在光标位置置“1”（只对位型参数）；

软键［NO：0］：在光标位置置“0”（只对位型参数）；

软键［+输入］：把输入的数值加到光标位置的数据上（只对字型参数）；

软键［输入］：把输入的数值输入到光标位置（只对字型参数）；

软键［READ］：由阅读机/穿孔机接口输入参数；

软键［PUNCH］：对阅读机/穿孔机接口输出参数。

［+输入］软键与［输入］软键的区别在于，［输入］对参数重新赋予一个数据值，而［+输入］则是将原来数据与新输入的数据进行代数和之后的结果作为该参数新的数据值。

c）设定参数结束后，牢记将［SETTING］界面的“参数写入”置“0”，再按［RESET］键，解除“100#报警”。

3）参数的分类设定。FANUC 公司为了便于机床制造商和用户对其产品进行二次开发，对数控系统的每一个微小的功能都设置可供用户自己设定修改的参数。就 FANUC 21i 系统来说，系统功能相对较多，参数编号已编至 19740，所以，参数设置是一个非常繁琐的工作，也是该系统开发的一个重点。

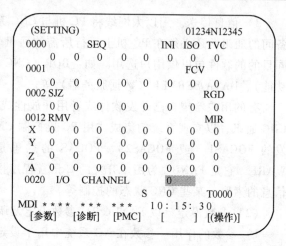

```
(SETTING)                              01234N12345
0000          SEQ                  INI  ISO  TVC
     0    0    0    0    0    0    0    0
0001                                    FCV
     0    0    0    0    0    0    0    0
0002 SJZ                                RGD
     0    0    0    0    0    0    0    0
0012 RMV                                MIR
X    0    0    0    0    0    0    0    0
Y    0    0    0    0    0    0    0    0
Z    0    0    0    0    0    0    0    0
A    0    0    0    0    0    0    0    0
0020  I/O   CHANNEL            0
                          S    0        T0000
MDI ****   ***   ***      10:15:30
[参数]   [诊断]   [PMC]   [      ]  [(操作)]
```

图 10-29　参数设定画面

根据设定对象的不同，FANUC 21i 参数可细分为 65 个类别，具体见表 10-2。

表 10-2　FANUC 21i 数控系统参数表

编号	参数类别	参数号范围
01	［SETTING］的参数	00000 ~ 00020
02	RS232-C 串行接口与 I/O 设备选择参数	00100 ~ 00138
*03	DNC1/DNC2 交换参数	00140 ~ 00149
*04	远程诊断的参数	00201 ~ 00223
*05	DNC1 界面参数	00231 ~ 00242
*06	存储卡接口参数	00300
*07	［FACTOLINK］的参数	00801 ~ 00828
*08	数据伺服的参数	00900 ~ 00924
*09	网卡参数	00931 ~ 00935
10	POWER MATE 管理器的参数	00960
11	轴控制/设定单位的参数	01001 ~ 01023
12	设定坐标系的参数	01201 ~ 01290
13	存储式行程检测的参数	01300 ~ 01327
*14	尾架挡板检测参数（T 系列）	01330 ~ 1348
15	进给速度的参数	01401 ~ 01465
16	加减速控制的参数	01601 ~ 01785
17	伺服的参数	01800 ~ 01937
18	α 系列 AC 伺服电动机参数	02000 ~ 02212
19	DI/DO 的参数	03001 ~ 03033
20	MDI、显示和编辑的参数	03100 ~ 03301
21	程序的参数	03401 ~ 03460
22	螺距误差补偿的参数	03601 ~ 03682
23	主轴控制的参数	03700 ~ 04974
24	串行接口主轴 Cs 轮廓控制用参数	03900 ~ 003924
25	α 系列串行接口主轴参数	04000 ~ 04393
26	刀具补偿参数	05001 ~ 05040

（续）

编号	参数类别	参数号范围
27	钻削固定循环的参数	05101 ~ 05121
28	螺纹切削循环参数	05130 ~ 05131
29	多重循环参数	05132 ~ 05143
30	小直径深孔钻削循环参数	05160 ~ 05174
31	攻螺纹参数	05200 ~ 05382
32	缩放坐标旋转参数	05400 ~ 05421
33	单方向定位参数	05431 ~ 05440
34	法线方向控制参数	05480 ~ 05485
35	分度工作台分度参数	05500 ~ 05512
36	用户宏程序参数	06000 ~ 06091
*37	简单宏程序参数	06095 ~ 06097
38	图案数据输入用参数	06101 ~ 06110
*39	最适宜加速度配置参数	06131 ~ 06197
40	跳步功能用参数	06200 ~ 06215
41	自动刀具补偿、刀具长度补偿参数	06240 ~ 06255
42	外部数据输入/输出参数	06300
43	手动操作返回的参数	06400 ~ 06490
*44	图形显示/动态图形显示的参数	06500 ~ 06510
*45	图形颜色的参数	06561 ~ 06595
46	画面运转时间及零件数显示参数	06700 ~ 06758
47	刀具寿命管理参数	06800 ~ 06845
48	位置开关功能参数	06901 ~ 06965
49	手动运行/自动运行参数	07001 ~ 07055
50	手轮进给、中断参数	07100 ~ 07117
*51	手动直线和圆弧功能参数	07160 ~ 07161
52	挡块式参考点设定参数	07181 ~ 07186
53	软操作面板参数	07200 ~ 07309
54	程序再启动的参数	07300 ~ 07310
*55	高速机械加工（高速远程缓冲器）参数	07501 ~ 07510
56	多边形加工参数	07600 ~ 07641
57	PMC 轴控制的参数	08001 ~ 08028
58	角度轴控制参数	08200 ~ 08212
59	B 轴控制的参数	08240 ~ 08258
60	简易同步控制的参数	08301 ~ 08327
61	顺序号校对停止的参数	08341 ~ 08342
62	其他参数	08650 ~ 08813
63	维修的参数	08901 ~ 08949
64	内置宏程序的参数	12001 ~ 12049
*65	操作履历的参数	12801 ~ 12900

注：带 * 的参数是 FANUC 21i 比 FANUC 0i 多出的参数。

如此繁多的参数，很难以记住。在参数画面操作时，如果想不起要查看或修改的参数的数据号，可使用系统的帮助信息。

参数的设置是一项很繁琐的工作，但有些参数是要反复调整的，因此，除按部就班的输入外，FANUC 系统还提供快速配置页面，同学们实验时可采用快速配置方法。

（3）PMC 梯形图的编制及传送

1）FANUC 21i 系统 PMC 功能及梯形图编制。

① PMC 知识简介。一般来说，控制是指启动所需的操作使系统在给定的目标下自动运行。当这种控制由控制装置自动完成时，称为自动控制。PLC（可编程序控制器）是为进行自动控制设计的装置。PLC 以微处理器为中心，可视为继电器、定时器及计数器的集合体。在内部顺序处理中，并联或串联常开触点和常闭触点，其逻辑运算结果用来控制线圈的通/断。与传统的继电器控制电路相比，PLC 的优点在于：响应速度快，控制精度高（特别是对时间、计数等量的精确控制），可靠性好，结构紧凑，抗干扰能力强，编程方便，控制程序能根据控制的需要配合不同的情况进行相应的修改，可与手持编程器和计算机相连接，监控简便，便于维修。

PMC 与 PLC 所要实现的功能是基本一样的。PLC 用于工厂一般通用设备的自动控制装置，而 PMC 专用于数控机床外围辅助电气部分的自动控制，所以称为可编程序机床控制器，简称 PMC。

从控制对象来说，FANUC 21i 数控系统的 PMC 分为控制伺服电动机和主轴电动机做进给切削动作的系统 PMC，以及控制机床外围辅助电气部分的 PMC。

② PMC 的接口及信号。CNC 与 PMC，PMC 与机床 MT 之间接口信号的地址如图 10-30 所示。

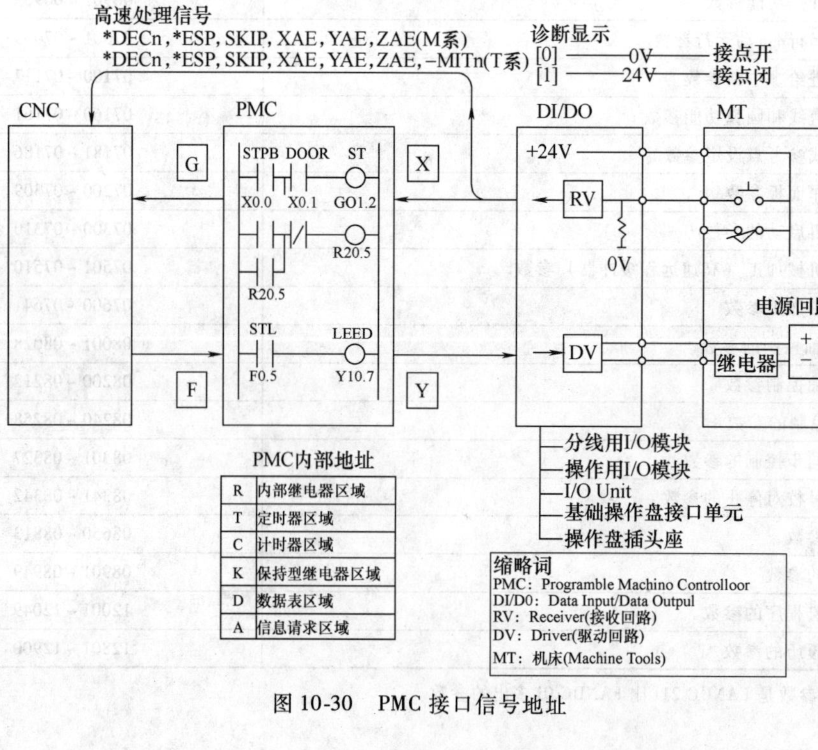

图 10-30 PMC 接口信号地址

PMC 接口的主要信号如表 10-3。

表 10-3　PMC 接口主要信号一览表

功能	信号名称	符号	地址
系统状态信号	CNC 准备结束信号	MA	F001#7
	伺服准备结束信号	SA	F000#6
	急停信号	＊ESP	G008#4 X008#4
	外部复位信号	ERS	G008#7
	CNC 报警信号	AL	F001#0
	串行主轴报警信号	ALMA	F045#0
	电池报警信号	BAL	F001#2
运行状态信号	移动方向信号	MVD1 ~ MVD4	F106#0 ~ F106#3
	到位信号	INP1 ~ INP4	F104#0 ~ F104#3
	切削方式中信号	CUT	F002#6
	螺纹切削中信号	THRD	F002#3
	攻螺纹信号	TAP	F001#5
方式选择	方式选择信号	MD1，MD2，MD3	G43#0 ~ G43#2
	纸带阅读机运行（DNC）信号	DNC	G43#5
	手动返回参考点（ZRN）信号	ZRN	G43#7
	手动数据输入（MDI）确认信号	MMDI	F003#3
	自动运行（MEM）确认信号	MMEM	F003#5
	编辑方式（EDIT）确认信号	MEDIT	F003#6
	手轮进给（HAND/INC）确认信号	MH	F003#1
	手动进给（JOG）确认信号	MJ	F003#2
	纸带运行确认信号	MRMT	F003#4
	手动返回参考点确认信号	MZRN	F004#5
JOG 进给	进给轴方向选择信号	＋J1 ~ ＋J4 －J1 ~ －J4	G100#0 ~ G100#3 G102#0 ~ G100#3
	手动进给倍率信号	＊JV0 ~ ＊JV15	G010，G011
	手动快速进给信号	RT	G019#7
	快速进给倍率信号	ROV1，ROV2	G014#0，G014#1
手轮进给	手轮进给轴选择信号	HS1A，HS1B HS1C，HS1D	G018#0 ~ G018#3
	增量进给信号	MP1，MP2	G019#4，G019#5
手动返回参考点	返回参考点减速信号	＊DEC1 ~ ＊DEC4	X009#0 ~ X009#3
	返回参考点结束信号	ZP1 ~ ZP4	F094#0 ~ F094#3
	参考点建立信号	ZRF1-ZRF4	F120#0 ~ F120#3

（续）

功能	信号名称	符号	地址
自动运行	自动运行启动信号	ST	G007#2
	自动运行暂停信号	＊SP	G008#5
	自动运行启动中信号	STL	F000#5
	自动运行暂停中信号	SPL	F000#4
	自动运行中信号	OP	F000#7
	进给速度倍率信号	＊FV0～＊FV7	G012
	倍率取消信号	OVC	G006#4
	单程序段信号	SBK	G046#1
	选择程序段跳过信号	BDT	G044#0
	空运行信号	DRN	G046#7
存储器保护	存储器保护键	KEY1，KEY2，KEY3，KEY4	G046#3～G046#6
锁住与互锁	互锁信号	＊IT	G008#0
	各轴锁住信号	＊IT1～＊IT4	G130#0～G130#3
	机床锁住信号	MLK	G044#1
辅助功能	辅助功能选通信号	MF	F007#0
	辅助功能代码信号	M00～M31	F010～F013
	完成信号	FIN	G004#3
	分配结束信号	DEN	F001#3
	辅助功能锁住信号	AFL	G005#6
	高速 M/S/T 接口	MFIN，SFIN，TFIN	G005#0，G005#2，G005#3
主轴速度功能	主轴速度功能代码信号	S00～S30	F022～F025
	主轴功能选通信号	SF	F007#2
	齿轮选择信号	GR1O，GR2O，GR3O	F034#0～F034#2
	主轴使能信号	ENB	F001#4
	主轴正转信号	SFRA	G070#5
	主轴反转信号	SRVA	G070#4
	主轴速度到达信号	SAR	G029#4
	主轴速度到达信号	SARA	F045#3
	主轴停止信号	＊SSTP	G029#6
	主轴定向信号	SOR	G029#5
	主轴倍率信号	SOV0～SOV7	G030
	PMC 主轴电动机速度控制选择	SIND	G033#7
	主轴电动机速度指令的极性选择	SSIN	G033#6
	主轴电动机速度指令的极性选择	SGN	G033#5
	PMC 主轴速度指令	R01I～R12I	G032#0～G033#3
伺服	伺服关断信号	SVF1～SVF4	G126

以上信号说明详见 FANUC 21i 说明书，这里不再赘述。

2）梯形图概要。

①　梯形图编制流程如图 10-31 所示。

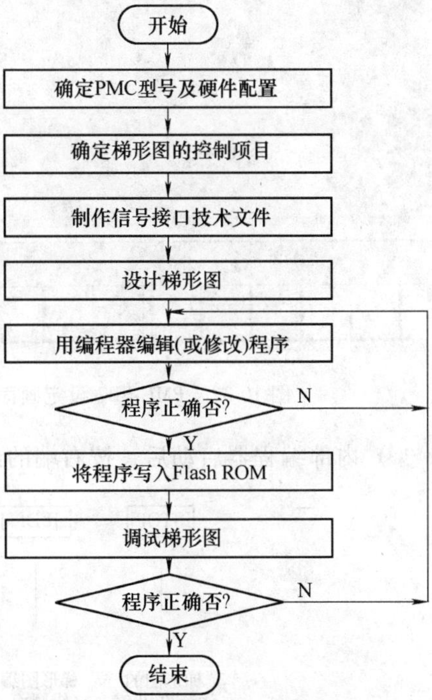

图 10-31　梯形图编辑与调试流程

②　梯形图编辑和显示的参数。为了能够编辑显示梯形图，必须在 PMC-SB7 的设定功能画面（“CNC 系统菜单”→“PMC”→“PMCPRM”→“SETTING”）中事先设定以下参数（括号中为相应项目在保持型继电器中的参数，具有同样的设定效果）。

●TRACE START（PMC-SB7：K906.5）执行追踪功能

0：MANUAL 1：AUTO　设定：1

●EDIT ENABLE（PMC-SB7：K901.6）允许编辑顺序程序

0：NO 1：YES　设定：1

●WRITE TO F-ROM（PMC-SB7：K902.0）编辑程序后自动写入 Flash ROM

0：NO 1：YES　设定：1

●RAM WRITE ENABLE（PMC-SB7：K900.4）RAM 写入有效

0：NO 1：YES　设定：1

●DATA TBL CNTL SCREEN（PMC-SB7：K900.7）显示数据表管理画面

0：NO 1：YES　设定：1

●HIDE PMC PROGRAM（PMC-SB7：K900.0）隐藏 PMC 程序

0：NO 1：YES　设定：0

●LADDER START（PMC-SB7：K900.2）梯形图执行的启动方式

0：AUTO 1：MANUAL　设定：0

●ALLOW PMC STOP（PMC-SB7：K902.2）允许对 PMC 进行 run/stop 操作

0：NO 1：YES　设定：1

●PROGRAMMER ENABLE（PMC-SB7：K900.1）允许编程功能

0：NO 1：YES　设定：1

此外，还必须在 CNC“系统菜单”→“PMC”→“MONIT”→“ONLINE”中把“PARAMETERS FOR ONLINE MONITOR”、“RS232-C”和“F-BUS”选择为“NOT USE”以使在线监控功能无效。

PMC-SB7 的设定画面见图 10-32。

③　显示 PMC 画面。显示 PMC 画面的操作步骤如下：

a）在 MDI 键盘上按【SYSTEM】键。

b）在软键上按【PMC】键，则显示如图 10-33 界面。

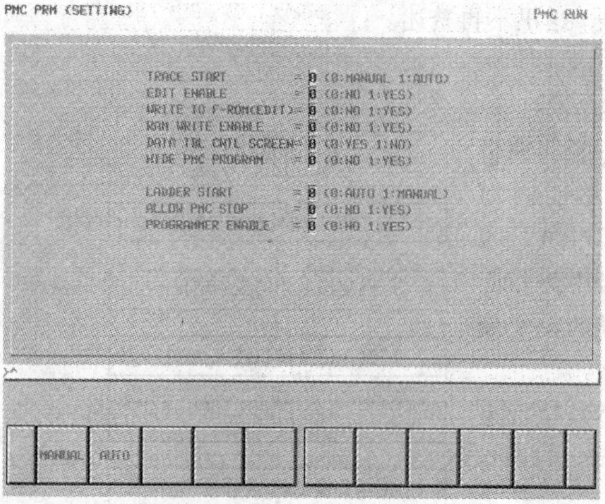

图 10-32 PMC-SB7 设定画面

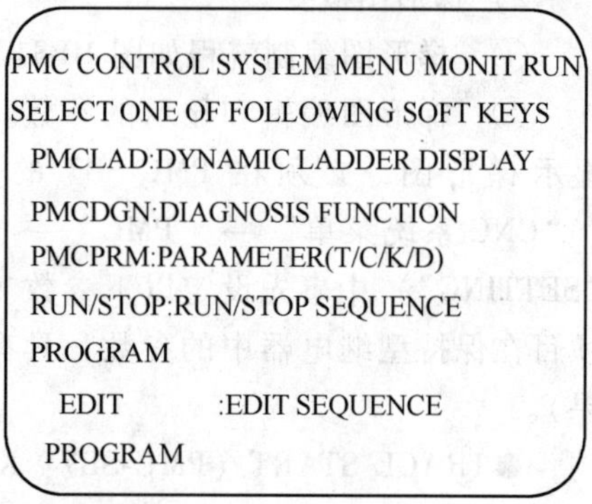

图 10-33 PMC 控制系统菜单

c）内部编程器启动后，按右端的继续键[→]时，将进一步显示如下所示的菜单。

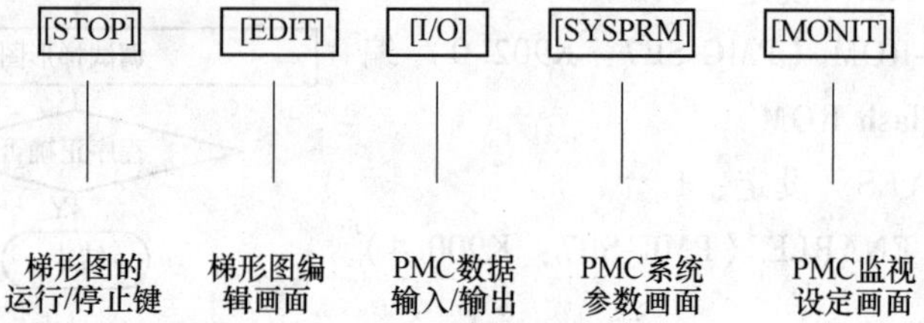

④ 梯形图监控编辑功能画面。通常包括下列画面：梯形图监控画面、集中监控画面、梯形图编辑画面、网格编辑画面、程序列表浏览画面和程序列表编辑画面等。各画面之间的联系如图 10-34 所示。

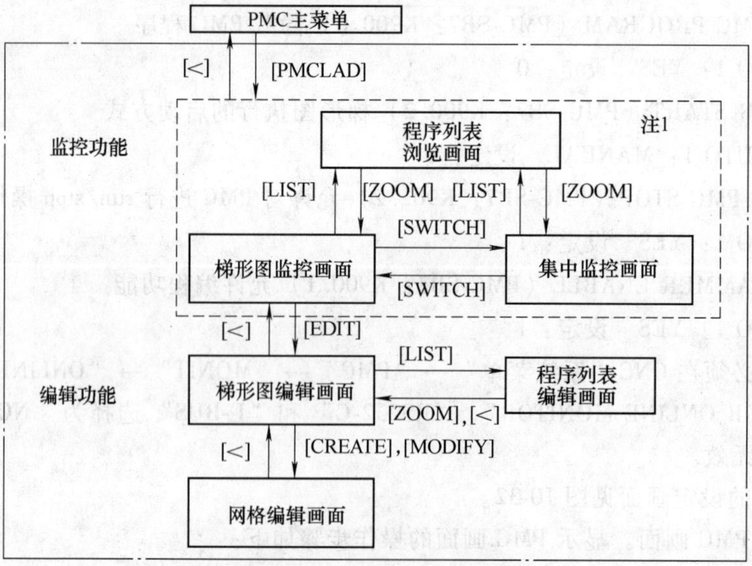

图 10-34 PMC 画面之间的联系

画面结构如图 10-35 所示。

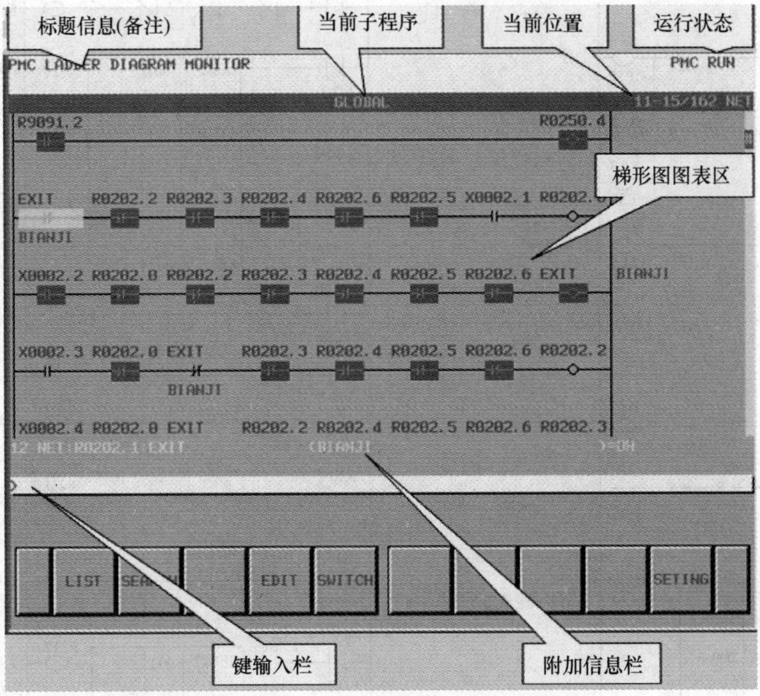

图 10-35　梯形图监控画面的结构

操作软键如图 10-36 所示。

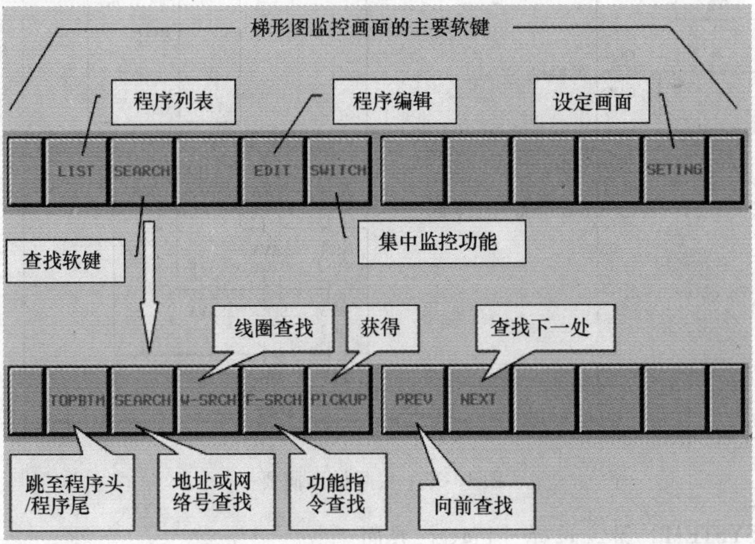

图 10-36　梯形图操作软键示意图

3）实际梯形图。实际梯形图摘要如图 10-37 所示。

4）梯形图传送。用以太网在 PC 机和 CNC 系统间传送梯形图比以前用 RS232-C 口传送要快得多。为此必须进行以下操作和设定以下参数。

在 CNC 系统的 MDI 键盘上：

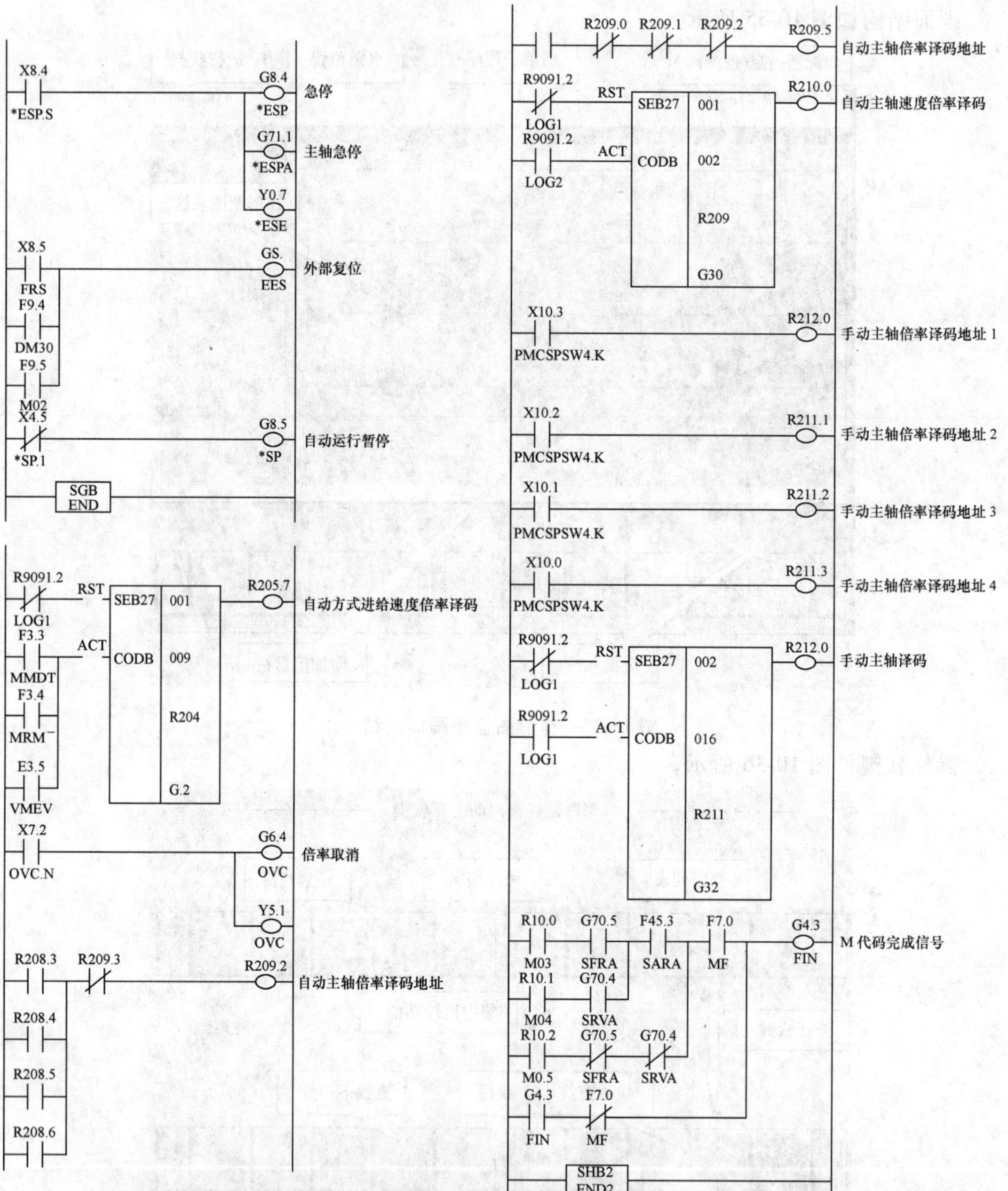

图 10-37 实际梯形摘要

① 按［SYSTEM］键，选择［PMC］界面。

② 在［PMC］界面上按［MONIT］键，然后再按［ONLINE］键。

③ 在［ONLINE］的参数界面上，用光标键（左向键）将“High Speed I/F（高速接口）”置于［ON］（即使用以太网），如图 10-38 所示。

在 PC 机侧：

① 运行 FAPT LADDER-Ⅲ，如图 10-39 所示。

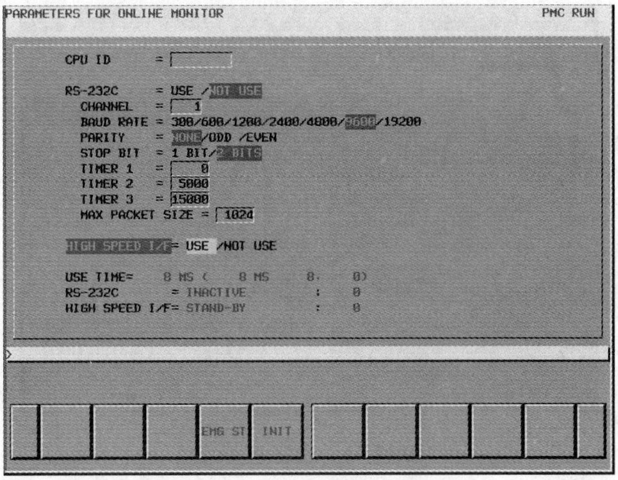

图 10-38　PMC 监控设定画面

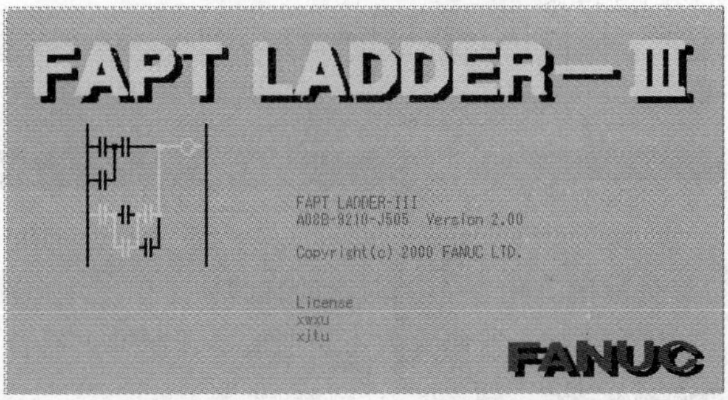

图 10-39　FAPT LADDER-Ⅲ初始界面

②　在菜单中单击“Tool”，出现“Communication”，单击后则出现图 10-40 所示［Communication］对话框。

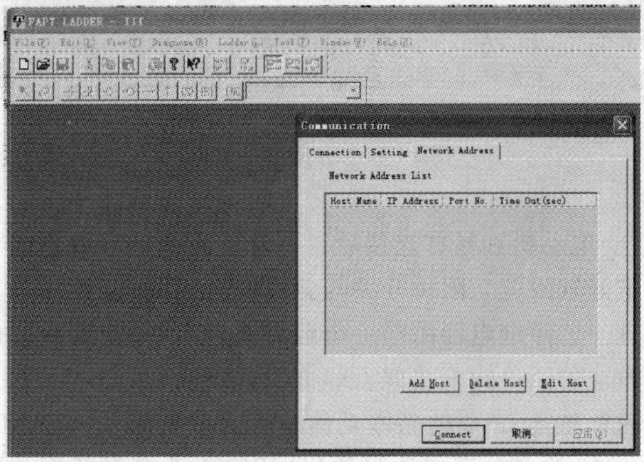

图 10-40　［Communication］对话框

③　在［Communication］对话框中单击“Add host”，设定主机（Host）的 IP 地址。如：192.168.1.45。单击“OK”，于是，在“Use device”中即设定了与之通讯设备的 IP 地址，如图 10-41 所示。

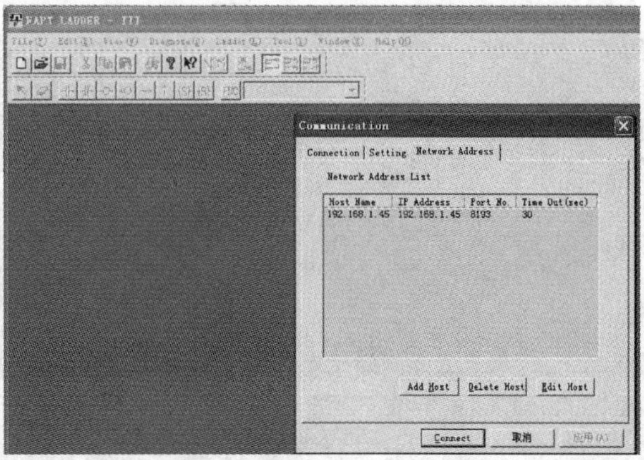

图 10-41 通信 IP 设定

④ 之后，单击“CONNECT”即显示连接过程如图 10-42 所示，然后就可以像通常用 RS232-C 口一样进行梯形图的传送。

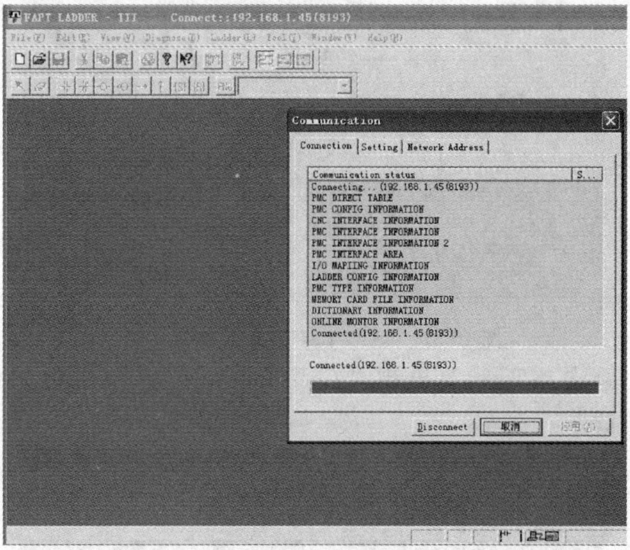

图 10-42 通信连接过程

（4）机床调试

1）安全功能设置。电动机和丝杠连接后，一定应先调试好硬限位，即将行程开关串入急停回路。并实际设定好软限位。限位开关与急停的连接如图 10-43 所示。图中超程与急停信号串联起来一并处理。急停继电器的第一个触点接到 CNC 控制单元的急停输入（X8.4），第二个触点接到电源模块的急停输入接口 CX4 的 2、3 脚。

数控系统进行超程检测是 CNC 的基本功能，称为软件限位。FANUC 21i 中软限位参数为 P1320 和 P1321。P1320 为各轴正向软限位值，P1321 为各轴负向软限位值，单位为最小指令单位。通常软限位在机床参考点建立后才起作用。软限位和硬限位的位置关系如图 10-44 所示（以 *X* 轴为例）。

2）误差补偿设置。定位精度是机床各坐标轴在数控系统控制下所能达到的位置精度，定位精度取决于数控系统和机械传动误差。数控系统通常通过反向间隙补偿和螺距误差补偿

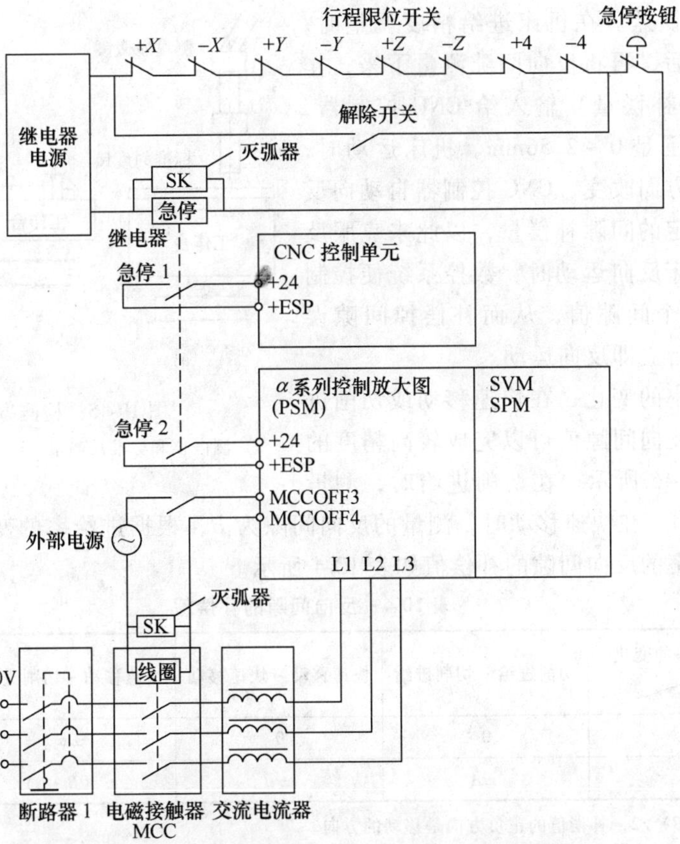

图 10-43 限位开关与急停的连接

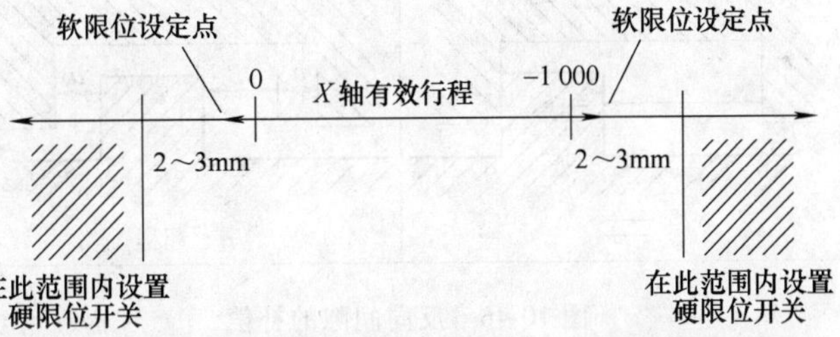

图 10-44 软限位和硬限位的位置关系

来提高定位精度。因此反向间隙补偿和螺距误差补偿是机床精度调试的重要内容。

反向间隙测量以及螺距误差测量的检测方法及仪器如图 10-45 所示。图 10-45a 为测微仪和标准尺测量。图 10-45b 为双频激光干涉仪测量。前者的检测精度与检测技巧有关，较好的情况下可控制到 0.004 ~ 0.005mm/1000mm，而激光测量的精度可较标准尺提高一倍。可参考基础实验七。

① 反向间隙补偿。数控设备一般采用滚珠丝杠作为进给传动元件，由于丝杠和螺母在制造精度上的限制和使用过程中的磨损，使得丝杠和螺母之间有一定的间隙，无法用机械的方法来消除。如果设备工作台采用间接位置检测的工作方式，监测元件不是装在工作台上，而是装在丝杠上，则通过测量丝杠的转角来间接测定工作台的位移。由于工作台有一段工作死区，每当进给方向改变时，丝杠必须首先反向转过一定角度，克服间隙，工作台才向反方向移动，这就出现工作台反向运动时电动机空走而工作台滞后运动的现象，从而造成开环或

半闭环系统的误差。在机床进给精度调整时，先调整和预紧后，再将反向间隙测量下来，作为控制参数（补偿量）输入给 CNC 控制器，一般的补偿范围是 0 ~ 2.56mm。机床运动时，每当遇到进给方向改变，CNC 控制器自动向反方向多加入设定的间隙补偿量，以此来克服反向间隙，当机床反向运动时，数控系统便控制电动机多走一个间隙值，从而补偿掉间隙误差，使得工作台立即反向运动。

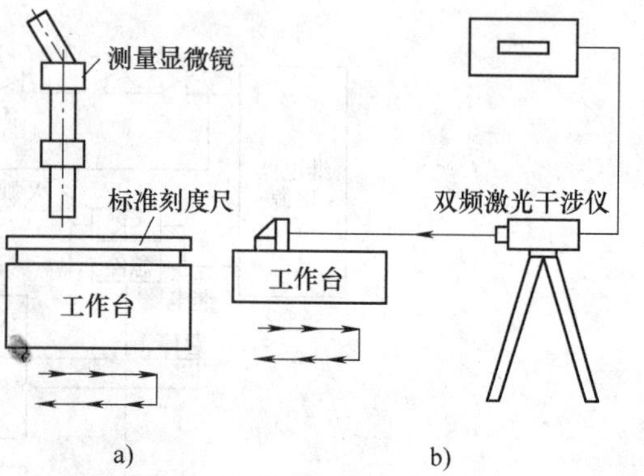

图 10-45 检测方法及仪器

a）测微仪和标准尺测量 b）双频激光干涉仪测量

根据进给率的变化，在快速移动或切削进给时用不同的反向间隙值可以完成较高精度的加工，如图 10-46 所示。在切削进给时，测量的反向间隙为 A；在快速移动时，测量的反向间隙为 B，根据进给率的变化和移动方向的变化，不同进给率的反向间隙的补偿值如表 10-4 所示。

表 10-4 反向间隙的补偿值

进给率的变化 / 移动方向的变化	切削进给 ~ 切削进给	快速移动 ~ 快速移动	快速移动 ~ 切削进给	切削进给 ~ 快速移动
相同方向	0	0	$\pm a$	$\pm(-a)$
相反方向	$\pm A$	$\pm B$	$\pm(B+a)$	$\pm(B+a)$

注：$a=(A-B)/2$，补偿值的正负方向是移动的方向。

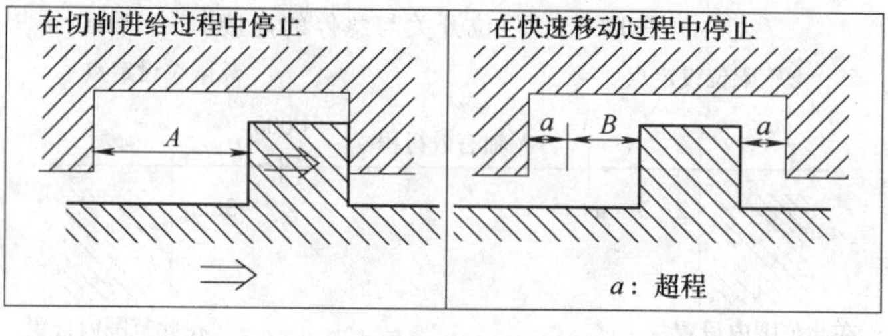

图 10-46 反向间隙的补偿

在 21i 系统中，具体操作为：①设定间隙补偿量控制功能参数，即 P1800#4（RBK）设定为 1，将系统的切削进给和快速进给的间隙补偿量分开进行控制；②将测量的切削进给和快速进给的反向间隙量按机床的检测单位折算成具体数值，设定在参数 P1851（切削进给方式的间隙补偿量）和 P1852（快速进给方式的间隙补偿量）中。

切削进给和快速进给分别指定反向间隙，当参数 P1800#4（RBK）设为 1 时执行补偿，为 0 时不执行补偿。

参数 P1851 用来设定各轴的反向间隙补偿值。数据类型为字轴型参数，数据单位为控制单位，有效数据范围为 -9999 ~ +9999。注意，当 RBK 为 1 的时候，该参数设定切削进给的反向间隙误差补偿值，上电后，当机床的运动方向与返回参考点的方向相反时进行第一个反向间隙补偿。

参数 P1852 用来设定各轴快速移动的反向间隙补偿值。数据类型为字轴型参数，数据单位为控制单位，有效数据范围如 -9999 ~ +9999。注意只有当 RBK 为 1 时该参数才有效。

② 螺距误差补偿。螺距误差补偿的原理就是将数控机床某轴的指令位置与高精度测量系统所测得的实际位置相比较，计算出全行程上的误差分布曲线，将误差以表格的形式输入数控系统中，以后数控系统在控制该轴运动时，会自动计算该差值并加以补偿。机床精度调整时，设置若干个补偿点，在每个补偿点处将工作台的位置测量出来，确定补偿值，作为控制参数输入给 CNC。机床运行时，工作台每经过一个补偿点，CNC 控制机就向规定的方向加入一个补偿量，补偿掉螺距误差，使工作台到达正确的位置。

FANUC 21i 系统的螺距误差补偿方法及步骤如下：

a）确定参考位置的补偿位置编号，在参数 P3620 中设置。

b）确定最负端补偿位置编号，在参数 P3621 中设置；最负端补偿位置编号 = 参考位置的补偿位置编号 - 机床负向行程长度/间隔值 + 1。

c）确定最正端补偿位置编号，在参数 P3622 中设置；最正端补偿位置编号 = 参考位置的补偿位置编号 + 机床负向行程长度/间隔值。

d）确定螺距补偿点倍率，在参数 P3623 中设置。

e）确定螺距误差补偿位置的间隔，在参数 P3624 中设置；此间隔为等间隔，但对其最小值限制，最小间隔（单位：mm）= 最大进给速度（单位为 mm/min）/7500。

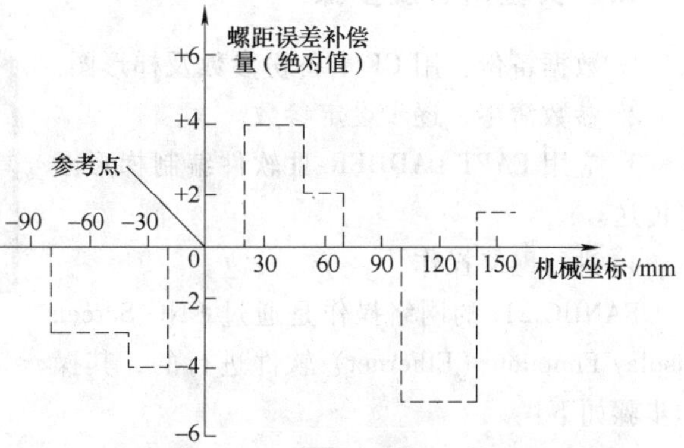

图 10-47 *X* 轴误差图

f）根据测量的轴误差图，输入各补偿点的值。

该机床加装 *A* 轴后，*X* 轴行程为 -90 ~ +150mm，经测量，其轴误差图如图 10-47 所示，各点的补偿点的值如表 10-5 所示，各参数的类型及有效范围见表 10-6。

表 10-5 各点补偿的值

编码	38	39	40	41	42	43	44	45
补偿量	+3	+1	-4	+4	-2	-2	+5	-6

表 10-6 螺距误差补偿参数类型

参数	3620	3621	3622	3623	3624
数据类型	字轴型	字轴型	字轴型	字节轴型	双字轴型
数据单位	数字	数字	数字	1	0.001mm（deg）
有效值范围	0 ~ 1023	0 ~ 1023	0 ~ 1023	0 ~ 100	0 ~ 99999999

螺距误差补偿数据可以由外部设备进行设定，也可以由 MDI 面板设定。这些参数设定后必须关断电源，重新启动系统，设置才有效。

螺距误差补偿设置注意事项如下。

a）补偿值的范围设定为：-7 × 补偿倍率（检测单位）~ +7 × 补偿倍率（检测单位）。

b）参数 3622 的设定值必须大于参数 3620 的设定值。

c）旋转轴的螺距误差补偿，对于旋转轴而言，螺距误差补偿点的间隔必须设定成每转的移动量（通常为360°分之一）的整数倍；每转的全部螺距误差的补偿值的总和必须为0；另外，在每一转的相同位置必须设定相同的补偿值。

d）螺距误差补偿点是等间距排列的，对于每一个轴都要设定相邻点之间的距离；螺距误差补偿点的间隔是受到限制的，并且由以下公式决定：

螺距误差补偿点的间隔 = 最大进给率（快速进给）/3750

e）以下情况不执行螺距误差补偿：上电后机床未返回参考点（不包括使用绝对位置编码器的情况）；螺距误差补偿点之间的间隔为0；正向或者反向的补偿位置号不在0～1023的范围内；补偿号不符合以下关系时：负向≤参数点＜正向。

四、实验内容及步骤

1. 数据备份：用CF卡备份参数及梯形图。
2. 参数清零，逐步设定参数。
3. 应用FAPT LADDER-Ⅲ软件编制梯形图并传送。
4. 进行网络操作

FANUC 21i 的网络操作是通过 CNC Screen Display Function（Ethernet）软件进行的，其操作步骤如下：

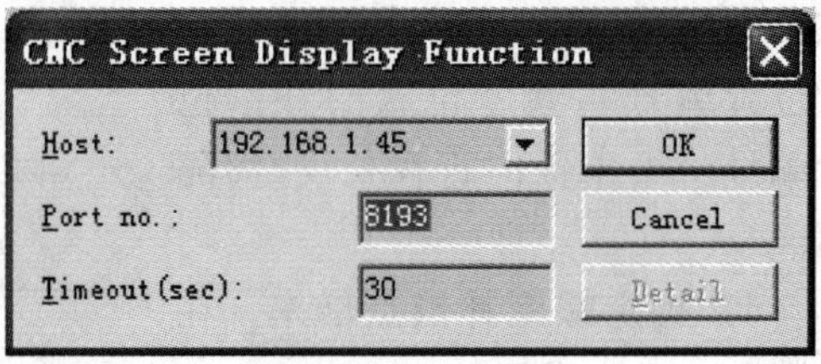

图10-48　CNC网址

1）单击开始的菜单中 CNC Screen Display Function (Ethernet)图标，出现如图10-48画面。

2）单击“OK”，则出现如图10-49画面。

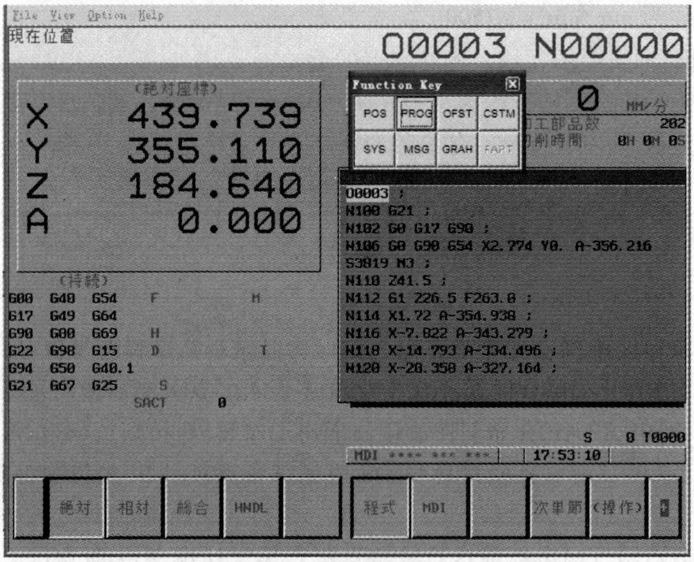

图10-49　计算机操作界面

3）单击“Function Key”框中的“OFST”并按［＋］键，出现图10-50所示软键。

4）单击“操作PN”出现操作盘界面，如图10-51所示。

5）在操作盘上，可用计算机键盘上的方向键选择方式，选择软开关，进行手动进给，

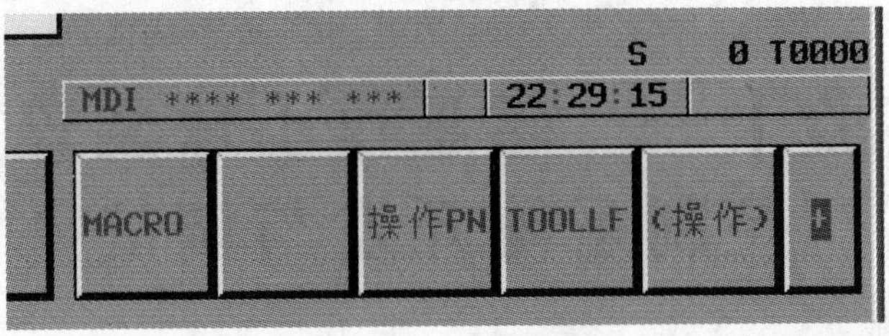

图 10-50　操作软键

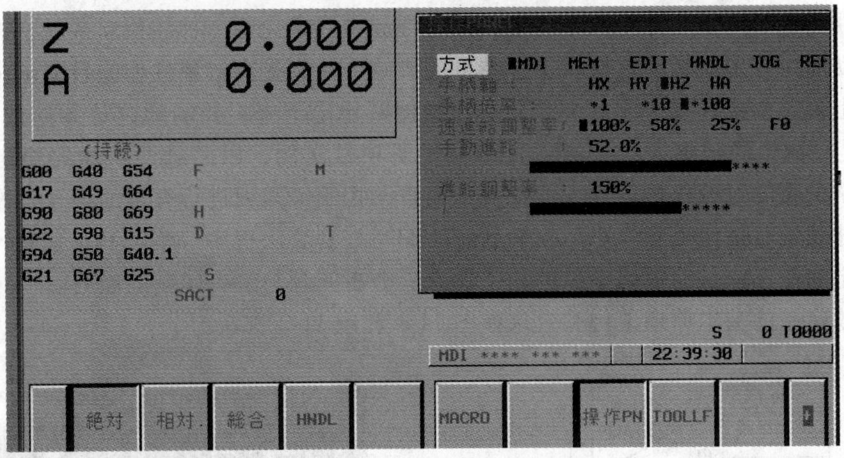

图 10-51　操作盘画面

自动运行等操作。

5. 实验安排及要求

1）实验总体介绍及相关知识辅导（1 ~ 3 周）。学习数控机床改造的相关知识，掌握数控机床的结构、硬件连接。

2）分析两机床改造的方案（4 ~ 5 周）。熟悉铣床的结构、传动、控制及加工要求，掌握最大的切削负载转矩、负载惯量及空载加速转矩等计算，验算伺服电动机选取是否合适。

3）根据电气控制原理图，进行数控系统硬件连接（7 ~ 9 周）。熟悉数控机床的控制原理，根据改造方案及机床功能要求绘制电气原理图，拆除原连线后做好标记，并对数控系统硬件重新进行连接。用万用表检查各个回路进出电压和电流是否正常，正常后系统上电。

4）机床参数设置、梯形图编制及功能调试（10 ~ 14 周）。

a）掌握机床轴参数、位置环增益、速度环增益、加速度等参数的设置，对机床参数备份后进行各类参数设置。

b）备份梯形图，重新编写传送梯形图。

c）进行机床调试：主要是安全功能及精度调试，精度调试中用激光干涉仪测量机床各轴的反向间隙及螺距误差，并分别进行补偿。

5）加工程序编制及零件加工，考核机床稳定性及加工精度（15 周）。

6）实验总结及答辩（16 周）。

a）提交电气控制原理图、各种计算数据，绘出螺距误差补偿表。

b）简述调试过程中出现的问题，收获及体会，制作答辩资料，进行现场答辩。

实验十一　磁悬浮小球装置及控制系统开发与调试

一、实验简介

磁悬浮是利用电磁相互作用原理将物体悬浮起来以避免两个物体相互接触，进而消除物体相对滑动时摩擦力对运动性能及定位精度的影响，达到提高对象性能的目的。由于磁悬浮系统本质上是不稳定系统，因此必须通过控制使其稳定下来。控制理论是数控技术的基础，PID 控制是控制论的基本方法，本项目结合科研项目实例，以磁悬浮小球的稳定控制为目的，要求学生将学过的机械设计、数控技术与自动控制等知识进行有机的融合，设计并制作磁悬浮小球装置，搭建磁悬浮小球控制系统，编写控制算法程序，整定 PID 参数，最终使小球实现稳定的悬浮。从而锻炼学生的动手能力、分析问题与解决问题的能力。

本开放实验的基本原理架构和效果如图 11-1 和图 11-2 所示。

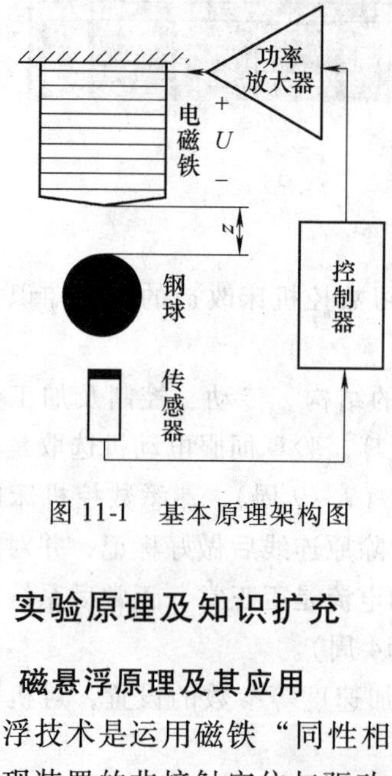

图 11-1　基本原理架构图

图 11-2　效果图

二、实验原理及知识扩充

（一）磁悬浮原理及其应用

磁悬浮技术是运用磁铁“同性相斥，异性相吸”的性质，使磁铁具有抗拒地心引力的能力，实现装置的非接触定位与驱动，满足特殊需求。比如磁悬浮轴承就是利用磁悬浮原理实现空间定位，以消除普通轴承在超高速状态下的发热问题。由于磁铁有同性相斥和异性相吸两种形式，故磁悬浮技术也有两种形式：一种是利用磁铁同性相斥原理而设计的电磁悬浮系统，它利用磁铁形成的磁场与线圈形成的磁场之间所产生的相斥力，使物体悬浮；另一种则是利用磁铁异性相吸原理而设计的系统，它利用吸引力与物体的重力平衡，从而使物体悬浮。

1. 磁悬浮分类

磁悬浮按其驱动形式可分为：常导悬浮、超导悬浮和永磁体悬浮三种，这三种悬浮分别指形成悬浮力需要利用常温导体制造的电磁铁、超导材料制造的电磁铁和永磁铁产生的磁场。

（1）永磁体悬浮　永磁体是用硬磁材料充磁使其具有很强的剩磁效应制造的。无论采用斥力还是吸引力方式实现悬浮，永磁体在使用中都不消耗能量，因此在节能要求高的场合有特殊的优势。其缺点是永磁体产生的磁场难以控制，因此需要和常导电磁铁组合使用。而且强永磁体制作成本高，普通材料又难以产生足够的磁感应强度，因此工作受到限制。

（2）超导悬浮　超导悬浮是在空心超导线圈中通入强电流，从而产生强磁场实现悬浮。超导悬浮有吸引力悬浮和斥力悬浮两种形式。吸引力悬浮式，由于电流难以控制，所以常与常导方式结合使用。斥力悬浮式，是让超导体与另一个导体产生相对运动，利用在另一导体中产生的感应电流来获得斥力。超导电磁铁悬浮常用于磁悬浮列车。超导电磁铁悬浮的优点是系统是自稳定的，无需主动控制，也无需沉重的铁芯，线圈能量损耗少。但是，超导悬浮系统需要复杂的液氮冷却系统。

（3）高频感应电涡流悬浮　高频感应线圈产生的高频交变磁场可以在金属中感应出电涡流，这样的涡流也同样会产生磁场，而且必定与原来磁场方向相反，可以利用这一原理实现斥力悬浮。这种方法的优点是可以对任何导电体实现静止悬浮，不要求悬浮体是导磁体，这种方法已经应用于高纯度、高熔点金属的熔炼，由于感应悬浮方法的悬浮力决定于感应电流的大小，而且一般采用常导线圈，能耗较大，应用面较窄。

（4）可控直流常导电磁铁悬浮　常导磁悬浮是利用通入直流电流的常导线圈所产生的磁场，对铁磁材料产生的吸引力来实现悬浮的。由于这种悬浮方式本质上是不稳定的，因此需要对悬浮气隙进行闭环控制，调节线圈的电流来控制吸引力的大小，从而实现被悬浮物体的稳定悬浮。为提高磁感应强度，通常将线圈绕在铁磁材料的铁芯上，这种方式要求引入主动控制系统来维持稳定悬浮，被悬浮物必须是导磁体。本实验磁悬浮小球就属于直流常导电磁铁悬浮，因此就需要构建控制系统并通过调节控制参数实现稳定悬浮。

2. 磁悬浮特点

磁悬浮技术主要有以下突出优点：

1）无接触。由于定子和动子没有物理接触，因此也就没有摩擦和机械磨损，因此能够实现低能耗、低噪声和低维护费用，并且在某些超精密定位和超高速运动领域具有很好的应用。

2）不需要支撑介质。因此可在真空、超净、高温、低温等各种特殊条件下应用，而且可以长期工作无需润滑和维护。

3）可以实现主动控制。所以能够在各种需要减振、支撑刚度需要改变的系统中得到应用，也易于实现计算机控制，进而实现运动控制、自动监控和状态诊断。

4）受力分布均匀。由于磁悬浮支撑力是均匀分布在整个磁极面上，大大减轻了应力，可以降低系统制造成本，提高寿命和可靠性。

3. 磁悬浮技术应用

由于磁悬浮技术所具有的优点，使得磁悬浮技术的应用领域非常广泛，主要包括：磁悬浮列车，磁悬浮轴承，磁悬浮冶炼，磁悬浮防振，磁悬浮超精密定位。

（二）自动控制理论及控制系统构建

1. 自动控制理论

一个物理对象要想达到期望的目标，就必须根据对象当前的状态与期望的偏差进行校正，这就是自动控制的一般原理。如图 11-3 所示。

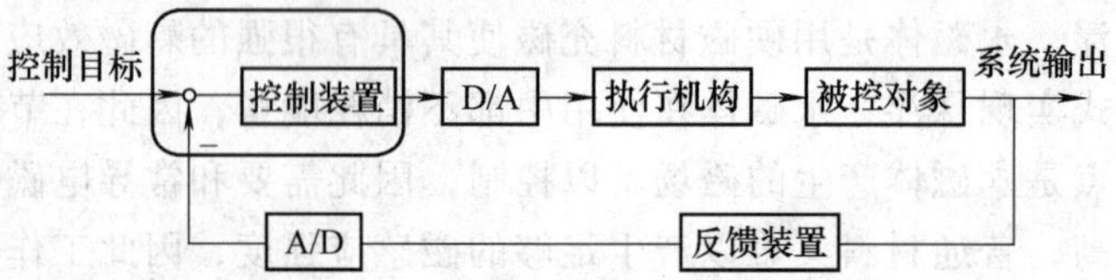

图 11-3　自动控制的一般原理

计算机控制过程如下：控制开始前首先由操作人员根据被控对象的要求设置控制目标，然后启动自动控制功能。由于计算机控制系统按照一定的时间节拍（即控制周期）来执行控制功能，因此当控制周期到来时，控制目标与反馈装置测得的被控对象当前状态进行比较，算得偏差，然后控制装置（计算机）根据操作人员使用的控制算法计算当前时刻的控制量，然后将控制量输出到执行机构，执行机构根据控制指令推动被控对象产生动作，使得偏差减小。就这样，自动控制作用按照控制周期循环往复，直到偏差减小到零，即控制对象完全实现操作人员设定的控制目标为止，控制作用才会终止，因此自动控制也称为偏差控制。需要强调的是，自动控制是以控制周期为节拍进行的，虽然从总体上看自动控制系统属于闭环控制，但在每个控制周期内控制装置是无法测量系统状态并产生控制的，因此在每个控制周期内系统是开环的，这就产生了一个重要问题，即控制周期的选取。为了更好的及时的对环境和被控制对象的状态作出响应，通常选择较小的控制周期并且周期越小越好，但过小的控制周期会给硬件带来过高要求而使得价格非常昂贵，有时甚至不能实现，另外过小的周期还会使得控制算法在执行微分运算时放大外界扰动的作用以及计算机字长的影响，反而会降低控制性能。因此控制周期需要根据控制对象的特性和控制指标要求选取，通常如果被控对象不稳定则控制周期选取得适当小一些，比如磁悬浮小球系统通常可选 1 ms 左右。本质上看控制周期的选取与被控对象的固有频率有关，固有频率越高说明系统惯性小，状态更容易发生改变，这时就要求更快的控制频率来抑制被控对象状态的改变。

从图 11-3 可以看出，一个物理对象或生产过程的控制系统包括如下几点。

1）被控对象。在物理上是需要实现控制的设备、机械和生产过程，在理论上需要将物理对象抽象为微分方程，并变换为传递函数。

2）控制目标。是人们期望被控对象达到的状态，控制目标可以是静态的也可以是动态的，完全由操作人员根据生产要求指定。

3）控制装置。对于计算机控制系统来说，控制装置指的就是计算机，控制装置根据控制目标与当前状态的偏差，运用控制算法，给出控制量。

4）执行机构。将控制装置给出的控制量进行放大，驱动被控对象产生动作，达到减小偏差的目的。执行机构包括电动机、液压元件、气动元件等。

5）反馈装置。就是传感器，将被控对象的当前状态物理量变为电信号，输入到控制装置中，作为控制装置处理偏差的依据。

6）接口。接口包括输入接口和输出接口，输入与输出是相对于控制装置来说的，输入接口是传感器输入控制装置的通道，对于实验室构建的控制系统来说，常采用数据采集卡作为输入接口，根据模拟量信号、数字量信号、脉冲信号等的不同，数据采集卡包括不同的功能或通道，目前市场上销售的数据采集卡经常同时具备多种通道。输出接口是将控制装置的控制指令传输给执行机构，实验室中常用输出卡作为输出接口，输出卡通常包括有模拟量输出通道、数字量输出通道和脉冲量输出通道。接口设备的选择需要根据整个控制系统信号的类型及要求进行选择。

2. 控制系统硬件构建

根据图 11-3 所示的控制系统原理框图可以看出，计算机控制系统硬件开发主要就是控制装置的选择或开发、传感器的选择、输入接口的选择或开发、输出接口的选择或开发。要想构建一套恰当的控制系统，首先需要对这些关键部件的性能进行正确的认识，图 11-4 是计算机控制系统组成框图。

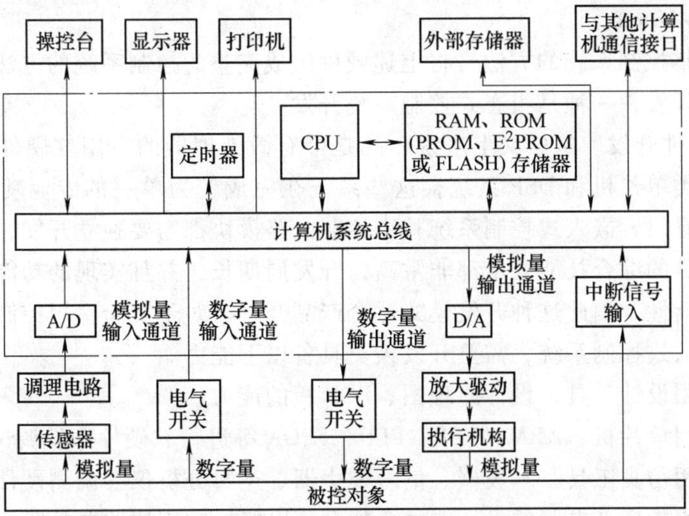

图 11-4　计算机控制系统组成框图

（1）控制系统对计算机或 CPU 的要求

1）实时处理能力。计算机控制系统为了保证良好的控制性能，要求控制周期尽量小，因此选择计算机或 CPU 时其运算速度和计算机字长就是要考虑的主要因素。

2）比较完善的中断系统。在实际控制过程中，由于控制对象或生产过程工艺的复杂性，经常需要控制系统针对控制系统本身和设备的意外状态作出不同实时程度的处理，这就要求计算机应具有完善的中断系统以应对这种需求。甚至有些自动控制系统就是按照多重中断来组织的。

（2）对输入输出通道的要求

1）有足够的输入通道数。输入输出通道包括模拟量和开关量通道，开发控制系统之前需要认真分析为了实现生产过程的控制所需的模拟量输入通道、模拟量输出通道、开关量输入通道、开关量输出通道的数量，特别是辅助功能所需的通道数，同时还用具有一定的扩充能力以应对功能的改变或增加。

2）有足够的精度和分辨率。主要指的是模拟量输入输出的精度和分辨率，其中需要关注的主要指标是分辨率，分辨率定义为当数字量发生单位变化时模拟量的变化量，常用 AD 和 DA 的位数来表示，目前常用的分辨率有 8 位、12 位，高分辨率的有 16 位，更高分辨率的芯片或板卡价格高，一般很少采用。

3）有足够的变换速度。常用转换时间来表示，限制变换速度的关键是 AD 转换时间，因此构建控制系统时主要考虑 AD 变换速度。AD 转换时最小有效位常以 LSB 表示，转换时间定义为 AD 转换器中的输入代码有满刻度值的变化时，输出模拟信号达到满刻度值 LSB 时所需要的时间。实际使用时 AD 转换通常用最大采样速率表示，常用的采样速率有100 kbps，高采样速率通常有 1 Mbps。在实际控制中，采样速率越高越好，采样速率越高意味着控制时拥有的当前时刻系统状态数据越多，采用滤波算法时的数据样本就越多，更能准确反映系统的当前态，但采样速率越高则器件价格越高，实际构建控制系统时需要进行综合考虑。

4）信号的电平匹配。AD 转换时模拟信号的电平要与选择的芯片或采用的 AD 器件相匹配，通常模拟量信号分为电压型和电流型，电压型常见的电平有 ±5V、0～10V 等，电流型常见的规格有 4～20mA。

（3）组成完整控制系统的方法　将上述硬件组成完整的控制系统的方法有两种方式，一种是嵌入式硬件开发，一种是组态式控制系统开发。

1）嵌入式硬件开发。从广义上来说，凡是带有微处理器的专用软硬件系统都可称为嵌入式系统，如各类单片机和 DSP 系统，这些系统在完成较为单一的专业功能时具有简洁高效的特点。可以看出，嵌入式控制系统整个控制电路模块都需要独立开发，因此开发的工作量以及对开发人员的综合技能要求都非常高，开发周期长，并且实现的功能非常单一，难以做到通用性和灵活性，因此这种开发模式适合产品开发，对于实验室用控制系统并不合适。

要开发出嵌入式控制系统，需要开发人员具备以下能力。

① 熟练运用设计工具，设计原理图、PCB 板的能力。

② 熟练运用单片机、ARM、DSP、PLD、FPGA 等进行软硬件开发调试的能力。

③ 熟练运用仿真工具、示波器、信号发生器、逻辑分析仪等调测硬件的能力。

④ 掌握常用的标准电路的设计能力，如复位电路、常用滤波器电路、功放电路、高速信号传输线的匹配电路等。

一般嵌入式控制系统的开发过程如下。

① 明确硬件总体需求情况，如 CPU 处理能力、存储容量及速度、I/O 端口的分配、接口要求、电平要求、特殊电路要求等等。

② 根据需求分析制定硬件总体方案，寻求关键器件及相关技术资料、技术途径和技术支持，充分考虑技术可行性、可靠性和成本控制，并对开发调试工具提出明确要求。关键器件可试着去索取样品。

③ 总体方案确定后，做硬件和软件的详细设计，包括绘制硬件原理图、软件功能框图、PCB 设计、同时完成开发元器件清单。

④ 做好 PCB 板后，对原理设计中的各个功能单元进行焊接调试，必要时修改原理图并作记录。

⑤ 软硬件系统联调，一般情况下，经过联调后原理及 PCB 设计上有所调整，需要二次制板。

⑥ 可靠性测试、稳定性测试，通过验收，项目完成。

可以看出，采用这种方法开发实验室用磁悬浮小球控制系统是不合适的，首先是开发周期、技术难度较大，其次开发出的系统通用性和扩展性都较差，不适合做研究，因此本开放实验将采用组态式控制系统开发方式。

2）组态式控制系统开发。组态式控制系统开发的特点是不需要开发硬件，而是选择硬件进行集成，其基本的开发流程如图 11-5 所示。

这种开发模式虽然不开发硬件，但首先还是需要根据控制对象的特点进行需求分析，确定输入信号和输出信号的种类、参数、个数等，还要根据控制对象的特点估计控制系统的性能参数，然后确定控制系统的整体构建方案。

常见的实验室用控制系统的构建方案有集中式控制系统构建和上下位机式控制系统构建。

① 集中式控制系统构建。这种方案通常硬件采用工业计算机加 I/O 板卡的结构方式，比如某温度控制系统的结构方案如图 11-6 所示。

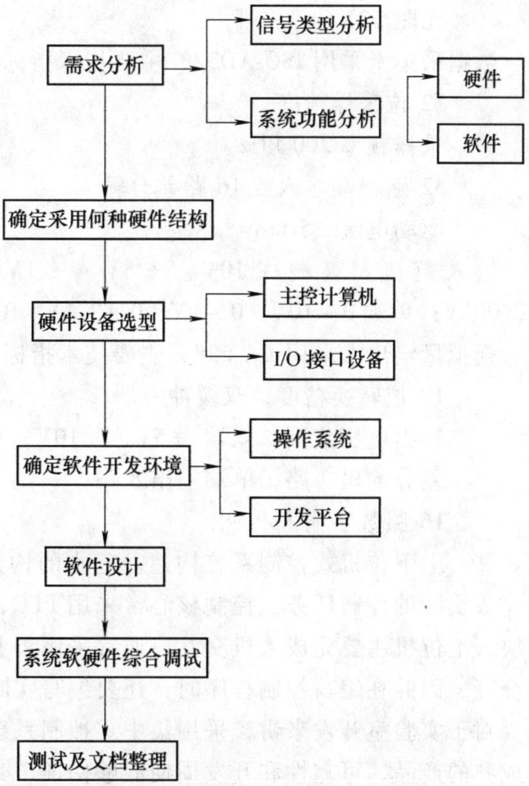

图 11-5　组态式控制系统开发流程

构建控制系统首先选择工业控制计算机，其次采购模拟量输入、输出板卡及接线端子、连接电缆等，如果需要开关量 I/O 则需要采购开关量 I/O 板，这些板卡最好都采用同样的总线，比如 PCI 总线。采购后，将这些板卡插到工业控制计算机的 PCI 总线插槽中，然后用连接电缆将板卡连到接线端子上，即完成控制系统的硬件组建。使用时，还需要将传感器、开关量 I/O 线连接到相应的接线端子上，以及将功放的信号线连接到接线端子上。

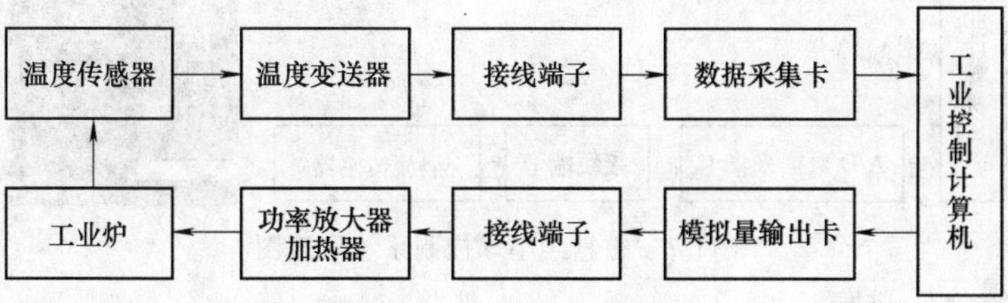

图 11-6　温度控制系统的结构方案

下面是一个选择硬件的例子。

工控机采用研华 IPC-610H，配置如下：

机箱 ICP-610H

主板 PCA-6006VE

底板 PCA-6114P4

硬盘 40 G

软驱 3.5

光驱 52X

数据采集卡采用 ISO-AD32，主要技术指标：

12 位采样精度

采样频率 200 kHz

32 路单端输入或 16 路差分输入

驱动电流 ±5 mA

输入范围：双端 ±10V、±5V、±1V、±0.5V、±0.1V、±0.05V、±0.01V、±0.005V；单端 0~10V、0~1V、0~0.1V、0~0.01V；可通过编程设置

模拟量输出卡采用 DA-628，主要技术指标：

12 位转换精度，双缓冲

输出电压范围：双端 ±5V、±10V，单端 0~10V、0~5V，可通过编程设置

差分输出 4 路，单端输出 8 路

16 路数字输入/输出

② 上下位机式控制系统构建。基本的构建方案与图 11-6 类似。在实际构建中，下位机完成实际的控制任务，控制核心常采用 PLC，相应的需要采购与 PLC 相适应的 AD 和 DA 模块；上位机主要完成人机交互，通常采用工业计算机；上下位机之间通过串行通信完成信息交互，因此在编写控制程序时，还要编写实时串行通信程序。

对于实验室开发来讲，采用集中式控制系统方案具有较大的优势，首先硬件部分都是采购成熟的产品，可靠性和开发周期能够保证，其次用工业计算机来执行控制任务具备非常丰富的软件资源，比如控制软件可以采用组态软件、Matlab/Simulink、Labview 等，以提高开发效率。对于控制算法非常复杂的应用场合，则可以采用 C、C++、VC、VB 等计算机语言编写控制程序。因此，本开放实验采用这种方法来构建控制系统。

本开放实验磁悬浮小球控制系统原理如图 11-7 所示。

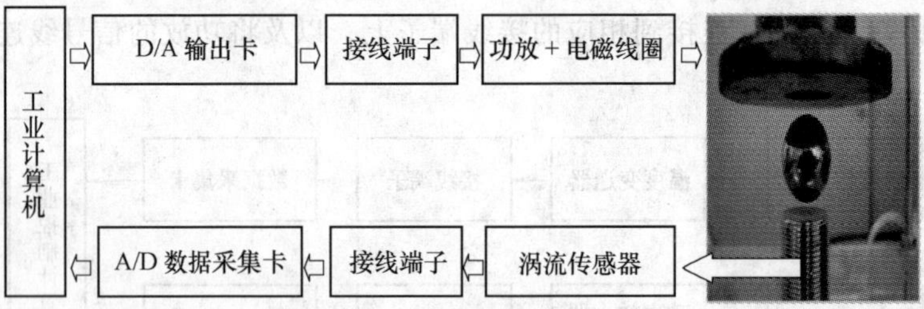

图 11-7　磁悬浮小球控制系统原理图

3. 控制系统软件开发

控制系统软件是在控制系统硬件基础上进行的，采用工业控制计算机加 I/O 板卡方式构建的控制系统，由于 I/O 板卡通常都支持目前流行的组态软件、Matlab/Simulink 和 Labview 软件，因此采用这些软件构建控制系统软件能够极大地提高开发效率，特别是在实验室应用中，因此本开放实验采用这种方式。另外，Matlab/Simulink 在控制系统性能仿真与分析方面具有强大的功能，可直接实现仿真结果的验证，实现分析与验证的无缝链接。因此为了锻炼学生掌握控制系统分析的能力，本实验采用 Matlab/Simulink 来编写控制程序。

（三）基于 Matlab/Simulink 的控制系统分析与实现

Matlab/Simulink 是 MathWorks 公司推出的动态系统仿真领域中最为著名的仿真集成环

境，它在控制系统建模、分析、仿真与控制算法研究方面得到广泛的应用。首先用 Simulink 环境对几个典型的环节进行仿真分析和控制器设计，然后再论述用 Simulink 构建实际控制系统的方法。

1. 传递函数模型的阶跃响应分析

$$G(s) = \frac{1}{s^3 + 2s^2 + s + 2} \tag{11-1}$$

利用 Simulink 建模，建立系统仿真模型如图 11-8 所示。

单击启动仿真按钮，双击示波器得到系统的阶跃响应如图 11-9 所示。

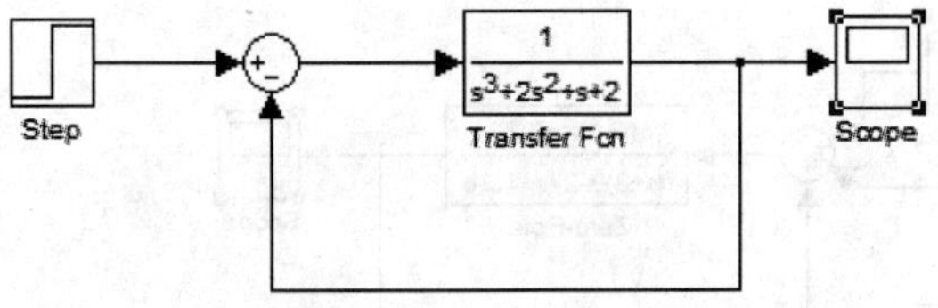

图 11-8 系统仿真模型

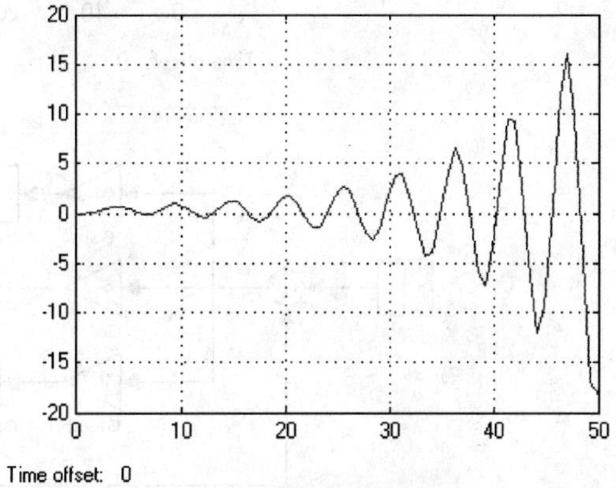

图 11-9 系统的阶跃响应

2. 控制器设计

设计控制器，使得下列系统稳定。

$$G(s) = \frac{(s+1)(s+2.3)}{(s+3)(s-2)(s+1.2)} \tag{11-2}$$

利用 Simulink 建模，未连入控制器时，仿真模型和响应如图 11-10、图 11-11 所示。

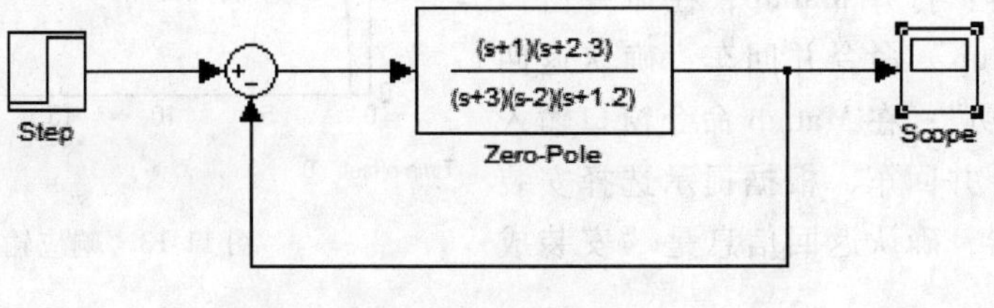

图 11-10 仿真模型

利用 Simulink 建模，设计控制器如图 11-12 所示。

从图 11-13 响应输出图形可以看出，连入控制器后系统稳定，性能明显提高。

3. 控制系统构建

使用数据采集卡 PCI-1712 和 PCI-1723 模拟量输出卡构建控制系统。模拟量数据采集卡 PCI-1712 和模拟量输出卡 PCI-1723 都是研华公司推出的模拟量 I/O 卡，研华公司在其网站或随卡附带光盘中都提供板卡的驱动以及与 Matlab/Simulink 的接口，可以很方便地构建硬件仿真环境和实验室控制系统，下面介绍如何使用 Simulink 环境和板卡构建磁悬浮控制算法验证环境。

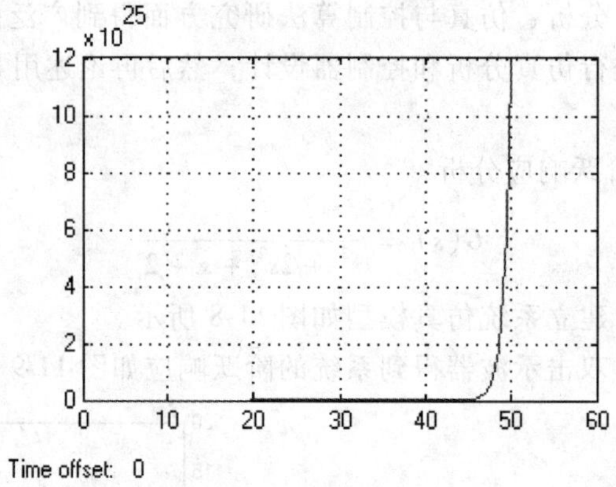

图 11-11 响应

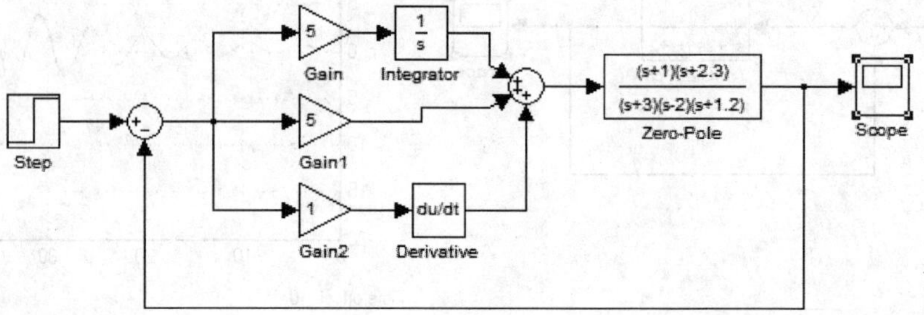

图 11-12 控制器建模

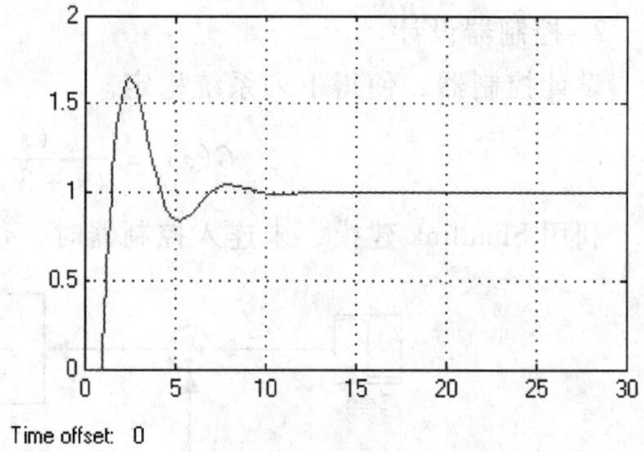

图 11-13 响应输出图

（1）软件安装

1）安装 VC ++6.0，默认安装即可。

2）安装 Matlab2008a 软件，默认安装即可。

3）安装 Real-Time Windows Target kernel 和 C MEX 编译器：打开 Matlab，在命令窗口输入“rtwintgt-setup”命令并回车，确认返回信息是“安装成功”；在 Matlab 命令窗口输入“mex-setup”命令并回车，根据提示选择安装 VC ++6.0 编译器，确认返回信息是“安装成功”。

4）安装板卡驱动（安装驱动前请不要将板卡插入计算机）：插入驱动光盘，单击运行，首先选择安装“Istallation”→“Advantech Device Manager”，安装完成后选择“Istallation”→“Individual Drivers”→“PCI Seriers”分别选择安装 PCI-1712L 和 PCI-1723，安装完成后关机，将板卡 PCI-1712L 和 PCI-1723 插入计算机 PCI 插槽，开机后 Windows 提示发现新硬件，选择自动安装，安装完成后在设备管理器查看 Windows 是否为板卡分配内存、中断号等资源，若已分配资源则安装成功。

（2）控制系统模型搭建

1）建立 Model 文件。在 Matlab 窗口工具栏“Current Directory”中设置当前工作目录，或在命令窗口输入“cd x：\ xxx \ xxx”并回车。例如输入“cd d：\ documents \ mysimulink”后回车。注意使用 cd 命令操作路径中不能含有空格。

在 Matlab 命令窗口输入“Simulink”命令并回车，在弹出的［Simulink Library Browser］窗口下新建 Model 文件，单击“保存”按钮，将 Model 文件保存在上一步设置的工作目录下。

2）添加仿真模块。在［SimuLink Library Browser］窗口左侧［Libraries］子窗口中依次选择“Simulink”→“Discrete”，在“Discrete”库中找到离散时间积分器（“Discrete”→“time Integrator”）和离散时间微分器（“Discrete”→“time Derivative”），分别选择它们并单击鼠标右键，选择“Add to Name”，Name 为上一步建立并打开的模型文件名（若同时打开多个模型文件，默认添加到当前活动文件）。

仿照上一步骤，在“Simulink”→“Math Operations”库中找到“Add”、“Gain”、“Sum”模型，在“Simulink”→“Commonly Used Blocks”库中找到“Constant”和“Scope”模型，并把它们添加到模型文件（同一种模块可以通过复制粘贴得到需要的数量），如图 11-14 所示。

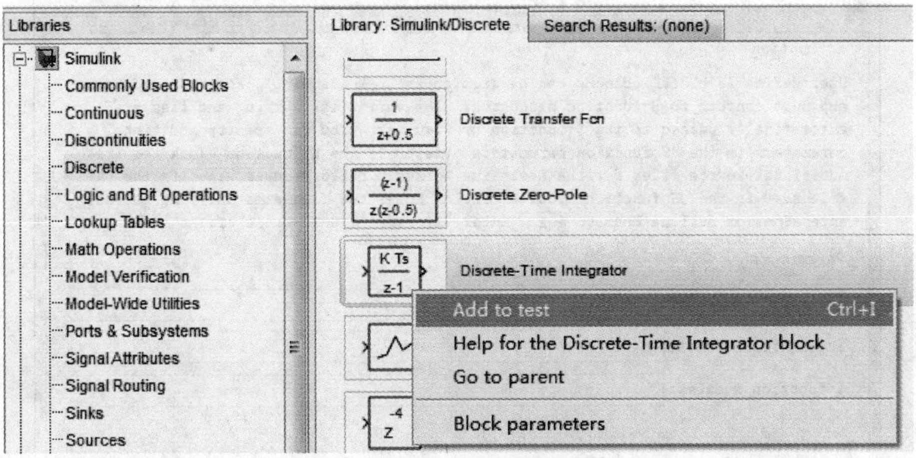

图 11-14　添加仿真模型

3）添加板卡驱动模块。双击打开［Advantech Device Manager］，在“Installed Device”窗口可见相应板卡 I/O 地址，将“pci1712. c”和“pci1723. c”文件拷贝到当前工作目录，打开 C 文件将宏“BASE_ADDR”的值修改为相应板卡的 I/O 地址并保存，如图 11-15。

在 Matlab 命令窗口输入“mex-v pci1712. c”并回车，查看返回信息确认编译成功；从“Simulink”→“user-Defined Functions”库中添加“S-Function”模块到系统模型，双击该模块，在 name 栏填写“pci1712”（注意：名字区分大小写，不带后缀 . c），单击“OK”即完成了 PCI-1712 驱动模块的安装，如图 11-16 所示。

仿照上述步骤添加 PCI-1723 驱动模块。

4）参数设置与仿真。根据 PID 控制知识，依照图 11-17 将各个模块连接起来组成 PID 控制系统（Sum 模块可改变输入端口数目和外观属性）。

打开模型窗口菜单“Simulation”→“Configuration Parameters”，单击“Solver”，在“Solver options”栏选择“Fixed-step”；单击“Real-Time Workshop”，在“System target file”栏单击“Browser”，选择“rtwin. tlc”。单击“OK”保存配置如图 11-18、图 11-19。

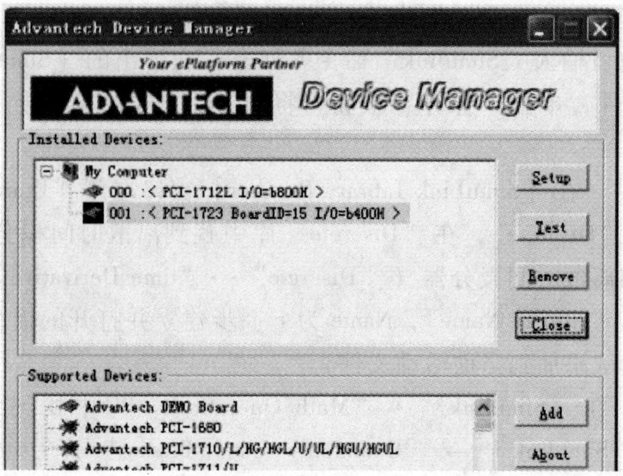

图 11-15 添加板卡驱动模块

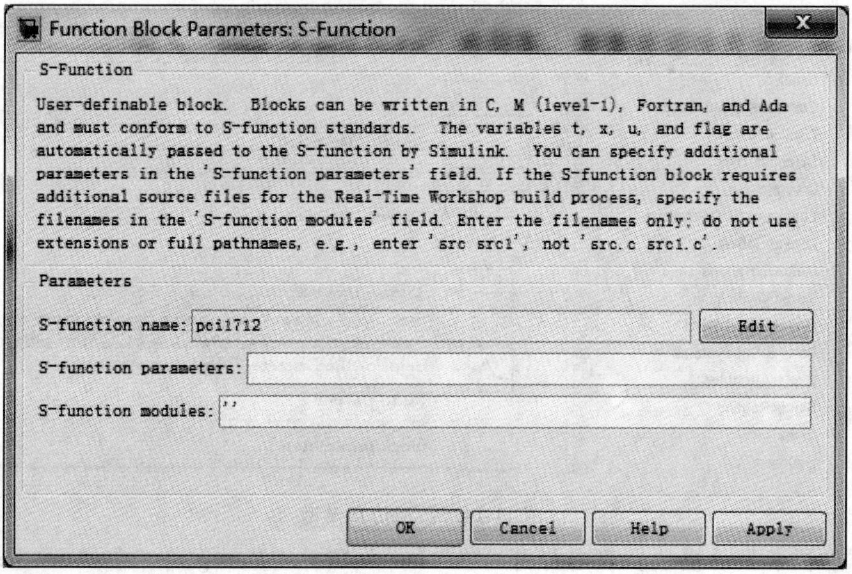

图 11-16 添加安装驱动模块

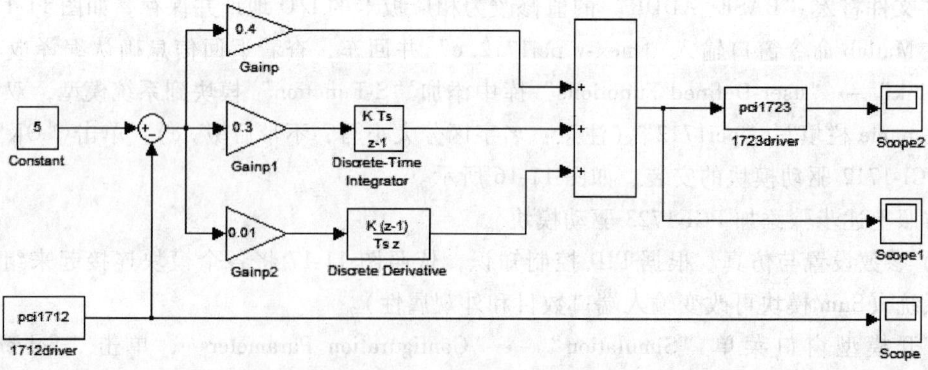

图 11-17 Simulink 仿真程序

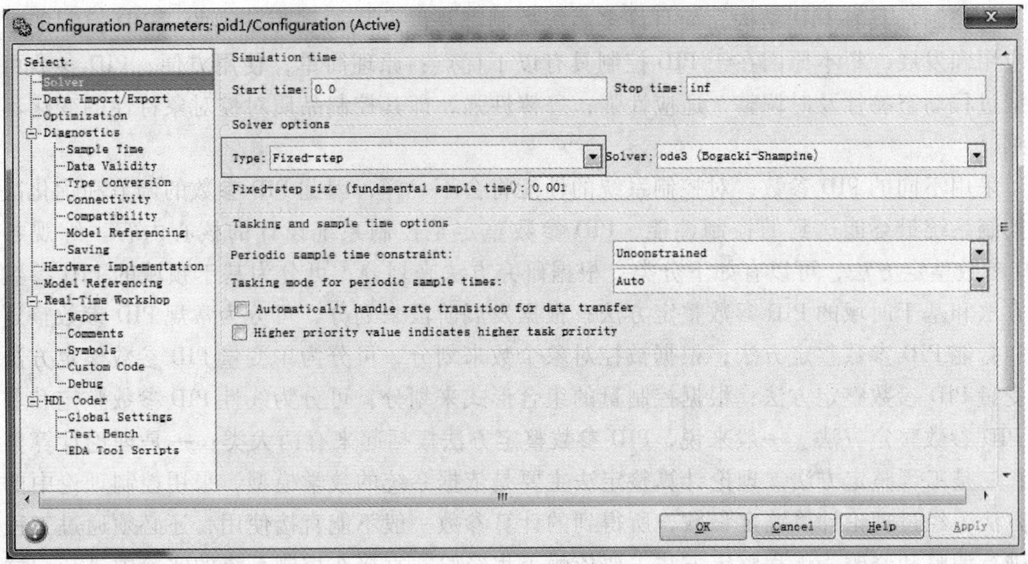

图 11-18　Simulink 仿真环境设置

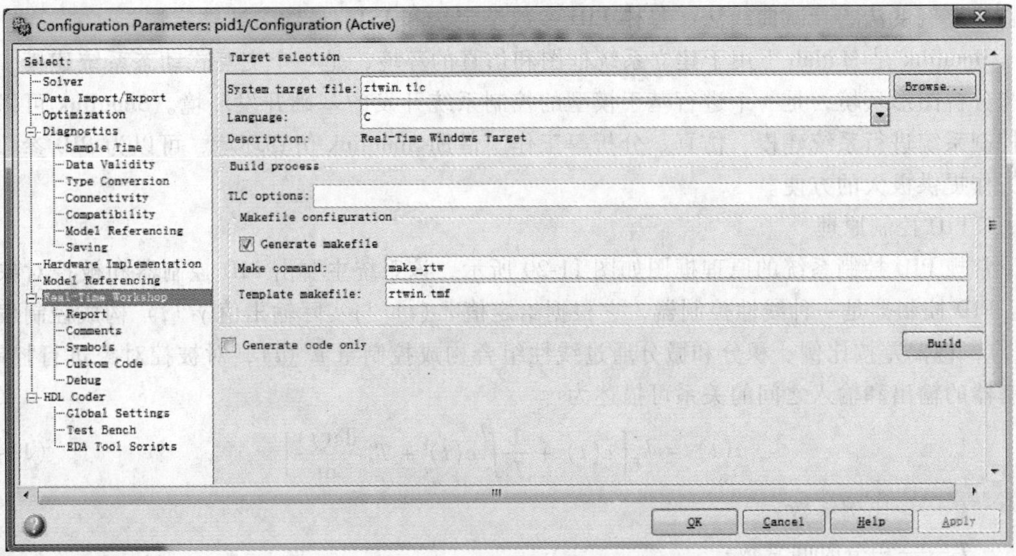

图 11-19　Simulink 仿真环境设置

在模型窗口工具栏设置仿真时间为“inf”，仿真模式为外部模式“External”；单击“编译”按钮，等待“编译”按钮回复常态，单击“连接”按钮，连接成功后可见“运行”按钮变为黑色，单击“运行”按钮即可运行仿真，双击“Scope”可观察相应输出波形。

通过上述步骤，即完成了磁悬浮小球控制系统控制算法的设计。可以看出，这种控制系统在硬件环境的构建方法比传统用 C ++ 等高级语言效率要高得多，在原型研究和产品开发阶段对于提高开发效率以及问题早发现早解决具有重要的作用。

（四）PID 控制与参数整定

PID（Proportional 比例、Integral 积分、Differential 微分）控制是最早发展起来的、且是目前工业过程控制中仍然应用最为广泛的控制策略之一。据统计，在工业过程控制中 95%

以上的控制都具有PID结构，而且许多高级控制都是以PID控制为基础的。PID控制能被广泛应用和发展，根本原因在于PID控制具有以下优点：原理简单，使用方便；PID参数可以根据过程动态特性及时调整，适应性强；鲁棒性强，即其控制品质对控对象特性的变化不太敏感。

采用不同的PID参数，对控制系统的性能将会不一样，因此PID参数的调节和优化决定了控制系统最终能达到的控制性能，PID参数整定是控制系统设计的核心内容。综观各种PID参数整定方法，可以有如下分类：根据研究方法来划分，可分为基于频域的PID参数整定方法和基于时域的PID参数整定方法；根据发展阶段来划分，可分为常规PID参数整定方法和智能PID参数整定方法；根据被控对象个数来划分，可分为单变量PID参数整定方法和多变量PID参数整定方法；根据控制量的组合形式来划分，可分为线性PID参数整定和非线性PID参数整定方法。一般来说，PID参数整定方法概括起来有两大类：一是理论计算整定法；二是工程整定方法。理论计算整定法主要是依据系统的数学模型，采用控制理论中的一些方法，经过理论计算确定参数，所得到的计算参数一般不能直接使用，还必须通过工程实际进行调整和修改。工程整定方法主要依赖工程经验，直接在控制系统的实验中进行，这种方法简单实用、易于掌握，因而在工程实际中被广泛采用。控制工程中常用的工程整定方法有临界比例度法、衰减曲线法、鲁棒PID参数整定法和ISTE最优参数整定法。

Simulink是Matlab下用于建立系统框图和仿真的环境，是一个交互式动态系统建模、仿真和分析图形环境，是一个进行基于模型的控制系统开发的基础开发环境。Simulink可以针对控制系统进行系统建模、仿真、分析等工作。借助Simulink仿真环境，可以为PID参数整定工作提供极大的方便。

1. PID控制原理

常规PID控制系统的原理框图如图11-20所示，该系统主要由PID控制器和被控对象组成。PID控制器是一种线性控制器，它根据给定值$r(t)$与实际输出值$y(t)$构成控制偏差$e(t)$，将偏差按比例、积分和微分通过线性组合构成控制量$u(t)$，对被控对象进行控制。控制器的输出和输入之间的关系可描述为

$$u(t) = k_p\left[e(t) + \frac{1}{T_i}\int_0^T e(t) + T_d\frac{de(t)}{dt}\right] \tag{11-3}$$

式中 k_p——比例系数；

T_i——积分时间常数；

T_d——微分时间常数。

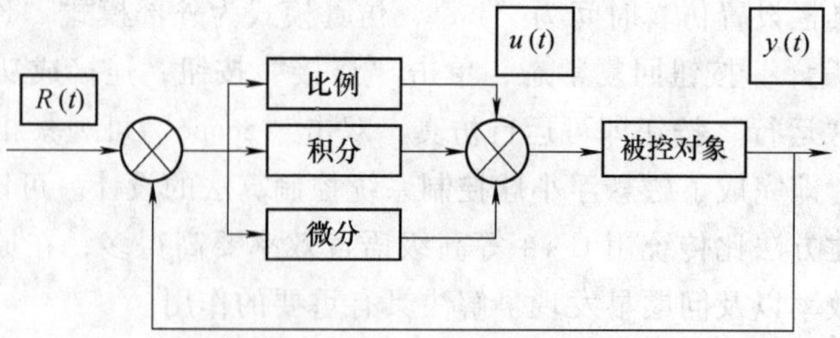

图11-20 PID控制原理图

2. PID控制器参数对控制性能的影响

1）比例系数。比例系数 K_p 加大，会使系统的响应速度加快，减小系统稳态误差，从而提高系统的控制精度。过大的比例系数会使系统产生超调，并产生振荡或使振荡次数增多，使调节时间加长，并使系统稳定性变坏或使系统变得不稳定。当 K_p 太小时，又会使系统的动作缓慢。

2）积分时间常数。一般不单独采用积分控制器，通常与比例控制或比例微分控制联合作用，构成 PI 控制或 PID 控制。积分作用的强弱取决于积分时间常数 T_i 的大小，T_i 越小，积分作用越强，反之则积分作用越弱。增大积分时间常数，有利于减小超调，减小振荡，使系统更稳定，但同时要延长系统消除静差的时间。积分时间常数太小会降低系统的稳定性，增大系统的振荡次数。

3）微分时间常数。微分控制只对动态过程起作用，而对稳态过程没有影响，且对系统噪声非常敏感，所以单一的微分控制器不宜采用。通常与比例控制或比例积分控制联合作用，构成 PD 控制或 PID 控制。微分作用的强弱取决于微分时间常数 T_d 的大小，T_d 越大，微分作用越强，反之则越弱。微分时间常数偏大或偏小时，系统的超调量都较大，调节时间都较长，只有选择合适，才能获得比较满意的过渡过程。

从 PID 控制器的 3 个参数的作用可以看出 3 个参数直接影响控制效果的好坏，所以要取得较好的控制效果，就必须合理地选择控制器的参数。总之，比例控制主要用于偏差的“粗调”，保证控制系统的“稳”；积分控制主要用于偏差的“细调”，保证控制系统的“准”；微分控制主要用于偏差的“细调”，保证控制系统的“快”。

3. 临界比例度法

临界比例度法是一种非常著名的工程整定方法。通过实验由经验公式得到控制器的近似最优整定参数，用来确定被控对象的动态特性的两个参数：临界增益 K_u 和临界振荡周期 T_u。临界比例度法适用于已知对象传递函数的场合，在闭合的控制系统里，将控制器置于纯比例作用下，从大到小逐渐改变控制器的比例增益，得到等幅振荡的过渡过程。此时的比例增益被称为临界增益，相邻两个波峰间的时间间隔为临界振荡周期 T_u。

用临界比例度法整定 PID 参数的步骤如下。

1）将控制器的积分时间常数设为最大（$T_i=\infty$），微分时间常数设为零（$T_d=0$），比例系数 K_p 设为适当的值，平衡操作一段时间，把系统投入自动运行。

2）将比例增益 K_p 逐渐减小，直至得到等幅振荡过程，记下此时的临界增益 K_u 和临界振荡周期 T_u 值。

3）根据 K_u 和 T_u 值，按照表 11-1 中的经验公式，计算出控制器各个参数，即 K_p、T_i 和 T_d 的值。

表 11-1　临界比例参数整定公式

控制器类型	K_p	T_i	T_d
P	$0.5K_u$	∞	0
PI	$0.455K_u$	$0.833T_u$	0
PID	$0.6K_u$	$0.5T_u$	$0.125T_u$

按照“先 P 后 I 最后 D”的操作程序将控制器整定参数调到计算值上。若还不够满意，则可再进一步调整。

4. 仿真实例

设有一单位反馈系统，其开环传递函数为 $G(s)=1/(s^3+6s^2+5s)$ 试采用临界比例度法计算系统 PID 控制器的参数，并绘制整定后系统的单位阶跃响应曲线。

1）搭建系统 Simulink 模型框图，如图 11-21 所示。

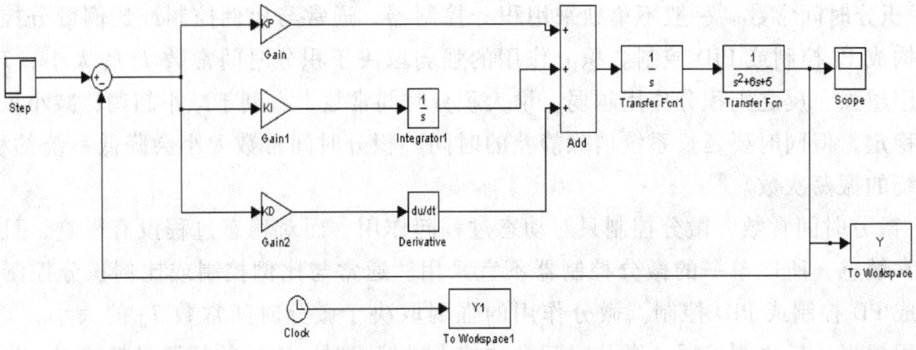

图 11-21　模型框图

2）设置 PID 参数名称及配置仿真参数。分别双击图中的 3 个“Gain”元件，在其对话框里分别输入相应的值 K_p，K_i，K_d。将仿真时间“simulation time”中的“stop time”设置为“20”；解算器选项“Solver option”中的“Relative tolerance”设置为“1e-6”。

3）PID 参数变量的初始化。在 Matlab 的 Command Window 中输入如下命令：“$K_p=1$；$K_i=0$；$K_d=0$”；回到 Simulink 环境下就可以开始仿真。也可以直接在框图中的“Gain”元件参数对话框中直接输入相应的值。

4）整定 PID 参数。校正前系统阶跃响应曲线如图 11-22 所示。

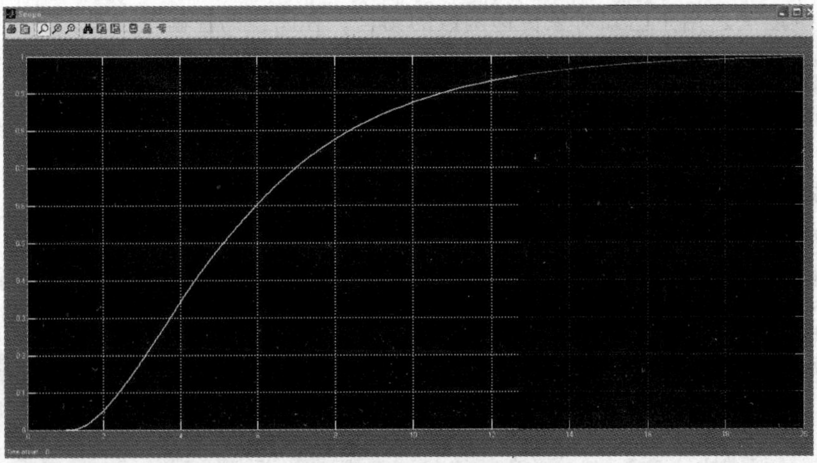

图 11-22　校正前系统阶跃响应曲线

希望通过 PID 校正，能够使系统无静差，并且改善其快速性。按照临界比例度法整定 PID 参数。临界比例度法的第一步是获取系统的等幅振荡曲线，从而求得临界增益 K_u 和临界振荡周期 T_u。在 Simulink 环境下实现的方法是：先选取较大的比例增益 K_p，本例中选取 80（对象不同，此值选取也不一样），使系统出现不稳定的增幅振荡；再采取折半取中的方法寻找临界增益，如第一个折半取中的值为 $K_p=40$，仍为不稳定的增幅振荡，则选下一点

$K_p=20$，当 $K_p=20$ 时为减幅振荡，此时应加大 K_p 值来寻找临界增益值。当 $K_p=30$ 时系统出现等幅振荡，从而临界增益 $K_u=30$，再从等幅振荡曲线中近似的测量出临界振荡周期 $T_u=2.8$；最后再根据表 11-1 中的 PID 参数整定公式求出：$K_p=18$，$T_i=1.4$，$T_d=0.35$。从而求得比例系数 $K_p=18$，积分系数 $K_i=K_p/T_i=12.86$，微分系数 $K_d=6.3$。

5）绘制整定后系统的单位阶跃响应曲线。在 Matlab 的 Command Window 输入如下命令："$K_p=1.8$；$K_i=12.86$；$K_d=6.3$"；回到 Simulink 环境下就可以开始仿真。仿真得到系统阶跃响应曲线如图 11-23 所示。

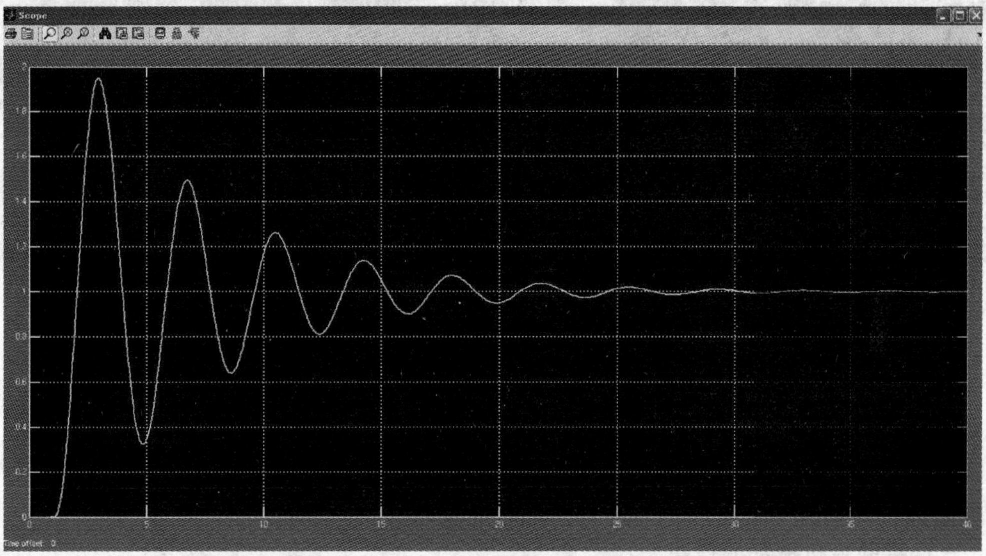

图 11-23　系统阶跃响应曲线

可以看出，该系统阶跃响应曲线的超调量为 17.57%，超调量有点偏大，此时可以对整定的 PID 参数适当的作一些调整。可以通过降低积分系数 K_i 来减小超调量。调节积分系数 $K_i=6$，K_i，K_d 仍是由临界比例度法整定的数据。重新进行仿真，得到系统阶跃响应曲线如图 11-24 所示。

可以看出，系统的超调量 $\sigma\%=14.82\%$，超调量和调节时间都有所降低，对于没有特殊要求的过程控制系统来说，这样的性能指标已经能满足要求了。

5. 不稳定系统的调节

上面的例子是对于稳定系统而言的，即通过调节 PID 参数提高稳定系统的响应速度和稳态精度。但对于不稳定系统而言，上述调节过程可能还没起到作用系统即失去稳定了，因此对于不稳定系统首先要做的是稳定系统，然后再调节其他性能指标。

从上文提到的 PID 各参数的特性可以看出，要想抑制系统失衡的趋势，必须增加微分的作用，因此不稳定系统的调节首先应调节 P 参数，使得系统对于偏差发生作用，这一点与稳定系统相同；另外，不稳定系统调节时一定要观察失稳振动的情况，并调节微分参数直到振动最小；然后改变其他参数，再调节微分参数。循环几次，系统即可稳定。

附 PID 参数整定口诀：

整定参数寻最佳，从小到大逐步查，先调比例后积分，微分作用最后加；

曲线震荡很频繁，比例刻度要放大，曲线漂浮波动大，比例刻度要拉小；

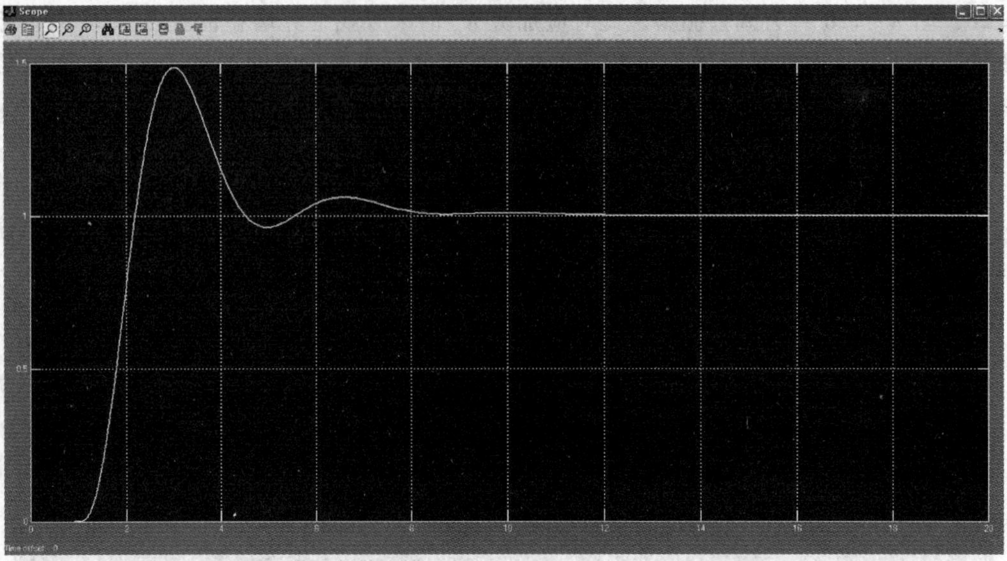

图 11-24 系统阶跃响应曲线

曲线偏离回复慢，积分时间往小降，曲线波动周期长，积分时间要加长；

曲线震荡动作繁，微分时间要加长。

三、实验仪器及实验台构建

本部分需要搭建实验台的机械部分和控制部分。

（一）实验台机械部分搭建

机械部分包括线圈和实验台基架。

1. 电磁绕组优化设计

由磁路的基尔霍夫定律和毕奥-萨格尔定律，可得电磁绕组的电磁吸力为

$$F = (-\mu_0 AN^2/2)(i/z)^2 \tag{11-4}$$

式中 μ_0——空气磁导率，$4\pi \times 10^{-7}$H/m；

A——铁芯的极面积，单位为 m^2；

N——电磁铁线圈匝数；

z——小球质心到电磁铁磁极表面的瞬时气隙，单位为 m；

i——电磁铁绕组中的瞬时电流，单位为 A。

根据欧姆定律 $i = U/R$

式中 U——电压，单位为 V；

R——导线电阻，单位为 Ω。

导线电阻 $$R = \rho L/S \tag{11-5}$$

式中 ρ——漆包线的电阻率，查表可知 $\rho = 1.5 \times 1.75 \times 10^{-8}$，单位为 Ωm；

L——漆包线的总长度，单位为 m；

S——漆包线的横截面积，单位为 m^2，$S = \pi d^2/4$，d 为漆包线线径，单位为 m。

线圈结构如图 11-25 所示。

根据线圈的结构，可以得出漆包线的总长度为

$$L = \sum \pi\ (a + id)\ L_1/d \qquad (11\text{-}6)$$

线圈的匝数为

$$N = -nL_1/d \qquad (11\text{-}7)$$

$n = (b - a)/2d$，n 取所得值的整数部分。

综合上面的公式，电磁力为

$$F = -\mu_0\pi^2 A L_1^2\ (b-a)^2 U^2/\ (128\rho^2 z^2 L^2) \qquad (11\text{-}8)$$

由式（11-8）可知：在线圈骨架几何尺寸和所加的电压固定的情况下，线圈漆包线线径 d 越大，漆包线的长度 L 越小，电磁力 F 越大。

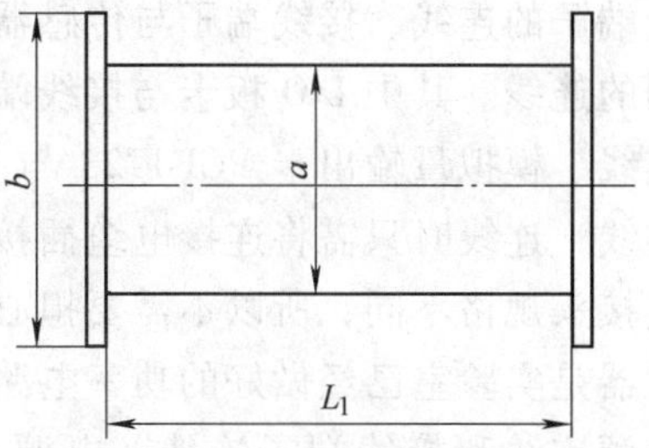

图 11-25　线圈结构

漆包线线径和电流之间还存在下述关系：

$$I = \pi d^2 U/\ (4\pi) \qquad (11\text{-}9)$$

因此，线径 d 越大通过线圈的电流也越大，线圈发热越严重。优化漆包线线径和线长必须综合考虑电磁力大小、线圈额定电流。由最优的漆包线线径和线长，就可以得到合理的电磁绕组结构参数。

2. 线圈绕制

首先是组装线圈骨架，将已加工好的铁芯和挡板组装起来，然后用绕线机绕制线圈，绕线机如图 11-26 所示。

3. 组装线圈基座

将绕制好的线圈和实验室已购的传感器用长杆螺纹和支撑板连接组装，并调整好传感器端面距线圈端部的距离，将小球放置在传感器上使得小球距线圈端部 2 mm 左右即可。组装好的实验台如图 11-27 所示。

图 11-26　绕线机

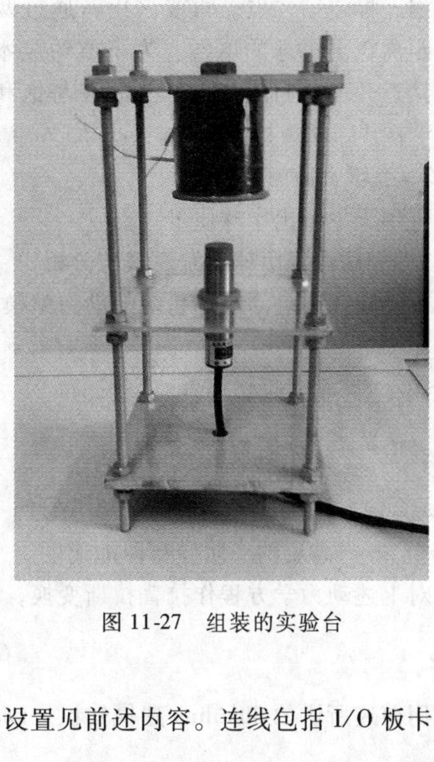

图 11-27　组装的实验台

（二）控制系统构建

控制系统构建包括连线和软件设置，其中软件设置见前述内容。连线包括 I/O 板卡与接线端子的连线、接线端子与传感器的连线、接线端子与功率放大器的连线、功率放大器与线圈的连线。其中 I/O 板卡与接线端子的连线包括：数据采集卡 PCI-1712 与 1712 接线端子的连线、模拟量输出卡 PCI-1723 与 1723 接线端子的连线，连线时只需将连接电缆插接就可以了，由于连接头规格不同，所以不需要担心会出错。功率放大器是实验室已经做好的功率电路板，其连线包括电源连线和接线端子连线，电源采用 24V 开关电源，无论是与电源连线还是与接线端子连线只需注意正负不要接反即可。图 11-28 是开关电源实物。

图 11-28 开关电源

（三）标定参数

由于磁悬浮小球不稳定系统的暂态过程影响，使得精确建立的模型和参数也很难使系统稳定，必须按照前述的原则进行参数调整，因此本实验中的建模和分析的目的只是为了在 Simulink 中分析 PID 各参数的影响规律，增加对控制参数影响的感性认识，将理论知识变为学生的自身体验。

本实验标定参数比较粗略，如果用于精确的控制，则必须精确标定参数。建模所标定的参数包括位移传感器参数和小球质量。

1. 位移传感器参数标定

本实验只对位移传感器进行粗略标定，标定时首先将小球放置在实验台基架位移传感器上，然后用数据采集卡记录传感器数据，标定第一点。然后给线圈通电，将小球吸附在线圈上，再记录传感器数据，标定第二点。重复多次，通过两点数据以及小球顶部距线圈的距离算出小球的增益。为了节约成本，本实验所用的位移传感器为接近开关，利用接近开关断开与饱和输出之间的过渡区来检测位移。图 11-29 为接近开关。

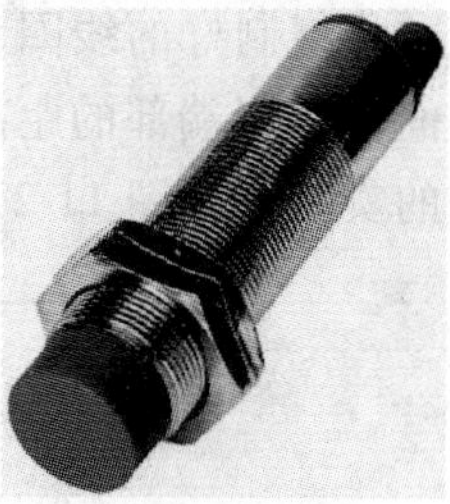

图 11-29 接近开关

2. 小球质量测量

可用天平测出小球质量。

（四）磁悬浮小球系统建模与分析

首先建立磁悬浮小球系统的动力学模型：

$$F = M\ddot{x} \tag{11-10}$$

式中 F——电磁力；

M——小球质量；

x——小球悬浮高度；

$\ddot{x}$——高度的二阶导数即加速度。

对上述动力学方程作拉普拉斯变换，可得传递函数为

$$G_{XF} = \frac{1}{MS^2} \tag{11-11}$$

用前述所讲的 Simulink 建模知识，以及测得的各部分参数，建立磁悬浮小球系统的 Simulink 模型，并用 PID 控制器进行控制。Simulink 模型如图 11-30 所示。

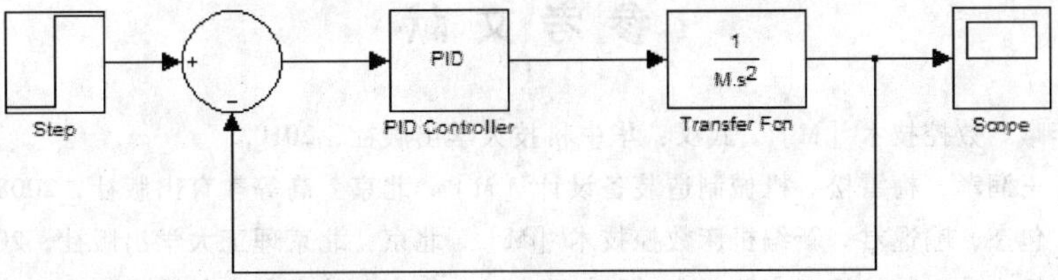

图 11-30　磁悬浮小球系统模型

然后改变 PID 各参数，观察示波器的输出，体会并总结各参数的影响。

四、磁悬浮小球实验过程

（一）实验任务

1. 实验分组进行，5 ~ 6 人为一组，要求各成员分工合作，搭建磁悬浮小球实验装置机械部分和控制部分。
2. 运用 Simulink 仿真工具分析 PID 各参数的影响。
3. 进行实际的磁悬浮小球实验，实现稳定悬浮。
4. 总结实验过程，提交实验报告。

（二）实验报告要求

1. 叙述实验装置构建过程和调置过程。
2. 叙述实验中遇到的主要困难及处理办法。
3. 写出实验的收获和心得体会。
4. 附上仿真分析图片和实验结果图片。

（三）实验安排

1. 实验相关知识学习及辅导（1 ~ 3 周）。
2. 磁悬浮小球框架设计制作（4 ~ 6 周）。
3. 线圈设计及绕制（7 ~ 9 周）。
4. 控制系统构建（10 ~ 12 周）。
5. PID 参数整定及系统调试（13 ~ 15 周）。
6. 总结及答辩（16 周）。

参考文献

[1] 李斌，李曦．数控技术［M］．武汉：华中科技大学出版社，2010.
[2] 黄玉美，王润孝，梅雪松．机械制造装备设计［M］．北京：高等教育出版社，2008.
[3] 任玉田，包杰，喻逸君．新编机床数控技术［M］．北京：北京理工大学出版社，2009.
[4] 陈吉红，杨克冲．数控机床实验指南［M］．武汉：华中科技大学出版社，2003.
[5] 梅雪松，许睦旬，徐学武．机床数控技术［M］．北京：高等教育出版社，2013.
[6] 全荣．五坐标联动数控技术［M］．湖南：湖南科学技术出版社，1995.
[7] 苟琪．MasterCAM 五轴加工方法［M］．北京：机械工业出版社，2005.
[8] 邓奕．数控加工技术实践［M］．北京：机械工业出版社，2012.
[9] 罗永顺．机床数控化改造实例［M］．北京：机械工业出版社，2010.
[10] 行文凯，张军．数控机床基础与运用实验指南［M］．北京：清华大学出版社，2010.
[11] 李诚人．数控化改造［M］．北京：清华大学出版社，2006.
[12] 王晓忠，梁彩霞．数控机床典型系统调试技术［M］．北京：机械工业出版社，2012.
[13] 胡寿松．自动控制原理［M］．北京：科学出版社，2007.
[14] 张德丰．Mtalab 自动控制系统设计［M］．北京：机械工业出版社，2010.
[15] 曹广忠，潘剑飞，黄苏丹，等．磁悬浮系统控制算法及实现［M］．北京：清华大学出版社，2013.
[16] 吴昌林．全国高校机械专业创新性实验汇编［M］．武汉：华中科技大学出版社，2010.